全国高职高专水利水电类精品规划教材

工程地质与土力学

主　编　巫朝新　车爱华　叶火炎
副主编　吴成杨　何向红

中国水利水电出版社
www.waterpub.com.cn

内 容 提 要

全书共分11章，第1章至第5章讲述岩石、地质构造、自然地质作用、地下水、水利工程的一般地质问题等的一些基础知识，并重点阐述了工程地质条件对水利工程建设的影响及水利工程的一般地质等问题。第6章至第11章讲述土力学的基本知识，主要有土的物理性质、土的渗透性、土中应力及地基变形计算、土的抗剪强度与地基承载力、土压力等，并在此基础上论述了有关水利工程的地基处理的原理和方法。

本书可作为高等职业技术学院水利水电工程技术与水利工程管理专业的职业技术课教材，也可供从事水利水电工程、水利工程管理的技术人员参考。

图书在版编目（CIP）数据

工程地质与土力学/巫朝新，车爱华，叶火炎主编.
北京：中国水利水电出版社，2005（2023.1重印）
全国高职高专水利水电类精品规划教材
ISBN 978-7-5084-3166-6

Ⅰ.工… Ⅱ.①巫…②车…③叶… Ⅲ.①工程地质—高等学校：技术学校—教材②土力学—高等学校：技术学校—教材 Ⅳ.P642 TU43

中国版本图书馆CIP数据核字（2005）第093030号

书　　名	全国高职高专水利水电类精品规划教材 **工程地质与土力学**
作　　者	主编　巫朝新 车爱华 叶火炎
出版　发行	中国水利水电出版社 （北京市海淀区玉渊潭南路1号D座　100038） 网址：www.waterpub.com.cn E-mail：sales@mwr.gov.cn 电话：（010）68545888（营销中心）
经　　售	北京科水图书销售有限公司 电话：（010）68545874、63202643 全国各地新华书店和相关出版物销售网点
排　　版	中国水利水电出版社微机排版中心
印　　刷	天津嘉恒印务有限公司
规　　格	184mm×260mm　16开本　11.75印张　278千字
版　　次	2005年8月第1版　2023年1月第15次印刷
印　　数	45101—48100册
定　　价	**39.50**元

序

教育部在《2003－2007年教育振兴行动计划》中提出要实施“职业教育与创新工程”，大力发展职业教育，大量培养高素质的技能型特别是高技能人才，并强调要以就业为导向，转变办学模式，大力推动职业教育。因此，高职高专教育的人才培养模式应体现以培养技术应用能力为主线和全面推进素质教育的要求。教材是体现教学内容和教学方法的知识载体，进行教学活动的基本工具；是深化教育教学改革，保障和提高教学质量的重要支柱和基础。所以，教材建设是高职高专教育的一项基础性工程，必须适应高职高专教育改革与发展的需要。

为贯彻这一思想，在继2004年8月成功推出《全国高职高专电气类精品规划教材》之后，2004年12月，在北京，中国水利水电出版社组织全国水利水电行业高职高专院校共同研讨水利水电行业高职高专教学的目前状况、特色及发展趋势，并决定编写一批符合当前水利水电行业高职高专教学特色的教材，于是就有了《全国高职高专水利水电类精品规划教材》。

《全国高职高专水利水电类精品规划教材》是为适应高职高专教育改革与发展的需要，以培养技术应用性的高技能人才的系列教材。为了确保教材的编写质量，参与编写人员都是经过院校推荐、编委会答辩并聘任的，有着丰富的教学和实践经验，其中主编都有编写教材的经历。教材较好地贯彻了水利水电行业新的法规、规程、规范精神，反映了当前新技术、新材料、新工艺、新方法和相应的岗位资格特点，体现了培养学生的技术应用能力和推进素质教育的要求，具有创新特色。同时，结合教育部两年制高职教育的试点推行，编委会也对各门教材提出了满足这一发展需要的内容编写要求，可以说，这套教材既能够适应三年制高职高专教育的要求，也适应了两年制高职高专教育培养目标的要求。

《全国高职高专水利水电类精品规划教材》的出版，是对高职高专教材建设的一次有益探讨，因为时间仓促，教材可能存在一些不妥之处，敬请读者批评指正。

《全国高职高专水利水电类精品规划教材》编委会

2005年6月

前言

《工程地质与土力学》是高等职业技术学院水利水电工程技术与水利工程管理专业的职业技术课教材，是《全国高职高专水利水电类精品规划教材》中的一本。

本书采用了最新国家勘察规范和试验标准，包括：GB 50021—2001《岩土工程勘察规范》、GB 50287—99《水利水电工程地质勘察规范》、GB/T 50123—1999《土工试验方法标准》、GB/T 50266—1999《工程岩体试验方法标准》、GB 50007—2002《建筑地基基础设计规范》、ST 237—1999《土工试验规程》等。

为了适应高等职业技术教育的改革和发展，满足培养实用型、技能型高级人才的要求，根据专业课程改革的需要，本教材突出了实用性，增加了对规范的学习、掌握和运用的培养。强调基本理论以应用为目的，以必需、够用为度，同时面要宽、深度要浅、内容要新要实用，加大实践教学环节，尽量简化理论，避免了繁琐公式的推导，对难点问题进行了简化处理，使教材结构简单、重点突出。另外增加了一定量的例题，有利于学生对内容的掌握与理解。

本书由福建水利电力职业技术学院巫朝新担任第一主编，长江工程职业技术学院车爱华担任第二主编，湖北水利水电职业技术学院叶火炎担任第三主编，具体编写分工为：福建水利电力职业技术学院巫朝新编写绪论、第4章、第5章、第6章、第9章；长江工程职业技术学院车爱华编写第1章、第2章；长江工程职业技术学院何向红编写第7章、第11章；湖北水利水电职业技术学院叶火炎编写第8章、第10章；福建水利电力职业技术学院吴成扬编写第3章。

由于编者水平有限，编写时间仓促，教材中难免有不足之处，恳请读者批评指正。

编　者

2005年6月

目录

序

前言

绪　论

0.1　工程地质学与土力学的作用和任务

工程地质学与土力学是研究地表及一定深度范围内岩石和土的工程性质的一门学科，它实际是两门不同性质、不同研究方法的学科。工程地质学是地质学的一个分支，是专门研究与工程设计、施工和正常运用有关的地质问题的科学。而土力学则是力学的一个分支，主要研究与工程建设有关的土的应力、变形、强度、渗流及长期稳定性的一门学科。然而它们的研究目的又是相同的，即都是为了保证建筑物地基的岩体、土体稳定和建筑物的正常使用提供可靠的地质论证和力学计算依据。因此这两门学科在工程实践中也是互相依存、互相渗透、互相结合的。

1. 工程地质学的作用和任务

一切水工建筑物，如水库、闸坝、隧洞、水电站厂房等，都是建筑在地壳表层，在兴建和使用过程中必然会遇到各种各样的地质问题。如修建水库时，要选择地形适宜的河谷地段作库址、坝址；查明坝基和坝肩岩体是否稳定；坝基（肩）和库区是否存在渗漏通道；水库蓄水后岸边是否会发生塌岸；水库周围地区是否会引起土壤盐渍化和沼泽化等问题。因此，在工程设计之前，必须查明建筑工程地区的工程地质条件和工程地质问题。

实践证明，如果对地质条件事先没有仔细查明或对工程地质问题重视不够，将会给工程建筑带来严重后果。如西班牙的蒙特哈水库，建成后不能蓄水，库水通过库周石灰岩裂隙和溶洞而漏光，使 72m 高的大坝起不到挡水作用，耸立在干枯的河谷上。国际大坝委员会曾于 1973 年对世界 110 个国家和地区已建大坝（坝高 15m 以上的约 12900 余座）进行了调查，从统计资料看，发生过事故的 589 座中，大多数与不良地质条件有关。如美国的圣·法兰西斯混凝土重力坝，坝高 62.6m，建于 1927 年，由于坝基中含石膏粘土质砾岩，被水浸后软化溶解，引起坝基漏水，于 1928 年失稳破坏。类似的例子还可以举出很多。1949 年新中国建立以来，我国修建了许多水库、水电站和灌溉工程，由于重视了地质勘察工作，充分利用了有利的地质条件，避开或改善了不利条件，解决了许多复杂的工程地质问题，从而使工程设计施工能得以顺利进行，并保证了工程建成后的安全运行。但是，也有少数工程，由于对工程地质条件研究不够，或对工程地质问题处理不当，致使设计方案没有足够的地质依据，施工中遇到很大的困难，造成水库或坝基（肩）漏水，水库淤积、边岸滑塌及隧洞塌方等工程事故，浪费了人力、物力，延期了工期，或遗留后患需要处理，使工程不能发挥应有的效益。如北京十三陵水库，坝基和库区存在着深厚的渗透性较强的古河道冲积物，建坝时未作好垂直防渗处理，水库至今不能满库运行，没能发挥设计预期的效益。我们应从上述实例中吸取经验教训，认真做好工程地质工作。

由此可见，在水利水电建设中工程地质工作是相当重要的。为解决上述问题，工程地质工作的任务是：查明建筑区的工程地质条件，预测可能出现的工程地质问题，并提出解决这些问题的建议和方案，为工程设计、施工和正常运用提供可靠的地质资料，以保证建筑物修建得经济合理和安全可靠。所谓工程地质条件，即是指地形、地貌、地层岩性、地质构造、水文地质、物理地质作用和天然建筑材料等与工程建设有关的地质条件。

2. 土力学的作用与任务

土力学的研究对象是土，是专门解决工程中有关土的问题的学科。土是自然环境下生成的堆积物，是地表岩石经长期风化作用，不断碎裂、分解形成的碎屑和矿物颗粒——土粒，经过各种介质（如水、风）搬运或残留在原地堆积而成的松散堆积物。其主要特征是多孔性、松散性（土粒间没有联结或联结甚小）、易变性。

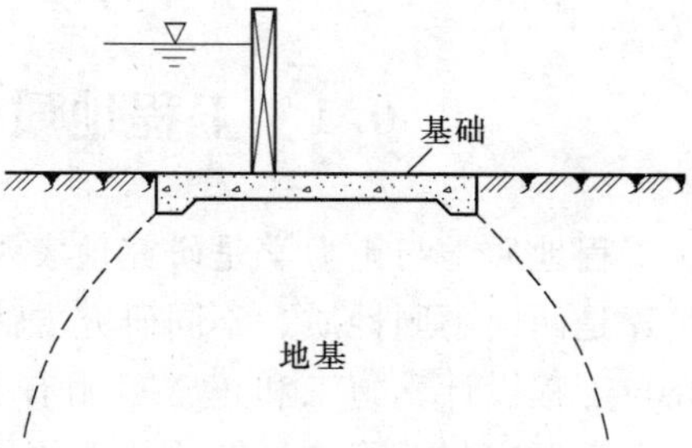

图 0-1　地基与基础示意图

在工程建设中，土被广泛用作各种建筑物的地基、材料和周围介质。许多建筑物如房屋、堤坝、涵洞、桥梁等都是建造在土层之上，土支承着建筑物的全部荷载，这时在土层内一定范围的应力将发生变化，我们把应力状态变化的这部分土体称为建筑物的地基。而建筑物的地下承重结构称为基础（见图 0-1）。基础一般埋置在强度较高的土层上，并将建筑物的荷载传递到地基中去。在修筑堤坝、路基等土工建筑物时，土是一种廉价的建筑材料，图 0-2 表示用土料修筑的土坝。在天然土层中修建涵洞、隧洞、渠道及各种地下洞室时，土又是建筑物周围的介质，图 0-3（a）、（b）分别为隧洞和渠道示意图。

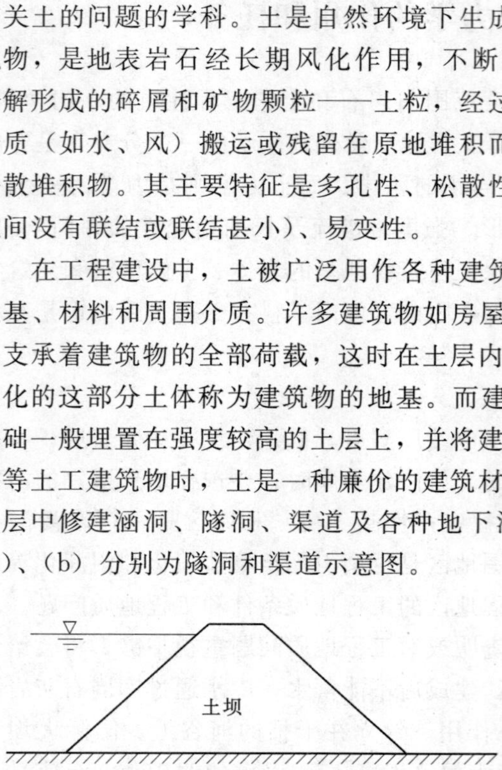

图 0-2　土坝

为了保证建筑物施工期的安全、竣工后的安全和正常使用，土力学学科需要解决工程中的两大类问题。一是土体稳定问题，这就要研究土体中的应力和强度，例如地基的稳定、土坝的稳定等。当土体的强度不足时，将导致建筑物失稳或破坏，如加拿大特朗斯康大谷仓因地基剪切破坏引起的事故。该谷仓高 31m，平面尺寸 60m×23m，钢筋混凝土结构，由于设计时不了解地基下部有软弱土层，致使该谷仓建成后在首次装料时，就因地基失去稳定而发生严重倾斜，谷仓一侧陷入土中 8.8m，整个谷仓倾斜

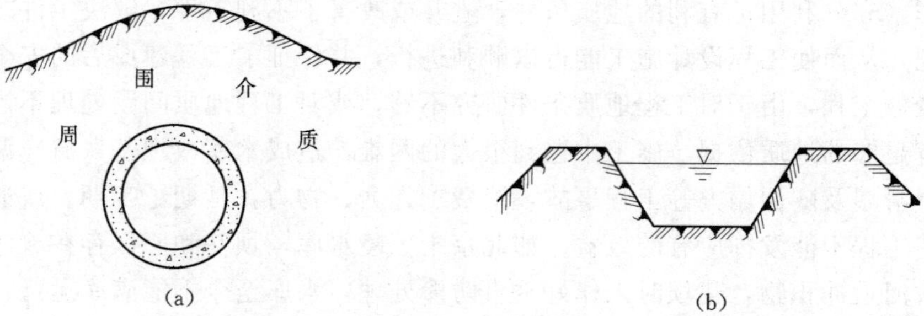

图 0-3　隧洞和渠道
(a) 土隧洞；(b) 土渠道

达27°之多，以致完全不能使用。二是土体变形问题，即使土体具有足够的强度能保证自身的稳定。然而，土体的变形尤其是沉降（竖向变形）和不均匀沉降不应超过建筑物的允许值，否则，轻者导致建筑物的倾斜、开裂，降低或失去使用价值，重者将会酿成毁坏事故。此外，需要指出的对于土工建筑物（如土坝、土堤、岸坡）和水工建筑物地基，或其他挡土挡水结构物，除了荷载作用下土体要满足前述的稳定和变形要求外，还要研究渗流对土体变形和稳定的影响。为了解决上述工程问题，就要研究土的物理性质及应力变形性质、强度性质和渗透性质等力学行为，找到它们的内在规律，作为解决土体稳定和变形问题的基本依据。

从以上分析，使我们认识到，土是岩石风化的产物，其性质复杂多变，修筑工程建筑物时，土作为地基或建筑材料使用以及充当周围介质，都必须全面研究分析土的物理力学性质和土的渗透、变形、强度和稳定的特性，要求作用在地基上的荷载强度不超过地基的承载力，保证地基在防止剪切破坏方面有足够的安全系数。控制地基的沉降量不超过地基变形的容许值，保证建筑物不会因沉降过大而损坏或影响正常使用。对水工建筑物，还要控制渗流，确保不致发生渗流破坏。

0.2　本课程的基本内容与学习要求

本课程是一门理论性和实践性较强的课程，作为一门职业技术课，它一方面是提高学生自身职业能力的基础，另一方面也为将来的其他职业技术课如水工建筑物、水利工程施工、水利工程管理打下良好基础。

1. 基本内容

1）了解岩石、地质构造、自然地质作用、地下水的基本概念及对水利工程建筑的影响。

2）了解水利工程的工程地质条件及主要的工程地质问题。

3）了解土的基本物理性质，即土的颗粒组成、密度、湿度、可塑性以及土所处的物理状态。了解土的力学性质，即土在外力作用下所表现的渗透性、压缩性和抗剪强度等及其指标的测定方法。

4）掌握地基应力、变形和地基承载力以及挡土墙土压力计算原理和一般计算方法。

5）了解水利工程的地基处理的方法和原理。

2. 学习要求

由于本课程实践性较强，在学好基础理论的同时，对工程地质部分，应重视野外地质现象的观察、识别及其对水利工程建设的影响。对于土力学部分应注意各种计算方法的适用范围及简化、假设可能引起的误差范围，通过对土工试验规程的学习，掌握室内土工试验基本方法，了解野外原位测试的新技术，提高分析解决实际问题的能力。

0.3　工程地质学与土力学的发展简况

工程地质学与土力学是与工程建设紧密联系的两门学科，是随着国家经济建设的发展而发展的。

完整、系统的工程地质学理论直到20世纪30年代才由原苏联地质学家提出。1932年，苏联莫斯科地质勘探学院成立了世界上第一个工程地质教研室，并创立了比较完善的工程地质学体系，这标志着工程地质学的诞生。

1949年新中国成立后，为了适应社会主义事业建设需要，在水利水电、工业与民用建筑、铁路公路及国防工程等部门都积极开展了工程地质工作。特别在水利建设方面，如举世瞩目的长江三峡工程、南水北调工程，地质工作者解决了许多极其复杂的工程地质问题，可以说，近20年来，是我国工程地质学高速发展时期，研究水平与世界同步，并具有自己的特色。

为了适应科学技术的发展和生产建设的需要，加强对本学科基础理论的研究，广泛采用先进的勘探技术和测试手段（如地震勘探法、电视测井、遥控遥感技术应用等），以加快勘探速度，降低成本。提高测试数据精度，是今后迫切需要解决的问题。

1925年，美国土力学家太沙基发表了第一部土力学专著，使土力学成为一门独立的学科。从1925年至今，时间虽短，但土力学的发展速度是惊人的。目前土力学又发展了许多分支，如土动力学、冻土力学、海洋土力学等。特别是近年来世界各国在超高土坝（坝高超过200m）、超高层建筑与核电站等巨型工程的设计与兴建中，运用计算机技术，进一步发展、完善了土力学理论，使土力学的理论和实际工程的结合又产生了新的飞跃，对土力学的发展又向前推动了一步。

回顾新中国成立后的50多年，围绕着解决工程建设中提出的问题，工程地质与土力学学科在我国得到了广泛的传播和发展。尤其是改革开放以后，国家大规模的建设促进了本学科的发展，工程地质与土力学理论、工程实践方面均取得了令世人瞩目的划时代进步，为国民经济发展作出了贡献。许多大型水利工程、核电站工程、延绵万里的高速公路、大型桥梁、万吨级码头，大型厂房、林立的高楼大厦、地下空间开发利用等等，都呈现了本学科理论和实践的巨大成就。工程建设需要学科理论，学科理论的发展离不开工程建设。21世纪人类将面对资源和环境这一严酷生存问题的挑战，各种各样岩土工程问题需要解决，这恰恰是青年学生将来要肩负的任务。

第1章　岩石及其工程地质性质

地球是一个具有圈层构造的旋转椭球体。它的外部被大气圈、水圈、生物圈所包围，地球内部由地壳、地幔、地核组成，如图1-1所示。

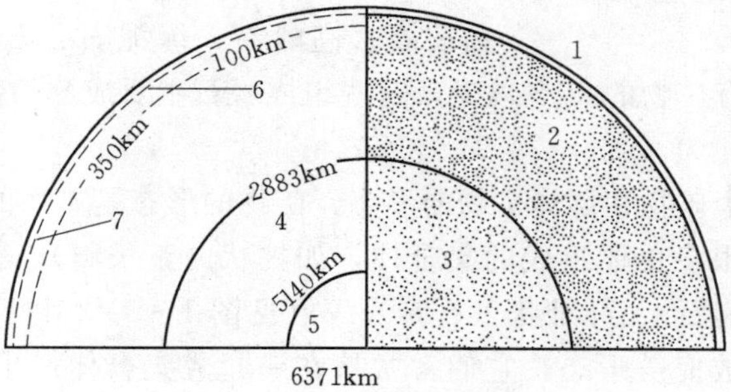

图1-1　地球内部层圈

1—地壳；2—地幔；3—地核；4—液态外部地核；

5—固态内部地核；6—软流圈；7—岩石圈

地球的表层——地壳，是由各种岩石组成的。其密度为2.7～2.9g/cm^3。地壳的厚度很不均匀，各地有很大差异，位于大陆的地壳（陆壳）厚度大，平均约35km，高山区可达70～80km。位于大洋底部的大洋地壳（洋壳）厚度小，平均7～8km。组成地壳的基本物质是各种化学元素，其中以氧、硅、铝、铁、钙、钠、钾、镁、钛为主，这9种元素占地壳总质量的99.96%。元素在一定的地质条件下聚集形成矿物。各种矿物在一定的环境条件下自然集合形成岩石。不同成因岩石的形成条件、矿物成分、结构和构造各不相同，故它们的物理力学性质也不一样。因此，在各种工程建筑中，必须对组成地壳的主要矿物和常见岩石以及它们的工程地质性质等方面进行研究。

1.1　造　岩　矿　物

1.1.1　矿物与造岩矿物

矿物是地壳中的化学元素经过自然化合作用而形成的。它是各种地质作用的产物，是岩石的基本组成部分。矿物都具有一定化学成分，可用化学式表达。如金刚石、石盐和石膏，它们的化学成分分别是C、NaCl、$CaSO_4 \cdot 2H_2O$。

矿物通常以固态存在地壳中，只有极少数呈液态（如石油、汞）和气体（如天然气）。固体矿物绝大部分是结晶质，具有确定的内部结构，即内部的原子或离子在三维空间成周期性重复排列，常形成具有规则几何外形的晶体，如溶液中生长的食盐晶体就是由钠离子和氯离子按立方体结晶格子构造排列而形成立方体（见图1-2）。但是，岩石中大多数矿

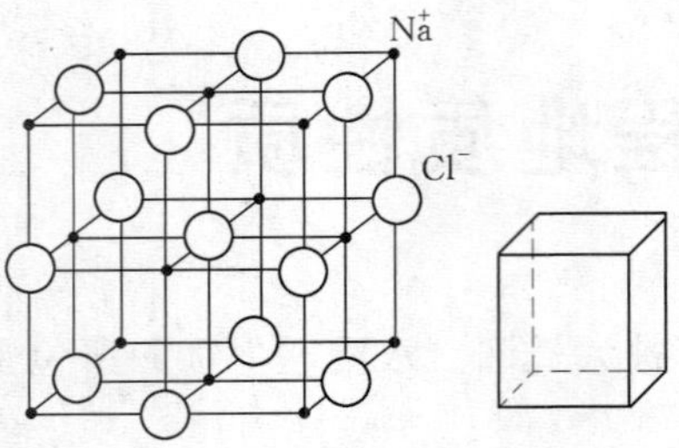

图 1-2　食盐的内部构造和晶体

物结晶时，受到许多条件和因素的控制，晶体常呈不规则形状，但其内部构造仍不失其结晶的实质。有少部分矿物为非结晶质，即内部的原子或离子无规则排列，因此外表就不具有固定的几何外形，例如蛋白石（$SiO_2 \cdot nH_2O$）等。

自然界产出的矿物已知有 3000 多种，而组成岩石的主要矿物仅 30 多种，最常见的有石英、斜长石、正长石、白云母、黑云母、角闪石、辉石、方解石、白云石、高岭石、绿泥石、石膏、赤铁矿、黄铁矿等。它们占岩石中所有矿物的 90%以上，这些组成岩石主要成分的矿物称造岩矿物。

1.1.2　矿物的形态

矿物形态是指单个矿物和群体矿物的形态。矿物的形态是矿物的重要特征之一，它可以是单体，也可以是很多单体组成的集合体，如柱状（正长石）、板状（斜长石）、片状（云母）、菱面体（方解石）、纤维状（石膏）等（见图 1-3）。由于生长空间的局限，矿物晶体往往不能发育成完美形态，它们常常挤在一起成集合体产出。如粒状（橄榄石）、土状（高岭石）、鳞片状（绿泥石）、晶族状（石英）、钟乳状（方解石）。

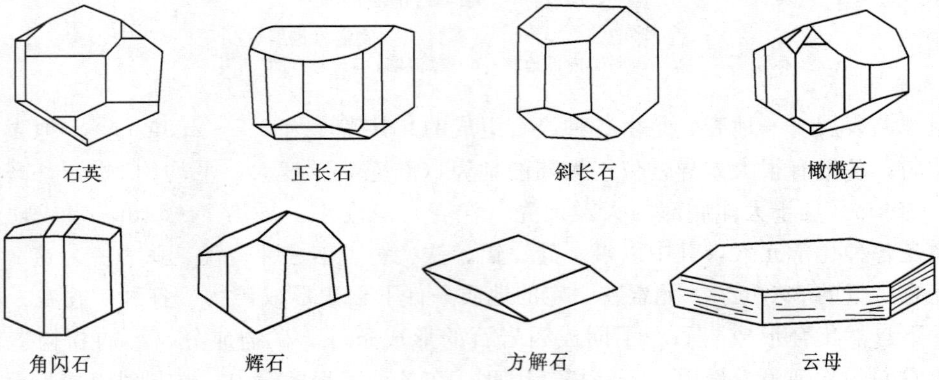

图 1-3　常见造岩矿物的形态

1.1.3　矿物的物理性质

1. 颜色

颜色是矿物最直观的一种性质，最常见的有自色与他色两种类型。

自色，是矿物本身固有的颜色，是由矿物化学成分和晶体结构所形成的，如黄铜矿具铜黄色、孔雀石具翠绿色、赤铁矿具樱红色。他色，是矿物混入某些杂质所引起的颜色。如纯净石英为无色透明，但含碳的微粒时呈烟灰色（烟水晶），含锰时呈紫色（紫水晶），含氧化铁则是玫瑰色（玫瑰水晶）等。

2. 条痕

条痕是矿物粉末的颜色，通常将矿物在无釉瓷板上刻画后进行观察。它对于某些金属矿物具有重要鉴定意义。如赤铁矿可呈赤红、铁黑或钢灰色等，但条痕均为樱红色；金的条痕为金黄色，而黄铜矿的条痕为绿黑色。

3. 光泽

光泽是矿物反光的能力。根据反光程度分为金属光泽，如黄铁矿、黄铜矿；半金属光泽，如赤铁矿、磁铁矿等；非金属光泽，又分为玻璃光泽（长石、方解石），油脂光泽（石英），珍珠光泽（云母），丝绢光泽（石棉），金刚光泽（金刚石）。

4. 硬度

硬度是指矿物抵抗外来机械力作用（如刻划、压入、研磨）的能力，通常采用摩氏硬度计作标准。它是以十种矿物的硬度表示十个相对硬度等级，由软至硬的顺序为：滑石（1度）、石膏（2度）、方解石（3度）、萤石（4度）、磷灰石（5度）、正长石（6度）、石英（7度）、黄玉（8度）、刚玉（9度）、金刚石（10度），测定某矿物的硬度，只须将待定矿物同硬度计中的标准矿物相互刻划，进行比较，若需要鉴定的矿物被磷灰石所刻伤而自己又能刻伤萤石，说明它的硬度大于萤石小于磷灰石，在4～5之间，即可定为4.5。野外工作中，常用指甲（2～2.5），铜钥匙（3），铁刀刃（3.0～5.5），小钢刀（5.5～6.0），玻璃（5.0～5.5）鉴别矿物的硬度。

5. 解理与断口

解理，是矿物受力后沿其晶体内部一定的结晶方向裂开或分裂的性质。根据解理面的大小和平整光滑程度，将解理分成极完全、完全、中等和不完全等级别。例如：云母沿解理面可剥离成极薄的薄片，为极完全解理；方解石沿解理面破裂成菱面体具有完全解理。还可根据解理面方向的数目多少，可分为一组解理（云母）、两组解理（长石）、三组解理（方解石等），如图1-4（a）、（b）所示。

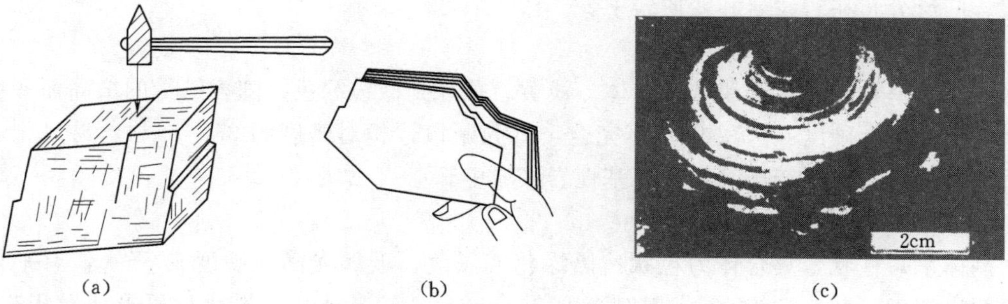

(a) (b) (c)

图1-4 矿物的解理与断口

（a）方解石的解理；（b）云母的解理；（c）石英的贝壳状断口

断口，是矿物受外力打击后，沿任意方向发生不规则的破裂面，常见的断口有贝壳状断口［见图1-4（c）］、参差状断口，锯齿状断口和平坦状断口。

6. 弹性、挠性、延展性

某些片状或纤维状矿物，在外力作用下发生弯曲，当去掉外力后能恢复原状者具弹性（如云母）；不能恢复原状者具挠性（如绿泥石、滑石）。矿物能被锤击成薄片状或拉成细丝的性质称延展性，如自然金、银、铜等。

1.1.4 主要造岩矿物鉴定特征

1. 石英

常发育成单晶并形成晶簇，或成致密状或粒状集合体。纯净的石英无色透明，称水晶。含杂质时颜色各异，石英晶面为玻璃光泽，断口为油脂光泽，硬度7，无解理。贝壳状断口、相对密度2.65。化学成分稳定，抗风化能力强，含石英越多的岩石，岩性越坚硬，广泛分布于各种岩石中和土层中。

2. 正长石

晶体常为柱状或板柱状。常为肉红色、浅黄红、浅黄白色，玻璃光泽，硬度6，有两组相互正交的解理，相对密度2.5～2.6。较易风化，完全风化后形成高岭石、绢云母、方解石和铝土矿等次生矿物，广泛分布于各种岩石中和土层中。

3. 斜长石

晶体为板状或板柱状。常为白色或灰白色，玻璃光泽，硬度6～6.5，两组中等解理近于正交，相对密度2.6～2.7，最常见聚片双晶。主要性质同正长石，是构成岩浆岩的最主要造岩矿物。

4. 白云母

单晶体为短柱状及板状，横切面常为六边形，集合体为鳞片状，其中晶体细微者称绢云母。有平行片状方向的一组极完全解理，薄片为无色透明，具珍珠光泽，硬度2.5～3，薄片有弹性，相对密度2.8～3.0。较黑云母抗风化能力强。

5. 黑云母

多呈片状或鳞片状集合体，棕褐色或黑色，相对密度2.8～3.2，透明或半透明。其形态及其他光学、力学性质同白云母。黑云母易风化，风化后可变为蛭石，失去弹性。当岩石中含云母较多，且成定向排列时，则沿层状方向易产生滑动，直接影响水工建筑地基稳定。广泛分布在岩浆岩和变质岩中。

6. 橄榄石

晶体常呈粒状或致密块状集合体。浅黄、黄绿到橄榄绿色，随含铁量的增高而颜色加深。玻璃光泽，硬度6～7，解理不完全，贝壳断口，相对密度为3.2～4.4。易风化，风化后呈暗褐色。主要产于基性或超基性岩浆岩中。

7. 辉石

晶体呈短柱状，集合体为粒状。黑绿色或黑色，玻璃光泽，硬度5.5～6，有平行柱面的两组解理，其交角为87°，相对密度3.2～2.4。较易风化，风化后可形成粘土矿物、褐铁矿等。多产于基性或超基性岩浆岩中。

8. 角闪石

晶体为长柱状，常见针状。绿黑色或黑色，玻璃光泽，硬度5～6。有平行柱面两组解理，交角为124°，相对密度3.2～3.6，且随含铁量增高而增大。是许多岩浆岩和变质岩的主要造岩矿物。

9. 方解石

常发育成单晶或晶簇。粒状、块状、纤维状或钟乳状集合体。纯净的方解石无色透明，因杂质渗入而常呈白、灰、黄、浅红、绿、蓝色等。玻璃光泽，硬度3，具有三组完全解理，相对密度2.6～2.8，遇冷稀盐酸强烈起泡，放出二氧化碳气体。

10. 白云石

单晶为菱面体，通常为块状或粒状集合体。一般为白色，因含铁常呈褐色，玻璃光泽，硬度3.5～4，解理和上述方解石相同，相对密度2.8～2.9。白云石粉末与盐酸只产生微弱反应，以此与方解石相区别。

11. 石膏

单晶体常为板状，集合体为块状、粒状及纤维状等。为无色或白色，有的透明，玻璃光泽，纤维状石膏为丝绢光泽。硬度2，指甲能刻划；易沿解理面劈开成薄片；薄片具挠性，相对密度2.3～2.4，易溶解于水。由于石膏分布较广，对建筑物具有很大意义，许多建筑物建造在含有石膏的岩层上而因石膏的溶解发生工程事故。

12. 绿泥石

常呈鳞片状集合体。绿色，深浅随含铁量的变化而不同。解理面上为珍珠光泽。有平行片状方向的解理，硬度2～3，相对密度2.6～3.3；薄片具挠性，但无弹性（与云母区别之）。

13. 滑石

晶体为片状，通常为鳞片状或致密块状集合体。浅绿色、白色、浅黄色，具油脂光泽（片状或鳞片状者呈珍珠光泽），硬度1。平行片状方向有一组极完全解理，薄片具挠性，但薄片无弹性；相对密度为2.7～2.8，触之有滑腻感。

14. 高岭石

土状或块状集合体。白色，常因含杂质而呈其他颜色；土状或蜡状光泽，硬度2；相对密度2.6～2.7；具有粗糙感、干燥时有吸水性，湿之具有可塑性。

15. 蒙脱石

土状或显微鳞片状集合体。白色或灰白色，因含杂质染有黄、浅玫瑰红、蓝或绿色。土状者光泽暗淡。硬度1～2，相对密度2～3，一般颗粒极细，肉眼不易鉴定，但吸水性强，吸水后体积膨胀，可与高岭石相区别。

16. 石榴子石

常形成等轴状单晶体。集合体成粒状和块状。浅黄白、深褐到黑色，随含铁量增高而加深。玻璃光泽，硬度6～7.5，无解理，断口油脂光泽；为贝壳状或参差状。

17. 赤铁矿

常为致密块状及土状集合体。铁黑色或暗红色，条痕呈樱红色。金属、半金属到土状光泽，不透明，硬度5～6，无解理，相对密度4.0～5.3。

18. 黄铁矿

大都呈块状集合体，有些发育成立方体单晶，立方体的晶面上常有平行的细密纹。颜色为浅铜黄色；条痕为绿黑色，硬度6～6.5，性脆，断口参差状，相对密度5。

19. 褐铁矿

常呈块状、土状或钟乳状，颜色为黄、褐至黑色；条痕为黄褐色、光泽暗淡。硬度4.0～4.5，相对密度3.3～4.0，可染手。为分布较普遍的铁矿。

1.2 岩　石

岩石是地壳的基本组成物质，它们是由一种或数种矿物组成的，如花岗岩是由石英、正长石、黑云母等多种矿物组成，是地质作用的产物。

岩石是建造各种工程结构物的地基、环境和天然建筑材料，因此了解岩石的工程地质性质对工程设计、施工等都十分重要。

自然界有各种各样的岩石，岩石按其形成方式分为岩浆岩（又称火成岩）、沉积岩和变质岩三大类，它们分别是岩浆作用、外力地质作用和变质作用的产物。

1.2.1 岩浆岩

岩浆岩占地壳岩石体积的64.7%，广泛分布在地表或地下；大陆或海洋。

1. 岩浆岩的成因与产状

（1）岩浆岩的成因。岩浆岩是由岩浆冷凝固结而形成的岩石。火山喷发时，大量炽热气体和熔融物质从地壳深部喷出，这些熔融物质（主要成分为硅酸盐）就是岩浆。岩浆存在于地下深处具有很高的温度（800～1300℃）和很大的压力（约几百兆帕以上）。当地壳运动时，岩浆就会沿地壳薄弱地带和压力较低的部位侵入上升，当岩浆上升喷出地表冷凝所形成的岩石，称为喷出岩；如果岩浆侵入到地表以下周围岩层中冷凝所形成的岩石，称为侵入岩。侵入岩按形成部位深浅，分为深成侵入岩（深度大于5km）和浅成侵入岩（深度约小于3km）。

（2）岩浆岩的产状。岩浆岩体是以一定形态产出的。其产状是指岩体的大小、形状及其与周围岩石的接触关系和分布特点。岩浆岩体产状的确定主要是在野外进行，但也可以在地质图上分析出来。岩浆岩的产状大致有以下几种（见图1-5）。

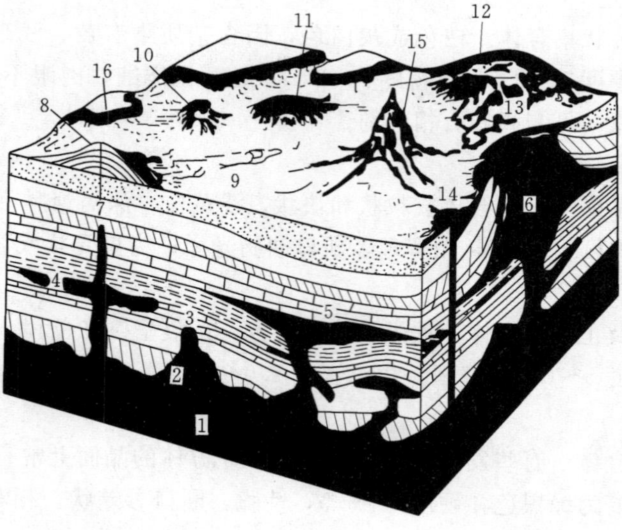

图1-5 喷出岩与侵入岩产状综合示意图

1—岩基；2—岩株；3—岩墙；4—岩床；5—岩盆；6—被侵蚀露出的岩盖；7—火山颈；8—复式火山；9—熔岩流；10—熔渣锥；11—小型火山口；12—大型火山口；13—火山碎屑流；14—小火山；15—具有放射状岩墙的火山颈；16—熔岩被

1）岩基。规模巨大，面积大于60km^2的侵入体，与围岩接触面不规则。构成岩基的岩石大都是花岗岩或花岗闪长岩等，岩性均匀稳定，是良好的建筑物地基。

2）岩株。岩株是一种形状较岩基小的岩体，常常是岩基边缘的分枝或是独立的侵入体，平面上呈圆形或不规则状，面积小于 $60km^2$，是良好的建筑物地基。

3）岩盖和岩盆。岩盖是一种中心较大，底部较平，顶部穹隆状的层间侵入体。分布范围可达数平方公里，多由酸性、中性岩石组成。中心下凹形如碟或浅盆的层间侵入体叫岩盆。

4）岩床。岩床是一种沿原有岩层层面侵入、延伸分布且厚度稳定的层状侵入体。常见的厚度多为几十厘米至几米，延伸长度多为几百米至几千米。岩石以基性岩为主。

5）岩脉。岩脉是沿岩层裂隙侵入形成的狭长形的岩体，与围岩层理或片理斜交。

6）火山锥。火山锥是熔岩和火山碎屑围绕火山通道堆积形成的锥状体。

2. 岩浆岩的物质成分

岩浆岩的物质成分包括化学成分和矿物成分。岩浆岩的种类繁多，但总结各种岩浆岩的化学分析结果，占岩石 99% 以上的是 O、Si、Al、Fe、Ca、Na、K、Mg、Ti 等 9 种元素，其中 O、Si 占岩石总质量的 75%、体积的 93%，其次是 Al、和 Fe。

在常见的岩浆岩中，分布最广泛的矿物只有 6～7 种，它们是石英、正长石（钾长石）、斜长石、角闪石、辉石、橄榄石、黑云母等。前三种矿物 SiO_2 和 Al_2O_3 含量高，颜色较浅，也称为浅色矿物，后几种矿物中 FeO、MgO 含量高，硅、铝含量少，颜色较深，也称为暗色矿物。

3. 岩浆岩的结构

岩浆岩的结构是指组成岩浆岩中矿物结晶程度、颗粒大小以及颗粒之间的结合关系。最常见的有：

1）显晶质结构。岩石中的矿物全部为肉眼或放大镜能分辨的晶体颗粒（见图 1-6）。这种结构是在温度和压力较高、岩浆温度缓慢下降的条件下形成的，主要是深成侵入岩所具有的结构。按矿物颗粒粗细分为粗粒（晶粒直径大于 5mm）、中粒（5～2mm）、细粒（2～0.2mm）三种。

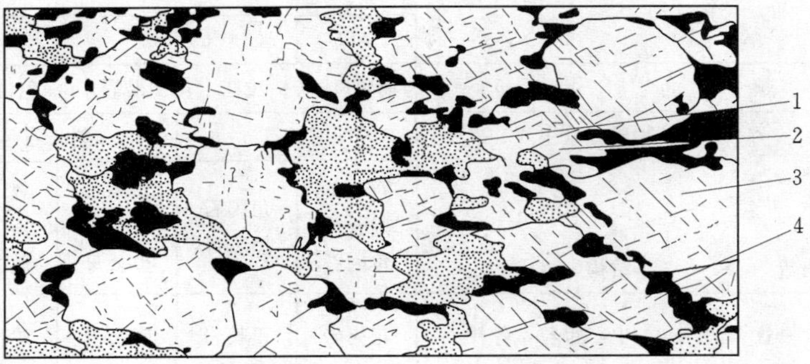

图 1-6　具等粒结构的花岗岩

1—石英；2—斜长石；3—钾长石；4—黑云母

2）隐晶质结构。矿物颗粒非常细小，肉眼或放大镜都不能分辨，只能在显微镜下才能分辨。常为喷出岩及浅成岩所具有的结构。

3）斑状结构。岩石中较粗大的晶体（称斑晶）散布在较细的是隐晶质和玻璃质（称基质）之间的结构（见图 1－7）。斑晶是在地下深处，高温高压条件下先结晶形成的晶粒，随着携带着斑晶的岩浆上升到浅处或喷出地表，而迅速冷却形成肉眼或放大镜不能分辨的细小晶体或未结晶的玻璃质（基质）。斑状结构是浅成岩或喷出岩所具有的结构。

4）玻璃质结构。岩石由没有结晶的玻璃质组成，岩石断口光滑具玻璃光泽。这是喷出岩具有的结构。反映当时岩浆的急剧冷凝，来不及结晶。

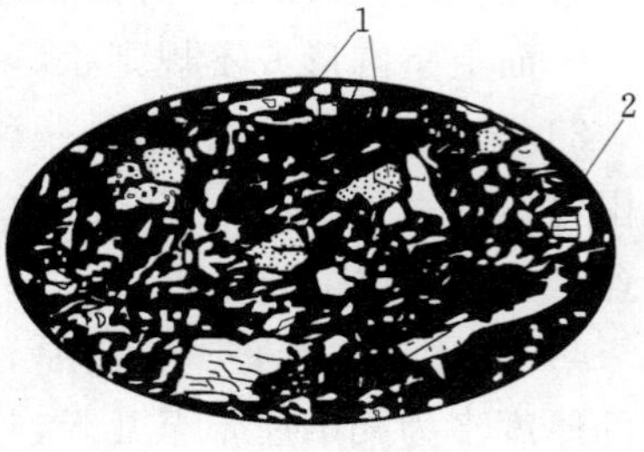

图 1－7　斑状结构

1—斑晶；2—基质

（据 W. K. Hamblin，1992）

4．岩浆岩的构造

岩浆岩的构造是指岩石中不同矿物颗粒集合体分布与排列的特征。岩浆岩的常见的构造有：

1）块状构造。矿物在岩石中均匀分布，无一定规则排列。它是侵入岩所具有的构造。

2）气孔状和杏仁状构造。岩石中分布着大小不等，圆形或椭圆形空间，称气孔构造。它是岩浆中的气体逸散后留下的孔洞。当气孔被后来的物质（硅质、钙质等）所充填便形成杏仁构造，为喷出岩所特有的构造。

3）流纹状构造。岩石中由不同成分和不同颜色的条纹或拉长的气孔，长条状矿物沿一定方向排列，显示的流动形迹。它是粘度较大的火山熔岩流的流动构造。

5．岩浆岩的分类

岩浆岩的种类很多，其间既存在差别又有内在的联系。现行岩浆岩分类方案通常是从岩浆的成分和成岩环境两方面考虑。首先根据岩浆岩的化学成分（主要是 SiO_2 的含量），分成超基性岩、基性岩、中性岩及酸性岩。其次根据岩浆岩的形成条件分为喷出岩与侵入岩，侵入岩又分为深成岩和浅成岩，见表 1－1。

表 1－1　　岩浆岩分类表

岩石类型				酸性岩	中性岩		基性岩	超基性岩
SiO_2 含量（%）				富含 Si、Al			富含 Fe、Mg	
				＞65	65～52		52～45	＜45
颜色				浅色（浅灰、浅红、黄、褐等）→深色（深灰、黑绿、黑等）				
产状		构造	结构　矿物成分（主要、次要）	正长石		斜长石		不含长石
				石英 黑云母 角闪石	角闪石 黑云母	角闪石 辉石 黑云母	辉石 角闪石 橄榄石	辉石 橄榄石 角闪石
侵入岩	深成岩	块状	中、粗粒，等粒	花岗岩	正长岩	闪长岩	辉长岩	橄榄岩 辉岩
	浅成岩	块状	等粒、似斑状、斑状	花岗斑岩	正长斑岩	闪长玢岩	辉绿岩	少见
喷出岩		块状、流纹状、气孔状、杏仁状	隐晶质、玻璃质、斑状	流纹岩	粗面岩	安山岩	玄武岩	少见
			玻璃状、碎屑状	黑曜岩、浮岩、火山凝灰岩、火山碎屑岩				

6．常见的岩浆岩

（1）花岗岩。花岗岩是地球上分布最广的结晶粒状深成岩，由石英、长石和云母组成。石英通常呈圆形粒状、无色透明。长石有肉红色的正长石和灰白色的斜长石，可见到发育良好的解理。云母为片状的黑云母，有时也有白云母，以及少量黑色长柱状普通角闪石。花岗岩具有多种颜色，如灰白色、灰色、肉红色等，主要由长石的种类和颜色而定。根据组成花岗岩矿物粒径的大小分成粗粒、中粒、细粒花岗岩，长石与石英晶体特别粗大的称为伟晶岩。花岗岩常呈规模巨大的岩基或岩株产出。花岗岩密度2.7，致密坚硬、孔隙度小、强度大，是人们喜爱的建筑材料，尤其细粒均匀的花岗岩是良好的坝基，我国的长江三峡、湖南东江、四川龚嘴等水电工程均建在花岗岩上。

(2) 闪长岩。闪长岩是一种中性深成侵入岩，主要由斜长石和普通角闪石组成，其次为辉石，可有少量黑云母。由于含有较多的暗色矿物，所以颜色较深，为深灰色及灰绿色，全晶质粒状结构。组成闪长岩的长石种类与正长岩不同，闪长岩以斜长石为主呈灰色，而正长岩以正长石为主呈红色。闪长岩在自然界大多与花岗岩、辉长岩伴生。单独构成岩体时多为岩株、岩盖和小型侵入体。结构致密，强度高，具有较高的韧性和抗风化能力，是良好的建筑材料与地基。

(3) 正长岩。常呈浅灰、浅肉红、浅灰红等色，其主要矿物成分为正长石，次要矿物有角闪石、黑云母等，不含石英或含量极少。呈等粒状结构，块状构造。其物理力学性质与花岗岩类似，但不如花岗岩坚硬，且易风化，常呈岩株产出。

(4) 辉长岩。辉长岩是一种基性深成侵入岩。颜色深，灰色至灰黑色，矿物成分以普通辉石和斜长石为主，有时含少量橄榄石、角闪石、极少有石英。一般为中粗粒全晶质等粒结构。辉长岩体以岩株、岩盆、岩盖为常见。岩石坚硬，强度高，是良好的地基和建筑材料。

(5) 辉绿岩。辉绿岩是一种常见的浅成侵入岩。常呈岩株、岩床、岩墙产出。颜色为灰黑至灰色，矿物成分与辉长岩、玄武岩相当，主要由斜长石、辉石组成。辉绿岩常呈中粒至粗粒全晶质结构。与辉长岩不同的是，辉绿岩中辉石的粒径大于斜长石。辉绿岩力学强度很大，是良好的地基，并可作建筑材料。

以上介绍的是几种重要的侵入岩，下面介绍常见的火山喷出岩。

(6) 流纹岩。流纹岩是酸性喷出岩。一般为灰红色，有时为灰黑色和紫色。矿物成分为石英、正长石和斜长石。通常为斑状结构，常发育有流纹构造。也常见气孔构造和杏仁构造，流纹岩含有较多的火山玻璃，性脆。工程性质不如深成侵入岩。

(7) 安山岩。安山岩是一种中性喷出岩，颜色为灰、灰褐、紫色。矿物成分与深成岩中的闪长岩相同。多呈斑状结构，斑晶多为斜长石、角闪石、辉石、黑云母，基质多为隐晶质或玻璃质。岩石的抗压强度较大，可用作建筑材料。

(8) 玄武岩。玄武岩是地球上分布最广泛的岩浆岩。玄武岩呈暗灰至黑色、褐色或深灰色、主要由斜长石和辉石组成，有时含橄榄石和火山玻璃，常呈隐晶质结构或斑状结构；气孔和杏仁构造；具多边形柱状节理。玄武岩熔岩流喷出后常覆盖地表形成高原和熔岩台地，大洋地壳均由玄武岩组成。玄武岩抗压强度较高，可作为良好地基和建筑材料。

1.2.2 沉积岩

沉积岩是地表分布最广的岩石，占地壳表面积的75%。因此研究沉积岩特征对工程建筑具有实际意义。

1. 沉积岩的形成

沉积岩是在地表或接近地表的条件下，由母岩（先形成的岩石）破坏而成的疏松积物，经搬运、沉积及成岩作用而形成的岩石。未经成岩作用胶结的松散沉积物质叫沉积物。沉积岩的物质来源很多，一是地表条件下由原岩经风化后的产物，主要有碎屑物质、新生成的矿物。二是火山喷出的碎屑物质，如火山弹、火山灰、熔岩等。三是在地表常温、常压条件下由水溶液沉淀的化学物质及生物遗体物质，如化学矿物、介壳、煤、石油等。

在地壳中，沉积岩呈层状产出（称岩层），岩层是沉积岩的重要特征之一（见图1-8）。

图1-8 沉积岩成层状产出

2. 沉积岩的矿物成分

沉积岩矿物成分有碎屑矿物、粘土矿物、化学及生物化学矿物三大类。

1）碎屑矿物。是原岩经风化破碎的矿物碎屑，如石英、长石、白云母等一些抗风化性较强的稳定矿物。

2）粘土矿物。是原岩经过风化分解后生成的次生矿物，如高岭石、蒙脱石、水云母等。

3）化学及生物成因的矿物。是从溶液、胶体溶液沉淀出来或生物作用形成的矿物，如方解石、白云石、石膏、岩盐、铁和锰的氧化物和氢氧化物、泥炭、石油等。

3. 沉积岩的结构

沉积岩的结构是指沉积岩颗粒的性质、大小、形态及相互关系。常见的沉积岩结构有：

1）碎屑结构。岩石由碎屑物被胶结物粘结而成的。碎屑物包括岩石碎屑、矿物碎屑、石化的生物遗体及碎片和火山碎屑物等。按碎屑粒经大小分为：砾状结构（粒径大于2mm）；砂状结构（粒径2～0.05mm）；粉砂状结构（粒径0.05～0.005mm）。其中粉砂状结构岩石可用放大镜观察；砾状、砂状结构用肉眼能分辨其中的碎屑、基质和胶结物（见图1-9），组成岩石中的碎屑颗粒粗细大致均匀者称分选性好，大小悬殊者称为分选性差。碎屑颗粒棱角分明称磨圆度差，反之称磨圆度好。

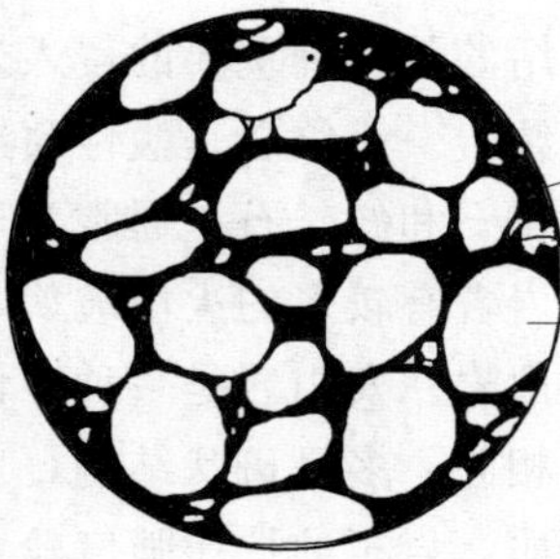

图1-9 碎屑、基质和胶结物

2）泥质结构。由粒径小于0.005mm的粘土等胶结组成的结构。具这种结构的岩石，只有借助电子显微镜才能分辨其矿物颗粒。

3）结晶粒状结构。是由化学沉淀或胶体结晶形成的结构，是一些化学岩或生物化学岩所特有的结构。

4）生物结构。是指主要由生物遗体组成的结构，如贝壳结构、珊瑚结构等。

4. 沉积岩的构造

1）层理构造。层理构造是沉积岩最基本最特别的构造，是区别岩浆岩和变质岩的主要标志。沉积岩在形成过程中，是一层一层逐渐沉积下来的，不同时期、不同环境，其沉积物的颜色、矿物成分、颗粒大小等方面的差异变化而显示出成层现象叫层理。

当沉积物连续不断沉积，在成分上基本均匀一致的沉积组合称为层，相邻两个层之间的界面叫层面。一个单元岩层上下层面之间的垂直距离称为岩层的厚度；层的厚度分为：块状层（厚度大小 1m）、厚层（1～0.5m）、中厚层（0.5～0.1m）、薄层（0.1～0.01m）等。岩层的厚度可在一定范围内保持不变、也可以在横向或纵向上变厚或变薄、尖灭或呈透镜状（见图 1-10）。

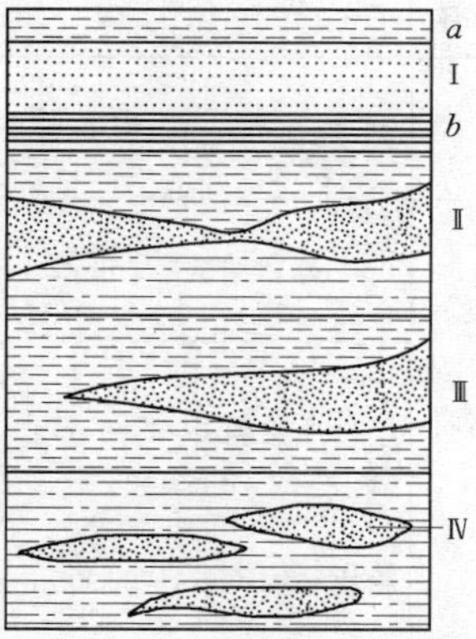

图 1-10　岩层的形态
a—顶面；b—底面；Ⅰ—板状岩层；Ⅱ—岩层变厚变薄；Ⅲ—岩层尖灭；Ⅳ—岩层呈透镜状

根据层理的形态和成因，层理可分为水平层理、斜层理和交错层理三种基本类型（见图 1-11）。它反映了当时的沉积环境和介质运动强度及特征。水平层理，一般是在平静的湖海中和同一环境下形成的。斜层理和交错层理，它们是由于沉积物介质作单向运动时及运动介质的强度或方向发生变化而形成的。

2）层面构造。沉积岩的层面上常保留有形成时外力（风、流水等）作用的痕迹，如波痕、雨痕、泥裂等。

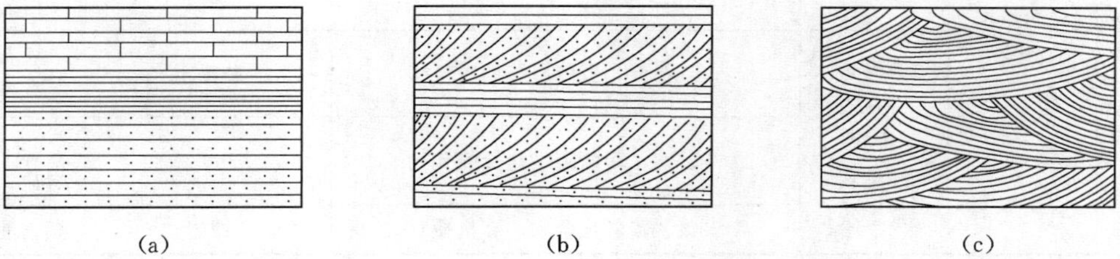

图 1-11　沉积岩层理形态示意图
(a) 水平层理；(b) 斜层理；(c) 交错层理

3）结核。在沉积岩中，含有一些在成分上与围岩有明显差别的物质团块，称为结核。如石灰岩中的燧石结核、粘土中的石膏结核等。

4）含化石。沉积岩中常保存有各种生物的化石，即生物的遗体和遗迹，经石化交代作用保留下来称为化石。这是沉积岩的重要特征。根据化石的种类可以确定沉积岩的形成环境和地质时代。

5. 沉积岩的分类

根据沉积岩的成因，组成物质及结构，分为碎屑岩、粘土岩、化学岩及生物化学岩，见表 1-2。

6. 常见的沉积岩

（1）砾岩。砾岩是由大小不等，性质不同，并且磨圆度较好的卵石堆积胶结而形成的岩石。胶结物通常有硅质、铁质、钙质及砂和粘土。砾石呈圆形是长距离流水搬运或海浪冲击的结果。如砾石未被磨圆且棱角明显者称为角砾岩。胶结物成分与胶结类型对砾岩的物理力学性质有很大影响；如硅质基底胶结的石英砾岩非常坚硬，难以风化。而泥质胶结的砾岩则相反。

表 1－2　　沉积岩分类表

<table>
<tr><th rowspan="2">岩类</th><th rowspan="2" colspan="2">结构</th><th rowspan="2">主要矿物成分</th><th colspan="2">主要岩石</th></tr>
<tr><th>松散的</th><th>胶结的</th></tr>
<tr><td rowspan="4">碎屑岩</td><td rowspan="2" colspan="2">砾状结构＞2mm</td><td rowspan="2">岩石碎屑或岩块</td><td>角砾、碎石、块石</td><td>角砾岩</td></tr>
<tr><td>卵石、砾石</td><td>砾岩</td></tr>
<tr><td colspan="2">砂质结构 2～0.05mm</td><td>多为耐风化的矿物，如石英、长石、白云母及部分岩石碎屑</td><td>砂土</td><td>石英砂岩
长石砂岩
岩屑砂岩</td></tr>
<tr><td colspan="2">粉质结构 0.05～0.005mm</td><td>多为石英、次为长石、白云母，很少岩石碎屑</td><td>粉砂土</td><td>粉砂岩</td></tr>
<tr><td>粘土岩</td><td colspan="2">泥质结构＜0.005mm</td><td>粘土矿物为主，含少量石英、云母等</td><td>粘土</td><td>泥岩
页岩</td></tr>
<tr><td rowspan="5">化学岩及生物化学岩</td><td rowspan="5">化学结构及生物结构</td><td rowspan="2">致密状
粒状
鲕状</td><td>方解石为主，白云石次之</td><td></td><td>泥灰岩
石灰岩</td></tr>
<tr><td>白云石、方解石</td><td></td><td>白云质灰岩
白云岩</td></tr>
<tr><td rowspan="3">结核状
鲕状
块状
纤维状
致密状</td><td>石英、蛋白石、硅胶</td><td>硅藻土</td><td>燧石岩
硅藻岩</td></tr>
<tr><td>钾、钠、镁的硫酸盐及氯化物</td><td></td><td>石膏
岩盐、钾盐</td></tr>
<tr><td>碳、碳氢化合物、有机质</td><td>泥岩</td><td>煤、油页岩</td></tr>
</table>

（2）砂岩。砂岩是由各种成分的砂粒（直径在 2～0.05mm 之间）被胶结而形成的岩石。按颗粒大小可分为粗粒、中粒、细粒及粉粒砂岩。砂岩的颜色与胶结物成分有关，通常硅质与钙质胶结者颜色较浅，铁质胶结常呈黄色、红色或棕色。硅质胶结者最为坚硬。砂岩按成分又可分为：石英砂岩（石英含量在 90％以上，其余为少量长石及岩屑等）；长石砂岩（石英占 30％～60％、长石＞25％，其余为岩屑）；岩屑砂岩（岩屑含量＞25％、石英占 40％～60％，其余为长石等）。砂岩的强度较高，但遇水浸泡后强度则会大大降低，尤其粘土胶结的砂岩，性能较差。钙质胶结的砂岩易被酸性水溶蚀。

（3）粉砂岩。由直径为 0.05～0.005mm 的砂粒经胶结而生成。粉砂岩成分以石英为主，其次是长石、云母和岩石碎屑等。

（4）火山碎屑岩。火山碎屑岩是由火山喷发的碎屑物质在地表经短距离搬运或就地沉积而形成。按碎屑物的大小分成：

火山集块岩：主要由粒径大于 50mm 的如火山弹、火山块等组成。

火山角砾岩：主要由粒径小于 50mm、大于 2mm 的火山碎屑物组成。

火山凝灰岩：主要由粒径小于2mm的火山灰组成。

(5) 粘土岩。粘土岩是沉积岩中分布最广的一类。岩石主要由直径小于0.005mm的粘土矿物（高岭石、蒙脱石、水云母等）及少量极细小的石英、长石、云母和碳酸盐（方解石、白云石等），以及有机质（煤、石油等）等组成。大多数粘土岩属于母岩风化产物（细碎屑）经机械搬运沉积而生成。常见的粘土岩有页岩和泥岩两类，页岩和泥岩都是已固结成岩的岩石。两者的区别是页岩具有很发育的薄片状层理又称页理，沿此面易裂开，而泥岩层理较厚呈块状。常按胶结物成分称为钙质页岩或钙质泥岩、硅质页岩或硅质泥岩等。一般由硅质和钙质胶结者比较坚硬，而其他胶结，特别是泥质胶结者在遇到水后强度会明显降低，一旦受压后便会发生塑性变形。

(6) 化学岩和生物化学岩。这类岩石是沉积盆地中化学或生物化学作用的产物，主要有石灰岩、白云岩、泥灰岩和硅质岩等。以石灰岩分布最广，其次为白云岩。

1) 石灰岩。主要由方解石组成，质纯者呈灰白色、含杂质呈灰色或灰黑色，具有结晶结构、生物碎屑结构。遇稀盐酸剧烈起泡等重要鉴别标志，常含有大量生物介壳、骨骼的碎片。石灰岩极易被富含CO_2的水所溶解，尤其在温暖湿润地区常沿岩石中的裂隙发生溶解侵蚀形成岩溶洞穴。

2) 白云岩。主要由白云石组成，含方解石。与石灰岩的区别是遇加热的稀盐酸起泡，通常为浅灰色、灰白色。断口呈粒状，硬度稍大于石灰岩等。

3) 泥灰岩。石灰岩中泥质成分增加到达（25%～50%）的称泥灰岩。它是粘土岩和石灰岩之间的过渡类型。颜色有浅灰色、灰色、淡黄、紫红色等。

1.2.3 变质岩

1. 变质岩的形成及产状

变质岩是原先生成的岩浆岩、沉积岩和变质岩经变质作用后形成的新岩石。

地壳中的原岩受构造运动、岩浆活动、高温、高压及化学活动性很强的气体和液体影响，其矿物成分、结构、构造等发生一系列的变化，这些变化称为变质作用。根据引起岩石变质的地质条件和主导原因，变质作用可分为接触变质作用，区域变质作用和动力变质作用类型（见图1-12）。

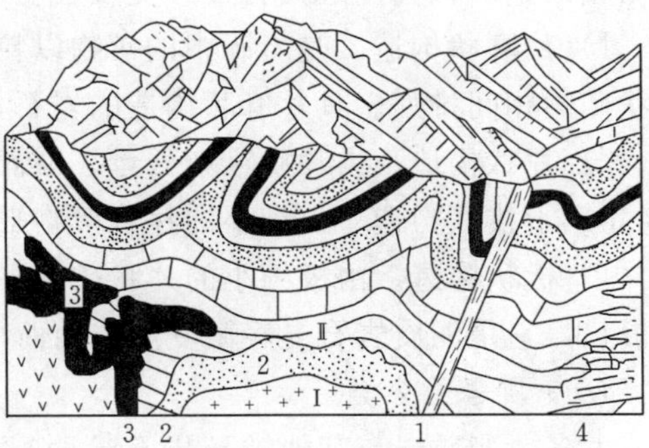

图1-12 变质作用及变质岩类型示意图

Ⅰ—岩浆岩；Ⅱ—沉积岩

1—动力变质岩；2—热接触变质岩；

3—接触交代变质岩；4—区域变质岩

(1) 接触变质作用。接触变质发生在岩浆侵入体与围岩接触带上，是由于温度升高及来自岩浆的化学活动组分的作用使岩石变质。接触变质在靠近侵入体处温度较高，远离时温度降低，岩石变质程度也随之降低。这样变质程度不同的岩石围绕侵入体呈环带状分布。如果围岩仅受高温的烘烤而使矿物重新结晶，物质成分重新组合等，称接触热变质作用。如果围岩除受热影响外，还与岩浆中分泌的挥发成分产生交代作用，从而引起大量新的矿物产生，岩石化学成分发生显著变化，则称接触交代变质作用。显然接触变质影响的范围是有限的。

(2) 区域变质作用。这是由地壳运动和岩浆活动使广大区域范围内的岩石发生变质的作用。经区域变质作用的岩石往往具有明显的片理构造和片麻状构造。

(3) 动力变质作用。这与断裂构造有关，常与较大的断层带伴生。由于构造运动，使原岩挤压破碎、变形并发生重结晶。在岩石以脆性破裂为主的部位常形成角砾岩和碎裂岩。在热力与压力较高的条件下，岩石以塑性变形为主，常使矿物重结晶形成糜棱岩。

原岩在变质过程中基本上是在固态下进行的，所以变质岩的产状仍然保留了原岩的产状。

2. 变质岩的矿物成分

变质岩的矿物种类很多，有些是从原岩中继承下来的，在岩浆岩和沉积岩中都存在的矿物，如长石、石英、云母、方解石、粘土矿物等。另一些是在变质作用过程中新产生的矿物，称为变质矿物。常见的变质矿物有红柱石、蓝晶石、硅线石、硅灰石、滑石、石榴子石、绿泥石、绿帘石、绢云母、蛇纹石、石墨等。变质矿物是在特定环境下产生的，可作为鉴别变质岩的重要标志。

3. 变质岩结构与构造

(1) 变质岩的结构。原岩的结构在变质过程中有的全部改变，矿物重新结晶，形成变晶结构，有的部分残留，变质不彻底形成变余结构，有的岩石被挤压破碎，形成碎裂结构。

(2) 变质岩的构造。除某些岩石中的矿物成分均匀分布，无明显定向排列，呈块状构造外，大部分岩石中的矿物皆呈定向排列，形成片理构造。片理构造是岩石中片状、柱状、或长条状矿物（如云母、角闪石、长石等），在定向压力作用下相互平行排列形成的，岩石易沿此方向劈开，劈开面称片理面。片理面平滑光亮，延伸不远，据此可与沉积岩的层面相区别。根据片理面特征、变质程度等特点，片理又可分为：

1) 片麻状构造。是岩石中的矿物以粒状浅色长石为主并伴随有平行排列的暗色片状，柱状矿物相间排列。具片麻状构造的岩石，其矿物颗粒比较粗大，肉眼易于观察。

2) 片状构造。由片状（如云母、绿泥石、滑石等）或柱状矿物定向排列，呈薄片状。

3) 千枚状构造。由细小的片状矿物平行排列，片理面上具有微细的丝绢光泽和皱纹。

4) 板状构造。由极细小的片状矿物平行排列形成密集而平坦的板面。沿此面易劈开成板状，它是泥质岩石受轻微变质作用而成的。

4. 变质岩的分类

大多数变质岩与其他类型岩石最明显的区别是具有特殊的片理构造和变质矿物。因此，变质岩的分类首先是考虑岩石的构造特征、再按其矿物组成进行分类和命名。主要变质岩分类及肉眼鉴定表见表 1－3。

5. 常见的变质岩

变质岩的种类很多，常见的变质岩及其主要特征简述如下。

(1) 片麻岩。片麻岩具典型的片麻状构造、变晶结构，由各种沉积岩、岩浆岩及变质岩经变质而形成。矿物成分以长石和石英为主，其次为云母、角闪石；结晶颗粒粗大，可加工劈成石板作建筑材料。它在垂直片麻理方向上的强度要比其他方向上大得多。

表 1－3　　变质岩分类表

构　造	岩石名称	主要矿物成分	其　他　特　征
片麻状	片麻岩	长石、石英、云母、角闪石等	矿物一般肉眼可以辨认，浅色粒状的长石或石英同片状的云母或柱状的角闪石呈定向交错排列，断面粗糙，颜色大都同花岗岩
片状	云母片岩	云母、石英	黑云母含量多时色深，白云母多则色浅；石英肉眼难辨认；片理明显，多可剥离成片
	绿泥石片岩	绿泥石	深绿色，鳞片状或叶片状块体，小刀可以刻划
	滑石片岩	滑石、绢云母	白，灰白色或微绿色，具滑感，用指甲可以刻划
	角闪石片岩	角闪石、石英	深绿、暗绿或黑色，片理不明显，较坚硬，矿物颗粒较细
千枚状	千枚岩	绢云母、石英及一些粘土矿物	片理发育。矿物颗粒极小，肉眼不能识别。具丝绢光泽
板状	板岩	石英、绢云母及粘土矿物	易剥成板状，非常致密，击之发声清脆，有时微具丝绢光泽
块状	大理岩	方解石（或白云石）	可呈红、橙、黄、绿、白、灰等色及各种花纹，遇盐酸起泡，小刀易刻划
	石英岩	石英	多为细粒、致密状；白色或灰色，油脂光泽，钢刀刻划不动
	蛇纹岩	蛇纹石	可呈白、黄、绿等色及各种花纹，致密块状，表面较平滑，形同蜡状

(2) 片岩。片岩具典型的片状构造，主要由云母和石英矿物组成，其次为绿泥石、滑石、角闪石、石墨、石榴子石等。以不含长石区别一片麻岩。片岩的强度较低，且易风化，由于片理发育，易沿片理裂开。

(3) 千枚岩。千枚岩的变质程度较低，多由粘土质岩石变质而成，原岩的泥状结构一般不易观察到，矿物基本上已全部重结晶。主要由细小的绢云母、绿泥石和石英等矿物组成。岩石具显微鳞片变晶结构、千枚状构造。由于含有较多的绢云母矿物，使片理面上常具有微弱的丝绢光泽，构成特有的千枚状构造，可作为鉴定标志。千枚岩性质软弱且易风化破碎。

(4) 板岩。板岩是由泥质岩石经较浅的区域变质作用而形成。多为深灰至黑灰色，也有绿色及紫色。主要成分为硅质和泥质矿物，肉眼一般无法分辨，致密均匀，具有板状构造，沿板状构造易于裂开成薄板状。击之发出清脆声。广泛用作建筑石材。

(5) 石英岩。石英岩是一种极致密坚硬的岩石，由较纯的石英砂岩和硅质岩变质而生成。主要矿物成分是石英，少量长石、云母、绿泥石等。质纯的石英岩为白色，因含有杂质而呈黄色、灰色和红色等。岩石具变余粒状结构、块状构造。石英岩是一种极坚硬、抗风化能力很强的岩石，可作为良好工程建筑地基及建筑石料。

(6) 大理岩。大理岩是由石灰岩或白云岩经区域变质或接触热变质作用而生成。主要矿物成分是方解石、白云石；具粒状变晶结构、块状构造。纯大理岩是白色，又称“汉白玉”。因含杂质而显示出不同颜色的条带呈美丽花纹，是贵重的雕刻和建筑材料。

1.3　岩石的工程地质性质指标

岩石的工程地质性质是指岩石与工程建筑有关的各种特征和性质。主要有岩石的物理性质、水理性质和力学性质。岩石的这些性质，直接关系到建筑物是否经济合理与安全可靠。因此对岩石的工程性质进行研究时，既要从岩石的属性特征进行定性分析，同时也要考虑岩石的各种试验指标进行定量分析，最后对岩石的工程性质作出评价。

1.3.1　岩石的物理性质指标

岩石的物理性质指标主要有比重、重度、空隙率、吸水率等。

1. 比重

岩石的比重是岩石固体部分（不含孔隙）的质量与同体积水在 4℃ 时质量的比值，用 ρ_s 表示（也称岩石的相对密度）。即

$$\rho_s = \frac{m_s}{V_s \rho_w} \tag{1-1}$$

式中　ρ_s——岩石的相对密度；

m_s——岩石固体部分的质量，g；

V_s——岩石体积（不含孔隙），cm^3；

ρ_w——4℃ 水的密度，g/cm^3。

岩石的相对密度取决于组成岩石的矿物相对密度及其在岩石中的含量。组成岩石的矿物相对密度越大、含量多，则岩石的相对密度也越大，反之，则小。大多数岩石的相对密度在 2.7 左右。

2. 重度

岩石单位体积（包括空隙体积在内）的重力，即试样重力与试样体积之比值，称为重度，用 γ 表示。即

$$\gamma = \frac{W}{V} \tag{1-2}$$

式中　γ——岩石重度，kN/m^3；

W——岩石的重力，kN；

V——岩石的体积，m^3。

岩石的天然重度取决于组成岩石的矿物成分、空隙发育程度及含水情况。大多数岩石的重度为 23～28kN/m^3。

3. 空隙率 (n)

空隙率（或空隙度）是指岩石孔隙、裂隙和溶隙的体积与岩石总体积之比值，用 n 表示。即

$$n = \frac{V_n}{V} \times 100\% \tag{1-3}$$

式中　n——岩石空隙率；

V_n——岩石孔隙、裂隙、溶隙的体积，cm^3；

V——岩石的总体积，cm^3。

一般坚硬岩石空隙率小于2%～3%，疏松多孔的岩石空隙率较高，大于10%～30%。

4. 岩石的吸水率、饱和吸水率

岩石的吸水率ω_a，是指试样在常温常压条件下，岩石吸入水的质量与岩石固体质量之比值，以百分数表示。即

$$\omega_a(\%)=\frac{m_{w1}}{m_s}\times100\% \tag{1-4}$$

岩石吸水率的多少，取决于岩石中空隙的数量、大小及其连通情况。在一般情况下、水不容易渗入封闭的小空隙中去。根据吸水率的大小，可以概略地评价岩石的抗冻性。通常认为吸水率小于0.5%时，岩石是抗冻的。

岩石的饱和吸水率ω_{sa}，是指岩石在煮沸或真空抽气条件下，吸入水分的最大质量与岩石固体质量之比值，以百分数表示。即

$$\omega_{sa}(\%)=\frac{m_{w2}}{m_s}\times100\% \tag{1-5}$$

上两式中　ω_a、ω_{sa}——岩石的吸水率及饱和吸水率；

m_{w1}——常压条件下岩石吸入水的质量，g；

m_{w2}——煮沸或真空抽气条件下岩石吸入水的最大质量，g；

m_s——岩石固体部分的质量，g。

1.3.2　岩石的主要力学性质指标

岩石的力学性质是指岩石受到外力作用后发生变形和破坏的特点。

1. 岩石变形指标

岩石变形指标主要有弹性模量（E）、变形模量（E_0）和泊松比（μ）。常采用对岩石试样直接加荷（静力法）的试验方法测定。

2. 岩石的强度指标

岩石受力作用后，有压碎、拉断及剪断等破坏形式，所以岩石的强度指标可分为抗压、抗拉和抗剪强度。

（1）岩石的抗压强度。这是指岩石在单向压力作用下，抵抗压碎破坏的能力，用岩石达到破坏时的极限压应力表示。即

$$R=\frac{P}{A} \tag{1-6}$$

式中　R——岩石的单轴抗压强度，kPa；

P——岩石开始破坏时的荷载，kN；

A——垂直荷载的岩石试件的受压面积，m^2。

各类岩石的抗压强度值差别很大，它主要决定于岩石颗粒之间的联结情况，而这又和岩石的矿物成分、生成条件有关。一般牢固联结的岩浆岩、变质岩和胶结的沉积岩抗压强度可达1×10^5～2×10^5kPa，甚至更大。部分岩浆岩、云母片岩：绿泥石片岩、千枚岩及胶结弱的沉积岩，抗压强度较低，只有5×10^4～10×10^4kPa或更小；弱胶结的泥质砂岩、砾岩及泥灰岩等软弱岩石，抗压强度有时甚至只有3×10^3～10×10^3kPa。

岩石的抗压强度可分干抗压强度和湿抗压强度两种。一般在天然含水状态下测定的抗

压强度为干抗压强度，在饱水状态下测定的抗压强度为湿抗压强度，湿抗压强度一般小于干抗压强度。在水利工程建筑中，考虑建筑物与水的作用，一般采用湿抗压强度指标来评价岩体的稳定性。

（2）岩石的抗剪强度。这是指岩石抵抗剪切破坏的能力，以岩石被剪破时的极限剪应力表示。根据岩石不同的剪切破碎形式，岩石的抗剪强度试验可分为抗剪断试验、抗剪试验和抗切试验三种（见图 1－13）。试验后将分别得出抗剪断强度、抗剪强度、抗切强度。

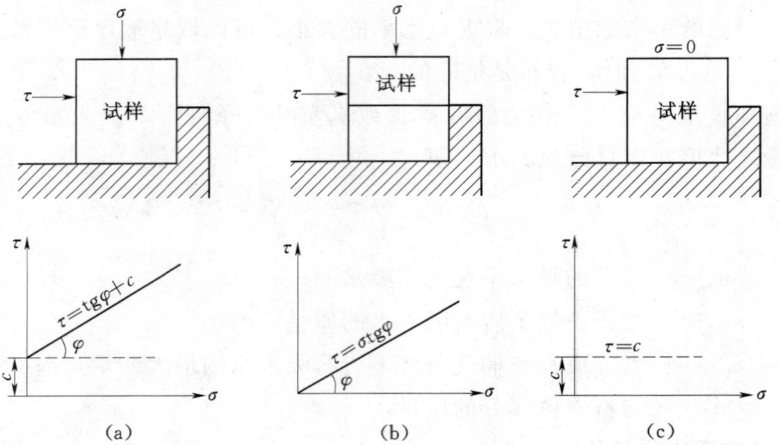

图 1－13　岩石抗剪强度试验试验原理示意图

(a) 抗剪断试验与抗剪断强度曲线；(b) 摩擦试验与摩擦强度曲线；(c) 抗切试验与抗切强度曲线

1）抗剪断强度。是指在一定垂直压力作用下，完整岩石被剪断时的强度。即

$$\tau = \sigma \mathrm{tg}\varphi + c \tag{1-7}$$

式中　τ——岩石抗剪断强度，kPa；

σ——剪裂面上的法向应力，kPa；

φ——岩石的内摩擦角，(°)，$\mathrm{tg}\varphi = f$ 称为岩石的摩擦系数；

c——岩石的内聚力，kPa。

当法向应力一定时，岩石抗剪断强度主要取决于岩石的摩擦系数和内聚力。坚硬新鲜岩石有牢固的结晶联结和胶结联结，故其抗剪断强度很高。一般内摩擦角在 30°～40°以上，内聚力可达几千千帕以上。

2）抗剪强度。是指在一定垂直压力作用下，沿岩石已有破裂面剪切时的抗剪强度。也叫摩擦强度，此强度与法向应力成正比。即

$$\tau = \sigma \mathrm{tg}\varphi \tag{1-8}$$

式中　τ——岩石抗剪强度（摩擦强度），kPa；

φ——岩石的内摩擦角，(°)；

σ——符号代表意义同前。

显然，抗剪强度是沿着岩石破裂面或软弱面等发生剪切滑动的指标，它大大低于该岩石抗剪断强度。一般坚硬岩石的摩擦角值为 27°～35°。

3）抗切强度。是指无法向应力（$\sigma=0$）时岩石的抗剪断强度，实际上也就是内聚力

c，即

$$\tau = c \qquad (1-9)$$

抗切强度τ常用来校核抗剪断试验的岩石内聚力c值。岩石的抗剪强度和抗压强度是常用来衡量岩石（体）稳定性的指标，是水利工程设计中较为重要的定量分析依据。

一些常见岩石的物理力学性质指标见表1-4。

表1-4　一些常见岩石的物理力学性质指标（供参考）

岩石名称	相对密度	重度 (kN/m³)	孔隙率 (%)	吸水率 (%)	抗压强度 (MPa)	软化系数	弹性模量 (GPa)	内摩擦角 (°)
花岗岩	2.50～2.84	22.6～27.5	0.04～3.5	0.1～0.7	110～210	0.72～0.95	33～69	28～37
闪长岩	2.60～3.10	24.7～29.0	0.2～3.0	0.11～0.4	150～270	0.60～0.90	22～114	28～35
辉绿岩	2.60～3.10	24.8～29.1	0.3～6.38	0.2～5.0	123～287	0.60～0.90	69～79	34～42
流纹岩	2.50～2.73	25.5～26.0	0.9～2.3	0.14～1.97	120～250	0.75～0.95	22～114	27～35
安山岩	2.60～2.80	22.6～27.0	1.1～4.15	0.3～4.5	110～240	0.75～0.91	20～106	27～40
玄武岩	2.60～3.10	24.8～30.4	0.35～3.0	0.3～2.8	110～200	0.80～0.95	34～106	29～36
凝灰岩	2.56～2.78	22.9～25.0	1.5～7.5	0.5～7.5	100～250	0.52～0.86	22～114	24～35
砾　岩	2.67～2.71	24.0～26.6	0.4～10.0	0.3～2.4	40～200	0.5～0.96	10～114	33～39
砂　岩	2.60～2.75	21.6～27.1	1.0～20.0	0.2～9.0	20～180	0.21～0.97	13～54	25～39
页　岩	2.57～2.77	22.6～26.5	0.4～7.6	0.5～6.0	10～100	0.24～0.74	10～35	19～28
石灰岩	2.48～2.85	23.0～27.2	0.5～3.5	0.1～4.5	70～160	0.70～0.90	10～80	28～35
泥灰岩	2.70～2.80	23.0～27.0	1.0～10.0	0.5～8.2	35～60	0.44～0.54	13～53	19～32
板　岩	2.68～2.81	22.7～27.0	6.3～13.5	0.5～0.82	60～200	0.39～0.79	22～34	27～40
千枚岩	2.71～2.96	26.6～28.0	0.4～3.6	0.5～0.8	30～140	0.67～0.96	22～34	26～54
片　岩	2.72～3.02	26.3～28.6	0.7～3.0	0.1～0.6	60～220	0.70～0.93	2～80	27～48
片麻岩	2.69～2.82	26.0～27.4	0.7～2.2	0.1～0.7	80～180	0.75～0.97	15～70	33～43
石英岩	2.70～2.75	26.0～27.0	0.1～2.8	0.1～0.4	150～240	0.94～0.96	45～142	32～60

（3）岩石的抗拉强度。岩石的抗拉强度是指岩石在单向拉伸时，抵抗拉断破坏的能力，以拉断破坏时的最大拉应力来表示。岩石的抗拉强度甚低。

由于岩石的抗拉强度远低于抗压强度，它在水工建筑中不是控制值，故一般很少测定岩石的抗拉强度。

1.3.3 岩石的水理性质指标

岩石的水理性质是指水对岩石作用和影响的有关性质。主要有岩石的透水性、可溶性、软化性、崩解性。

1. 透水性及渗透系数

岩石允许水通过的性能，称岩石的透水性或渗透性。岩石透水性的强弱主要取决于岩石中孔隙、裂隙空间的大小及其相互间的连通情况，并常用渗透系数K（m/d、cm/s）和透水率（q）它们分别采用钻孔抽水试验和压水试验方法来测定。

2. 可溶性及溶解度、相对溶解速度

岩石的可溶性是指岩石溶解于水的性质。常用溶解度和相对溶解速度表示。溶解度是指可溶岩石水溶液的饱和浓度（mg/L）；相对溶解速度是指单位时间内可溶岩溶解量与标准试样（大理石粉）溶解量之比值。在自然界中常见的可溶性岩石有石膏、岩盐、石灰岩、白云岩及大理岩等。岩石的可溶性不但与岩石成分有关，而且与水的性质有很大关系。如一般淡水溶解能力小，而富含二氧化碳的水，则具有较大的溶解能力。

3. 软化性及软化系数

岩石浸水后其强度降低的性质称为岩石的软化性。岩石的软化性主要与岩石的空隙率、风化程度、组成岩石的矿物成分及颗粒间的结合强度有关。一般裂隙发育、风化严重、含有大量粘土矿物的岩石（如粘土质岩石等）极易软化。表征岩石软化性的指标称为软化系数（K_d），即指同种岩石的饱和极限抗压强度与干极限抗压强度之比。即

$$K_d = \frac{R_b}{R_c} \tag{1-10}$$

式中　R_b——饱和极限抗压强度，kPa；

R_c——干极限抗压强度，kPa。

岩石的软化性是评价岩石抗风化和抗冻性的间接指标。一般认为软化系数大于 0.75 的岩石是软化性弱，抗风化、抗冻性强的岩石。

复习思考题

1-1　什么是矿物？矿物有哪些鉴定特征？常见的造岩矿物有哪几种？

1-2　对比下列矿物，指出它们的异同点？

(1) 正长石——斜长石——石英；(2) 角闪石——斜长石——黑云母。

1-3　什么是岩石？它同矿物有何关系？

1-4　什么是岩浆岩的产状？侵入岩的产状都有哪些？

1-5　岩浆岩有哪些结构类型，它们与成因有何联系？

1-6　什么是碎屑岩？碎屑岩有哪几种常见岩石？

1-7　粘土岩有何特点？

1-8　沉积岩与岩浆岩在成因、产状、矿物成分、结构构造方面有哪些区别？

1-9　变质岩的主要特征是什么？试述其主要构造特征。

1-10　为什么要研究岩石的工程地质性质？表征岩石工程地质性质的指标有哪些？

第2章 地 质 构 造

在地球的演变历史中，地壳每时每刻都处于运动、发展和变化状态中。如山脉隆起、大陆板块的漂移、火山喷发、地震、岩石倾斜、弯曲、破裂等，这些变动都是由构造运动引起的。

构造运动又称地壳运动，是一种机械运动，涉及范围包括地壳及上地幔上部即岩石圈。按运动方向可分为水平运动和垂直运动。

垂直方向的构造运动使相邻块体作差异性上升或下降。如喜马拉雅山地区4000万年前还是一片汪洋，近2500万年以来开始从海底升起，直至200万年前才初具山脉的规模，到目前为止，总的上升幅度已超过万米，成为世界屋脊并且仍以平均每年1cm以上的速度继续上升。而华北平原的部分沿海地区近100万年以来下沉了上千米以上。只是因为下沉的同时，由黄河、海河、滦河等带来的大量沉积物不断沉积，补偿了失去的高度，从而形成了现在的华北平原。

水平方向的构造运动使岩块相背分离裂开或相向聚汇，发生挤压、弯曲或剪切、错开。据板块构造理论，美洲大陆和非洲大陆在2亿年前为一个大陆，后来由于地壳的水平运动，使该大陆沿着一条南北方向的海底深沟发生破裂，一部分沿着地表向西移动，形成现在的美洲大陆，另一部分成为现在的非洲大陆，两块大陆中间成了广阔的大西洋。研究资料表明，目前沿着非洲的东非裂谷，一个新的地壳巨大变化正在发展中，裂谷北端的两个地块——阿拉伯和非洲已在分离，以每年2cm的速度相背位移裂开。

构造运动使地壳中的岩层发生变形、变位，形成褶皱构造、断裂构造和倾斜构造。将这些构造行迹统称为地质构造。地质构造改变了岩层的原始产状，破坏了岩层或岩体的连续性和完整性，使工程建筑的地质环境复杂化，因此研究地质构造对工程建筑有着重要意义。

2.1 地 质 年 代

地球形成至今已有46亿年，对整个地质历史时期，地球的发展演化及地质事件记述需要一套相应的时间的概念即地质年代。地质学以相对年代和绝对年代两种方法计算时间。表示地质事件发生的先后顺序为相对年代，表示地质事件发生距今年龄称为绝对年代(同位素年龄)。

1. 相对年代的确定

相对年代的确定就是要判断一些地质事件发生的先后关系。这些地质事件保留或记录在地质历史时期留下的物质中，可根据几个基本原则来判断，即地层层序律、生物层序律及切割穿插律。

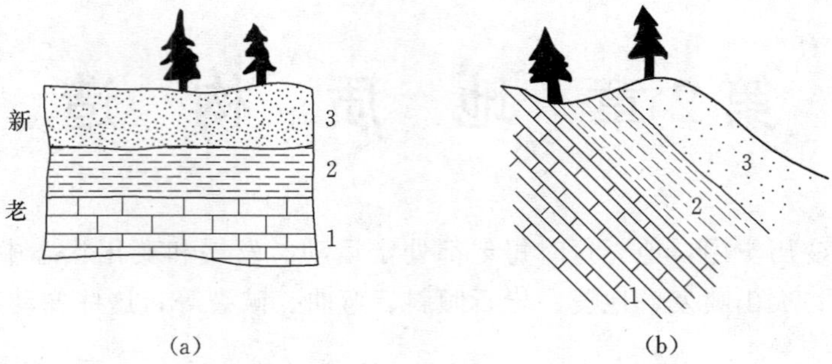

图 2-1　岩层层序律（岩层层序正常时）

(a) 岩层水平；(b) 岩层倾斜

注：1、2、3 依次从老到新。

(1) 地层层序律。地层是指在一定地质时期内所形成的层状岩石（岩层）。未经构造运动改变的层状岩层大都是水平岩层。先形成的位于下部，后形成的覆盖其上部，即下老上新的层序规律［见图 2-1 (a)］。但后期构造运动使某些岩层发生变动（倾斜、倒转）可用沉积构造中的层面构造来恢复顶底面后，再判断先后顺序［见图 2-1 (b)］。

(2) 生物层序律。沉积岩中保存着地质历史时期生物遗体和遗迹——化石。在漫长的地质历史时期内，生物从无到有，从简单到复杂，从低级到高级发生不可逆转的演化。不同时期地层中含有不同类型的化石及组合，而相同时期且在相同地理环境下所形成的地层都含有相同的化石及其组合。根据地层中所含生物化石的特征来推断地层相对年代或先后顺序，称为"生物层序律"。

(3) 切割律。不同时代的岩层或岩体常被侵入穿插，侵入者年代新，被侵入者年代老，切割者年代新，被切割者年代老（见图 2-2）。

2. 同位素年龄（绝对年龄）的确定

绝对年龄是根据保存在岩石中的放射性元素及蜕变产物测定的。通常用来测定地质年代的放射性同位素有：钾—氩、铷—锶、铀—铅和碳 14 等。其中，碳 14 专用于测定最新地质事件和考古资料的年代，其他几种主要用来测定较古老岩石的地质年龄。

3. 地质年代表

通过对全球各个地区地层划分和对比及对各种岩石进行同位素年龄测定等，按年代先后顺序进行系统性的编年，便建立起目前国际上通用的地质年代表（见表2-1）。

(1) 地质年代表使用不同级别的地质年代单位和地层年代单位。地质年代单位包括宙、代、纪、世：①宙是地质年代的最大单位，根据生物演化，把距今 6 亿年前仅有原始菌藻类出现的时代称为隐生宙，距今 6 亿年

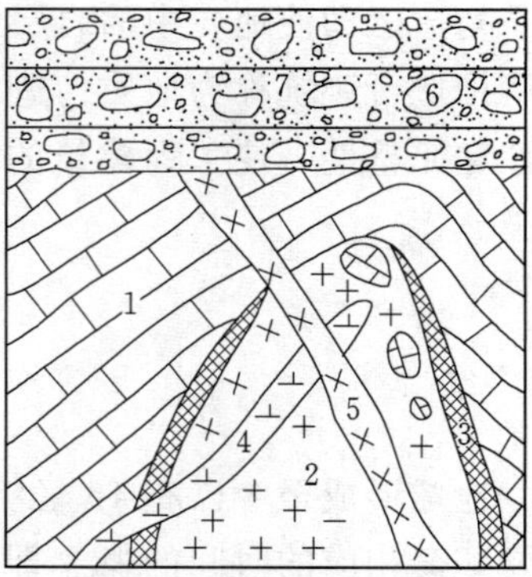

图 2-2　运用切割确定岩石形成顺序

1—石灰岩，最早形成；2—花岗岩，形成晚于石灰岩，并有石灰岩捕虏体；3—硅卡岩，形成时间同花岗岩；4—闪长岩，晚于花岗岩形成；5—辉绿岩，晚于闪长岩形成；6—砾石，早于砾岩形成；7—砾岩，最晚形成

以后称为显生宙，它是地球上生命大量发展和繁荣的时代。②代是地质年代的二级单位。隐生宙划分为两个代：太古代和元古代。显生宙分成三个代：古生代、中生代、新生代。③纪是地质年代的三级单位。每个代中分为若干个纪。④世是纪下面的次一级地质年代单位。

地层年代单位分别是宇、界、系、统。它与地质年代单位相对应。例如，与代相应时段形成的岩石地层单位为界，如古生代形成的地层称古生界。与纪相应时段内形成的岩石地层单位称为系，如寒武纪时期形成的地层称为寒武系。与世相应的地层年代单位称为统。

各个代（界）、纪（系）、世（统）延续时间不一（见表 2－1），总趋势是年代越老，时间间距越长，年代越新时间间距越短。这是因为年代越新者保留下来的地质事件的纪录——地层越全，年代越新生物进化的速度加快，有利于地质年代的细分。

表 2－1　　地质年代表

地层与地质时代				距今年龄（百万年）	地壳运动	生物界	
界（代）	系（纪）		统（世）			植物	动物
新生界（代）K_Z	第四系（纪）Q		全新统（世）Q_4	0.01	喜马拉雅运动	被子植物	人类
			上（晚）更新统（世）Q_3	0.1			
			中更新统（世）Q_2	1			
			下（早）更新统（世）Q_1	2～3			
	第三系（纪）	上（晚）第三系（纪）N	上新统（世）N_2	25			哺乳动物
			中新统（世）N_1				
		下（早）第三系（纪）E	渐新统（世）E_3	40			
			始新统（世）E_2	60			
			古新统（世）E_1	80			
中生界（代）M_2	白垩系（纪）K		上（晚）白垩统（世）K_2	140	燕山运动	裸子植物	爬行动物
			下（早）白垩统（世）K_1				
	侏罗系（纪）J		上（晚）侏罗统（世）J_3	195			
			中侏罗统（世）J_2				
			下（早）侏罗统（世）J_1				
	三叠系（纪）T		上（晚）三叠统（世）T_3	230	印支运动		
			中三叠统（世）T_2				
			下（早）三叠统（世）T_1				
古生界（代）P_1	上古生界	二叠系（纪）P	上（晚）二叠统（世）P_2	280	海西运动	蕨类植物	两栖类动物
			下（早）二叠统（世）P_1				
		石炭系（纪）C	上（晚）石炭统（世）C_3	350			
			中石炭统（世）C_2				
			下（早）石炭统（世）C_1				
		泥盆系（纪）D	上（晚）泥盆统（世）D_3	410			鱼类
			中泥盆统（世）D_2				
			下（早）泥盆统（世）D_1				

续表

地层与地质时代				距今年龄（百万年）	地壳运动	生物界	
界（代）	系（纪）		统（世）			植物	动物
古生界（代）P_1	下古生界	志留系（纪）S	上（晚）志留统（世）S_3 中志留统（世）S_2 下（早）志留统（世）S_1	440	加里东运动	孢子植物高级藻类	海生无脊椎动物
		奥陶系（纪）O	上（晚）奥陶统（世）O_3 中奥陶统（世）O_2 下（早）奥陶统（世）O_1	500			
		寒武系（纪）ε	上（晚）寒武统（世）ϵ_3 中寒武统（世）ϵ_2 下（早）寒武统（世）ϵ_1	600			
元古界（代）P_1	上元古界	震旦系（纪）Z		800	吕梁运动	真核生物（绿藻）	
	下元古界			2500			
太古界（代）A_1				4000	五台运动	原核生物（菌藻类）	
				4600		无生物	

（2）地质年代表中构造运动一栏是表示世界和我国主要地壳运动的时间段名称。它们都是以最早发现并经过详细研究的典型地区的地名来命名的。它只是表示时间概念。如燕山运动，在华北燕山地区表现得最强烈、最完整，从侏罗纪早期开始到白垩纪末结束，地壳活动频繁，岩层发生褶皱、断层，以及有大范围的岩浆侵入和喷出，因此得名。在全国其他地区这一时段发生的构造运动都称燕山运动。在欧洲则称阿尔卑斯运动。

（3）地质年代中的符号是采用英文缩写来表示的。如古生（代）界（Paleozoic）用 P_Z 来表示。如寒武（纪）系（Cambrian）的第一个字母是 C，为与石炭系相区别，我国确定采用 ε（读作 Kan）。

除了国际性地层单位外，还有按着岩性特征划分地层单位称岩石，地层单位用群、组、段表示。

2.2　水平构造与单斜构造

2.2.1　水平构造

原始沉积的岩层，一般是水平或近于水平的。先沉积的在下，后沉积的在上。称水平岩层。

在地壳运动影响轻微或仅仅受大范围垂直运动影响，大面积均匀隆起或拗陷的地区，地层保持近于成岩时水平状态的地质构造称为水平构造。水平构造的地层经风化剥蚀，可形成一些独特的地貌景观，层理面平直，厚度稳定的岩层，往往形成阶梯状陡崖；交互沉积的软硬相间水平岩层，经风化后可形成塔状、柱状、城堡状地形。若水平岩层的顶部被坚硬的厚层岩层所覆盖，由于上部岩层抗风化侵蚀能力强，则可形成方山和桌状山地形。

2.2.2　单斜构造

原来呈水平状态的岩层，在地壳运动或岩浆活动的影响下，使岩层层面与水平间呈现出一定的交角，形成倾斜岩层，一个地区内的一系列岩层如向同一方向倾斜，其倾斜角度也大致相同，则称为单斜层或单斜构造。单斜构造的岩层，倾角小（小于35°）时，在地貌上往往形成单面山；倾角较大（大于35°）时，在地貌上则往往形成猪背岭。

2.2.3　岩层产状要素及其测定

1. 岩层的产状要素

岩层在地壳中的空间方位和产出状态，称岩层产状。岩层的产状是以岩层面在三度空间的延伸方位及其倾斜程度来确定的，即采用岩层面的走向、倾向和倾角三个要素的数值来表示（见图2-3）。任何面状构造或地质体界面的产状，都可用上述产状要素表示。

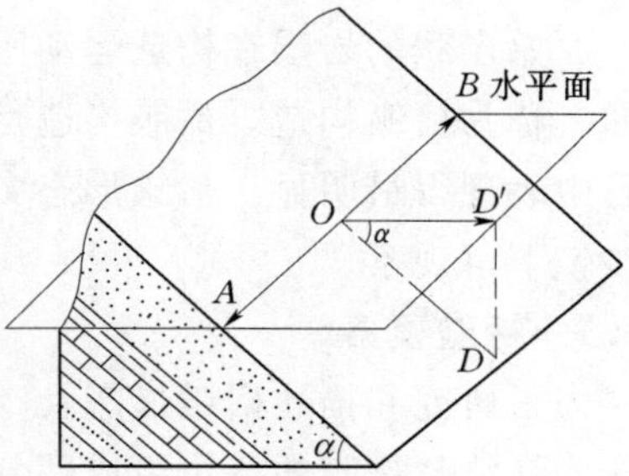

图2-3　岩层产状要素

AOB—走向线；OD—倾斜线；OD′—倾斜线的水平投影，箭头方向为倾向；α—倾角

（1）走向。岩层面与水平面相交的线叫走向线（见图2-3中的 *AOB* 线）走向线两端所指的方向即为岩层的走向。所以，岩层走向有两个方位角数值，如NE30°和SW210°。岩层的走向表示岩层在空间的水平延伸方向。

（2）倾向。层面上与走向线相垂直并沿倾斜面向下所引的直线叫倾斜线；（见图2-3中的 *OD* 线）。倾斜线在水平面上的投影线所指的方向，就是岩层的倾向。

（3）倾角。岩层的倾斜线与其在水平面上的投影线之间的夹角就是岩层的倾角（见图2-3中 α）。

2. 岩层产状要素的测定和表示方法

（1）产状要素的测定。岩层产状要素用地质罗盘测量，图2-4表示用地质罗盘测量产状要素的方法。

1）测走向。将罗盘仪的长边（平行南北刻度线的仪器外壳的边缘）紧靠岩层层面，罗盘水平，待磁针静止，读指北针或指南针所指的方位角度数，就是走向的方位。

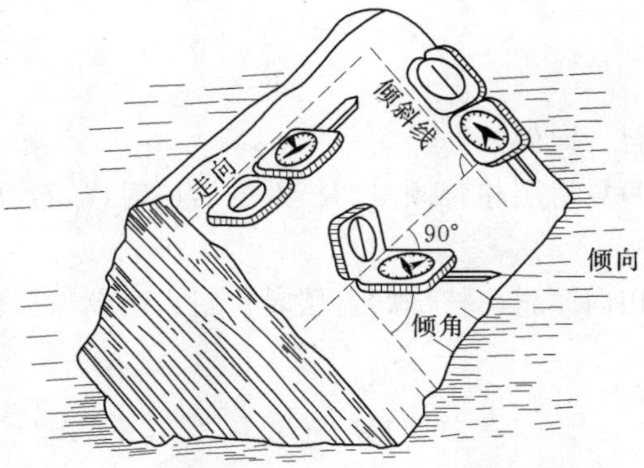

图2-4　岩层的产状要素及其测量方法

2）测倾向。将罗盘仪的短边紧靠岩层层面，罗盘水平，待磁针静止，读指北针所指的方位角度数，就是所测之倾向方位。

3）测倾角。将罗盘仪竖起，其长边沿倾向线方向紧靠层面。待测角水泡居中，读指针所指的度数，即为所测之倾角。

（2）岩层的产状要素表示方法。可用文字和符号两种方法表示。由于地质罗盘上方位标记有用象限角的，也有用360°的方位角的，因此文字表示方法也有两种：一种是方位角表示法，一般只测记倾向和倾角。如 SW 205°∠25°，即倾向为南西 205°，倾角 25°。另一种是象限角表示法，以北和南的方向作为 0°，一般测记走向、倾角和倾向象限。如 N65°W∠25°SW，即走向为北偏西 65°，倾角为 25°，向南西倾斜；在地质图上，岩层产状要素是用符号来表示。如⊥30°：长线表示走向，短线表示倾向，数字表示倾角。长短线必须按实际方位画在图上。

2.3　褶　皱　构　造

原始产状的岩层在构造运动所产生的地应力（构造应力）作用下，形成一系列的波状弯曲，称为褶皱构造。褶皱构造是岩层在地壳中广泛发育的地质构造形态之一，它在层状岩石中表现得最明显。褶皱形态多样，规模大小不一，大者延续几十至几百公里，小者在显微镜下可观察。

2.3.1　褶皱要素

为了研究和描述褶皱形态及空间展布特征，首先要弄清楚褶皱的各个组成部分（褶皱要素）及其相互关系（见图 2-5）。

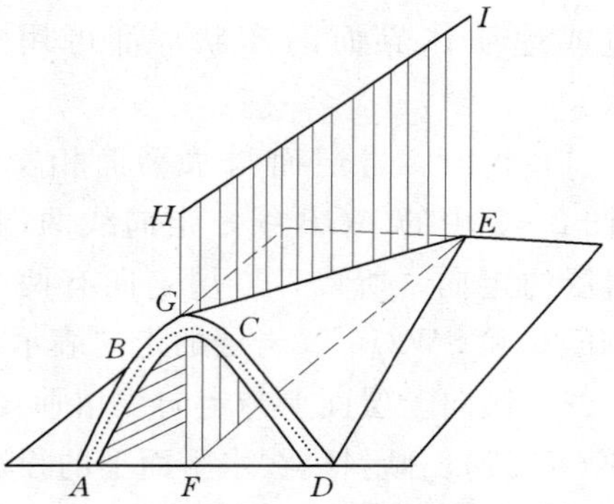

图 2-5　褶曲要素示意图

AB、*CD*—翼部；被 *ABGCD* 包围的内部岩层—核部；*BGC*—转折端；*EG*—枢纽；*EFHI*—轴

(1) 核部。这指褶皱中心部位的地层。当剥蚀后，常把出露在地面的褶皱中心部分的地层称为核。

(2) 翼部。这指褶皱两侧的地层。一个褶皱具有两个翼。

(3) 枢纽。同一褶皱层面的最大弯曲点的连线叫枢纽。枢纽可以是直线，也可以是曲线，可以是水平线，也可以是倾斜线。

(4) 轴面。轴面是假想平分褶皱两翼的平分面，一个褶皱内各个相邻褶皱面上的枢纽连线的面称为轴面。它可以是平面，也可以是曲面。轴面产状和任何构造面产状一样，是用其走向，倾向和倾角来确定的。

(5) 转折端。这指从一翼向另一翼过渡的部分。在横剖面上，转折端常呈弧线形，但有时也可以是一个点或直线。

2.3.2　褶皱的基本类型及特征

褶皱类型有很多，但基本类型是两种即背斜、向斜。

(1) 背斜褶皱。在形态上岩层向上弯曲，两翼岩层相背倾斜。核部的岩层时代老，两翼岩层依次变新并呈对称分布。

(2) 向斜褶皱。岩层向下弯曲，两侧岩层相向倾斜，核部的岩层时代新，两翼岩层依次变老并呈对称分布（见图 2-6）。

2.3.3　褶皱的形态分类

1. 根据轴面和两翼产状分类

(1) 直立褶皱。轴面近于直立，两翼岩层倾向相反，倾角大小近于相等[见图 2-7(a)]。

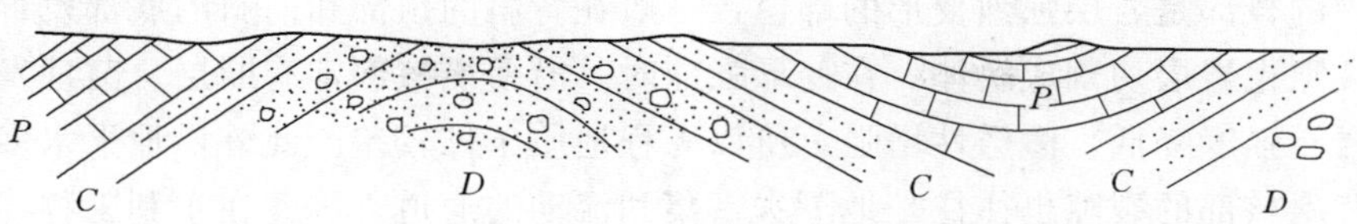

图 2-6 遭受剥蚀的背斜与向斜

(2) 倾斜褶皱。轴面倾斜，两翼岩层倾斜方向相反，倾角大小不等[见图 2-7(b)]。

(3) 倒转褶皱。轴面倾斜，两翼岩层向同一方向倾斜，倾角大小不等。其中一翼岩层为正常层序，另一翼岩层倒转［见图 2-7 (c)］。

(4) 平卧褶皱。轴面近于水平，一翼岩层为正常层序，另一翼岩层为倒转层序［见图 2-7 (d)］。

(5) 翻卷褶皱。轴面为一曲面［见图 2-7 (e)］。

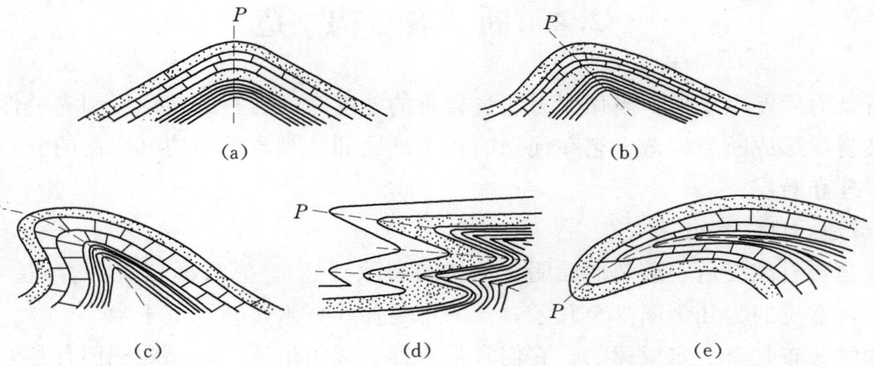

图 2-7 根据轴面产状褶皱分类

(a) 直立褶皱；(b) 倾斜褶皱；(c) 倒转褶皱；(d) 平卧褶皱；(e) 翻卷褶皱；P—横剖面上的轴迹

2. 根据枢纽产状分类

(1) 水平褶皱。枢纽近于水平，两翼岩层走向平行一致。

(2) 倾伏褶皱。枢纽倾伏，两翼岩层走向呈弧形相交，背斜弧形的尖端指向枢纽倾状方向，向斜弧形的开口方向指向枢纽的倾伏方向。

2.3.4 褶皱构造的野外识别

褶皱构造，不论其规模大小，形态特征如何，若无其他构造干扰时，识别褶皱的基本方法主要从：

1) 地层分布规律。褶皱两翼地层对称重复出现。对于背斜构造，自核部向两翼方向，地层顺序总是由老到新；向斜则相反，自核部向两翼部方向地层顺序总是由新到老。

2) 岩层产状分布规律。对直立褶皱和倾斜褶皱而言，背斜构造两翼岩层倾向相反，而且都是向外部倾斜；向斜构造两翼岩层倾向也相反，但向核部中心倾斜。倒转褶皱和平卧褶皱，则不存在这种产状特征。

2.3.5 褶皱构造的工程地质评价

褶皱构造在地壳中广泛分布，在强烈褶皱区对工程建设影响较大，容易遇到工程地质问题。褶皱的核部是岩层强烈变形的部位，一般在背斜的顶部和向斜的底部发育有拉张裂隙，这些裂隙把岩层切割成块体。在变形强烈时，沿褶皱核部常有断层、节理发育，使岩石破碎，岩石强度降低，渗透性增强，所以工程地质条件较差。此外，地下水多聚积在向斜核部，背斜核部的裂隙也往往是地下水富集和流动的通道。因此在水利工程、隧道工程或桥梁工程等选址时，应尽量考虑避开褶皱轴部地段。

在褶皱的翼部，会出现另一类工程地质问题。褶皱两翼岩层倾斜容易造成顺层滑动，特别是当岩层倾向与坡向一致，且岩层倾角小于坡角，或岩层中夹有如页岩、云母片岩、滑石片岩、软弱岩层等时应慎重对待。

褶皱的规模、形态、形成条件和形成过程各不相同，而工程所在地往往是褶皱构造的局部部位。对比和了解褶皱构造的整体乃至区域特征，对于选址、选线及防止突发性事故是十分重要的。

2.4 断 裂 构 造

岩石受力后发生变形，当作用力超过岩石的强度时，岩石的连续性和完整性遭到破坏而发生破裂，形成断裂构造，它在地壳的各个地区和各类岩石中均有广泛的分布。断裂构造包括节理和断层。

2.4.1 节理

节理是岩石破裂后，破裂面无明显位移的裂隙（缝）。它较断层更为普遍。节理规模大小不一，常见的为几十厘米至几米，长的可延伸几百米，甚至上千米。

节理的分布是有一定规律的，它们常常成群、成组出现。将相同成因且相互平行的节理称为一个节理组。在成因上有联系的几个节理组构成节理系，它们把岩石切割成不同形状和大小不等的块体。

节理的成因是多种多样的，由构造运动产生的节理叫构造节理，它们往往与褶皱、断层有着密切的成因联系。有的节理是在成岩过程中形成的，如玄武岩的柱状节理，这种节理称为原生节理。有的节理是岩石形成后，由风化作用，崩塌、滑坡、冰川及人工爆破等外动力作用下产生的裂隙，称次生节理。

岩石中的节理发育是不均匀的。影响节理发育的因素很多，主要取决于构造变形的强度、岩石形成时代、力学性质、岩层的厚度及所处的构造部位。例如，在岩石变形较强的部位，节理发育较为密集。同一个地区形成时代较老的岩石中节理发育较好，而形成时代新的岩石中节理发育较差。岩石脆性大而厚度小时节理易发育。在断层带附近及褶皱轴部，往往节理较发育。节理的空间位置可用节理的走向，倾向及倾角而定。

1. 节理的分类

节理的分类主要从两个方面考虑：一是几何关系，指节理与所在岩层或其他构造的关系；二是力学成因，即形成节理的应力性质（见图2-8）。

（1）按节理形成的力学性质分类。

1）张节理。是在张应力作用下形成的破裂面，多发育于褶皱轴部等张应力集中部位。张节理往往弯弯曲曲，走向变化不定，多呈锯齿状。它具有张开裂口，裂口上宽下窄并往

(a)

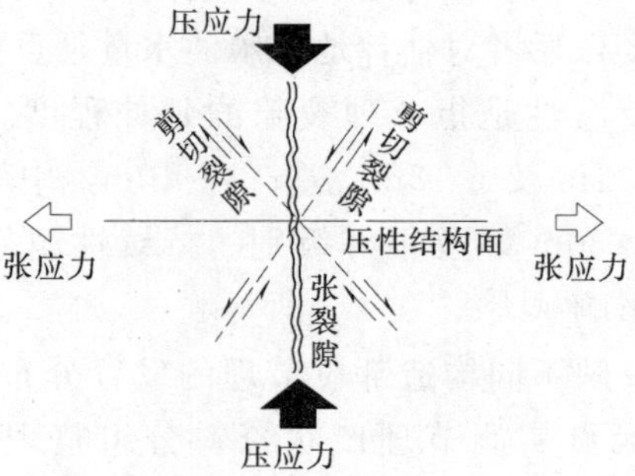

(b)

图 2-8 岩石中的构造裂隙

(a) 岩石中的剪切裂隙；(b) 构造应力场恢复

下尖灭，节理面粗糙不平，延伸不远，相邻两节理间距较大等特点。平面上呈现中间宽、向两端逐渐变窄的透镜状。

2）剪节理。是由剪应力作用形成的破裂面。节理两壁闭合紧密，两侧岩块有微小位移。节理面平直光滑，常具擦痕。剪节理沿走向和倾向延伸较远，一般发育密集，间距较小，在岩石中往往成对出现，形成“X”节理或共轭节理。其发生的位置一般是在与主应力方向呈 $45°-\varphi/2$ 的平面上。

（2）按节理与所在岩层产状之间的关系分类。

1）走向节理。节理走向与岩层走向平行。

2）倾向节理。节理走向与岩层走向垂直。

3）斜向节理。节理走向与岩层走向斜交。

4）顺层节理。节理面大致平行于岩层层面。

以上三类节理见图 2-9。

2. 节理的观测与统计

对节理性质、分布规律、形态发育程度及产状进行观测与统计的目的是为了研究和评价岩体稳定性。判断对工程建设的影响。节理观测点一般选择在构造特征清楚、发育良好的露头上，为了便于大量观测，露头面积最好不小于 $10m^2$。观测记录内容包括节理的产状、粗糙度、节理密度、节理充填物和测量节理间距以及测量节理的持续性等。

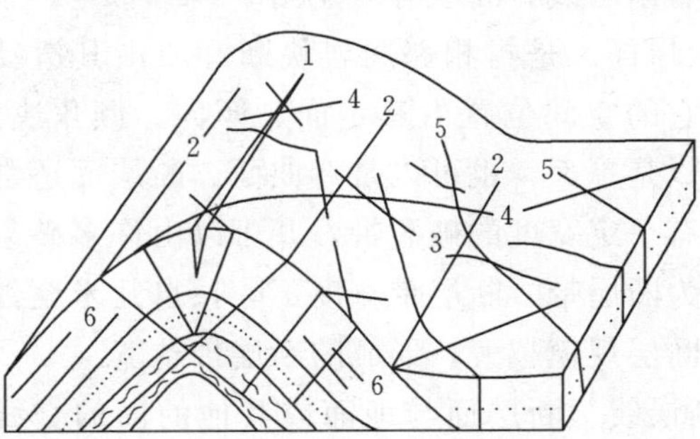

图 2-9 节理形态分类示意图

1、2—走向节理或纵节理；3—倾向节理或横节理；4、5—斜向节理；6—顺层节理

其中节理密度（线密度）是指在垂直于节理走向方向 1m 距离内节理的数目（条数/m），线密度的倒数即为节理的平均间距，二者都是评价岩体质量的重要指标。节理的充填物一般有泥质、方解石脉、石英岩脉。除泥质外，其余充填物一般对节理裂隙起胶结作用，有利于它的稳定。泥质遇水软化

起润滑作用，不利于稳定。因此还要同时观察统计含水状态（干、湿、滴水、流水）和裂隙张开程度，后者对估计地下水涌水量是重要参数。

节理持续性是指节理裂隙的延伸程度。可分为一般；<1m 及 1～3m，差；3～10m，中等；10～30m 及>30m 好及很好级别。持续性越好的节理对工程影响越大。

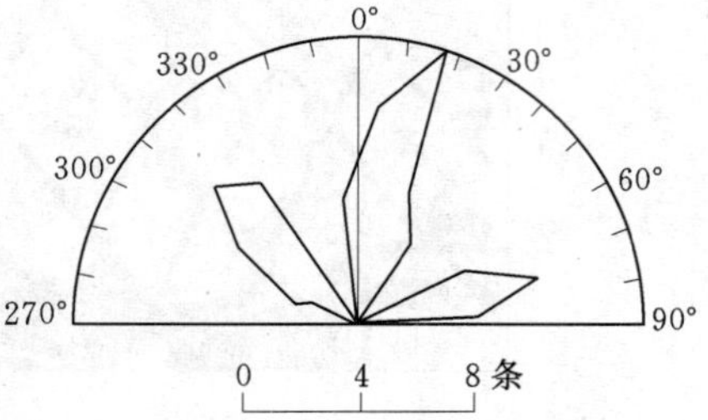

图 2-10 节理走向玫瑰花图

为了反映不同构造部位节理的发育分布规律，通常将观测点实测节理产状资料分组整理统计，绘制成图。其中，节理走向玫瑰图，为最简明的一种方法（见图 2-10）。在一半圆上分画 0°～90°和 0°～270°的方位。把所测得的节理走向按每 5°或 10°分组并统计每一组内节理数和平均走向。按各组平均走向，自圆心沿半径以一定长度代表每一组节理的个数，然后用折线相连，即得节理走向玫瑰花图。图中表明所观测区段内走向 NE10°～20°、NW340°～350°和 NE70°～80°三个方位的节理最为发育。

3. 节理对工程的影响

节理是一种发育广泛的裂隙。节理将岩层切割成块体，这对岩体强度和稳定性有很大影响。节理间距越小，岩石破碎程度越高，岩体承载力将明显降低。岩层中发育的节理裂隙是地下水的通道，同时也会对风化作用起着加速进行的效应。随着岩石风化程度增强和水对岩石的浸泡软化，岩块质地变软、强度降低。

2.4.2 断层

岩层受力发生破裂，破裂面两侧岩块发生明显的位移，这种断裂构造称断层。断层是地壳中最重要的一种地质构造，分布广泛，形态和类型多样，规模有大有小。大断层可延长数百、数千公里，小的在手标本及显微镜下观察。

1. 断层要素

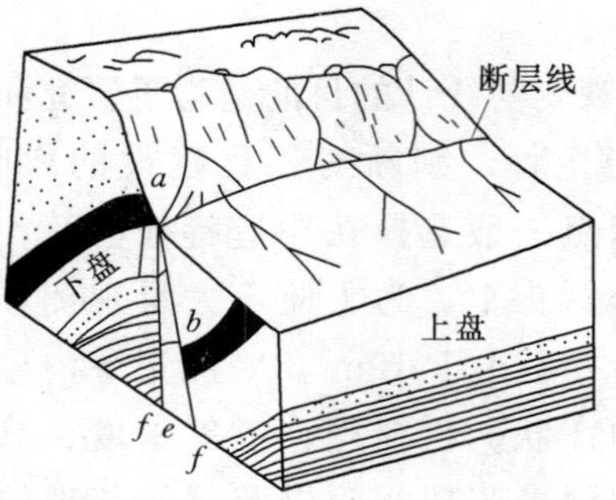

图 2-11 断层要素图

ab—断距；*e*—断层破碎带；*f*—断层影响带

断层的各个组成部分称为断层要素。断层要素包括断层面、断层线、断盘等（见图 2-11）。

1）断层面。是指相邻两岩块断开或沿其滑动的破裂面，它的空间位置由其走向、倾向、倾角决定。断层面可以是平面，也可以是弯曲面。断层面还常常表现为具有一定宽度的破裂带，并可以由许多破裂面组成，称为断层带。断层带宽度不一，自几米至数百米。一般断层规模越大，形成的断层带越宽。

2）断层线。断层面与地面或其他的面的交线称为断层线，断层线的分布规律与地层露头线相同。

3）断盘。断盘是指断层面两侧相对移动的岩块（见图 2-11）。

断盘有上盘、下盘之分，也有上升盘与下降盘之分。当断层面直立或断层性质不明时，以方位表示断盘。例如断层走向为东西方向，则可分出北盘与南盘。

4）断距。断层两盘岩块沿断层面相对移动的距离，称为断距。即岩层原来相连的两点沿断层面错开、位移的距离。

2. 断层的类型

(1) 按断层两盘相对运动方向分类。

1) 正断层。是沿断层面倾斜线方向，上盘相对下降，下盘相对上升的断层［见图 2-12 (a)］，这种断层一般是由岩层受到张应力和重力作用引起的。因此，正断层的特点是岩石破碎带较宽，并常具有棱角状、大小不一的破碎岩块，此岩块称为断层角砾，胶结后形成断层角砾岩。正断层断层面的倾角通常大于45°。近年研究证实，某些断层面陡立的大型正断层，向地下深处产状逐渐变缓。

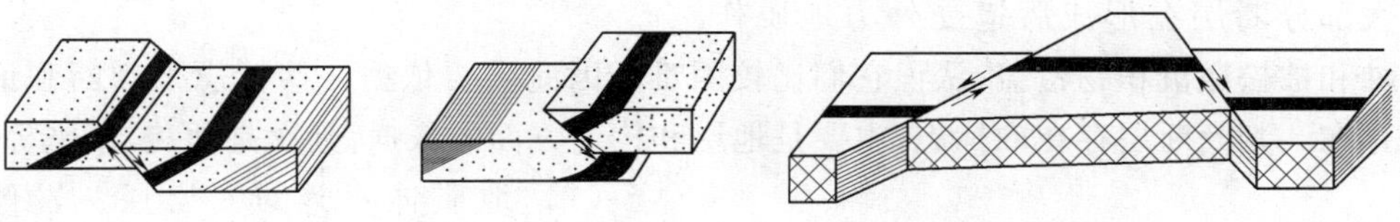

图 2-12 断层类型示意图
(a) 正断层；(b) 逆断层；(c) 平移断层

2) 逆断层。是沿断层倾斜方向，上盘相对上升，下盘相对下降的断层［见图 2-12 (b)］。逆断层一般是在两侧受到近于水平的挤压力作用下形成的。由于形成的力学条件与褶皱近似，所以多与褶皱伴生。倾角大于45°称为冲断层，倾角小于45°的称逆掩断层。规模巨大，同时上盘沿波状起伏的低角度断层面作远距离推移（数公里至数十公里）的逆掩断层，称为推覆构造。

3) 平移断层。是断层两盘沿断层走向方向发生位移的断层［见图 2-12 (c)］。断层面倾角通常很陡，近于直立。

大型平移断层称走向滑动断层或简称走滑断层。它们规模巨大，延伸长达数百公里甚至数千公里。例如北美西部圣安德列斯走滑断层，其走向北北西，延伸约2000km，右行平移距离达500km，从白垩纪至今仍在活动，形成世界著名的地震活动带。

断层两盘相对移动并非是单一地上、下或者沿水平方向进行，而经常出现沿断层面作斜向滑动。这时的断层兼具有正（逆）及平移性质。

(2) 断层组合类型。同一地区在同一应力的作用下，断层往往形成有规则的排列组合，尽管产状不尽相同，皆可组成一个断层系。常见的断层的组合形式有：

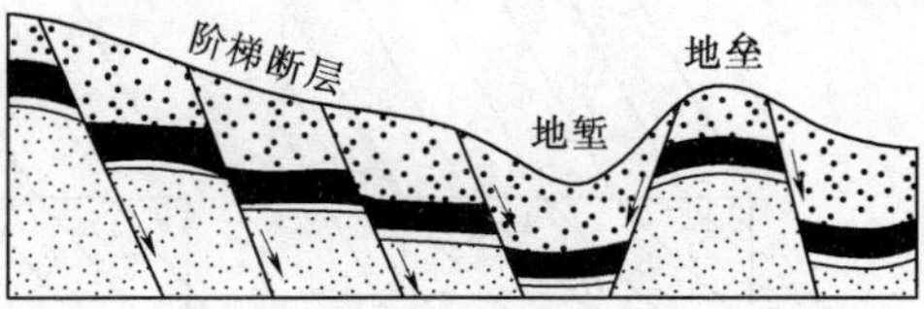

图 2-13 地垒、地堑及阶梯式断层

1) 阶梯状断层。是由若干条产状大致相同的正断层平行排列而成（见图 2-13）。阶梯状断层一般发育在上升地块的边缘。

2) 地堑与地垒。是由走向大致相同、倾向相反、性质相同的两条或数条断层组成的（见图 2-13）。断层中间有一个共同的下降盘，称为地堑；断层中间有一个共同的上升盘，称为地垒。两侧断层一般是正断层，但也可以是逆断层。地垒常呈断块隆起的山地，如江西的庐山。地堑在地貌上呈狭长的谷地、盆地与湖泊，如我国的汾、渭地堑，世界上著名的莱茵地堑和贝加尔湖地堑等。

3）叠瓦构造。是一系列产状大致相同平行排列的逆断层的组合形式（见图 2－14）。各断层的上盘依次逆冲形成像瓦片般的叠覆。叠瓦构造中各断层面的倾角向下变缓，在深处有时收敛成一条主干大断层。

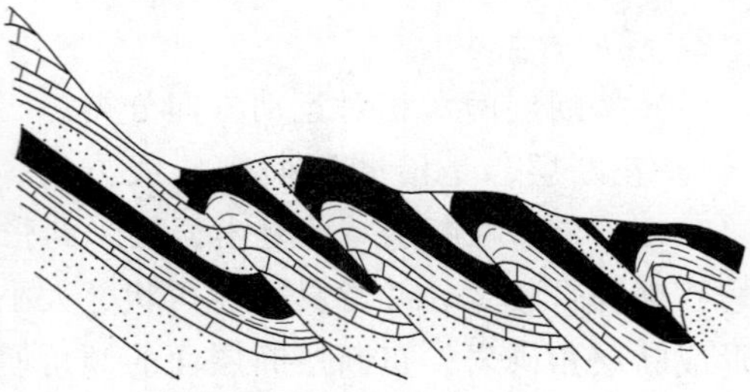

图 2－14 叠瓦式构造

3. 断层存在的标志

大部分断层在形成后遭受外力地质作用剥蚀和被松散沉积物覆盖，认识它们比较困难。因此需要依据一些标志来判断和证实断层的存在。判断断层存在的标志，主要是地层和构造方面的依据，其次是地貌、水文等方面。

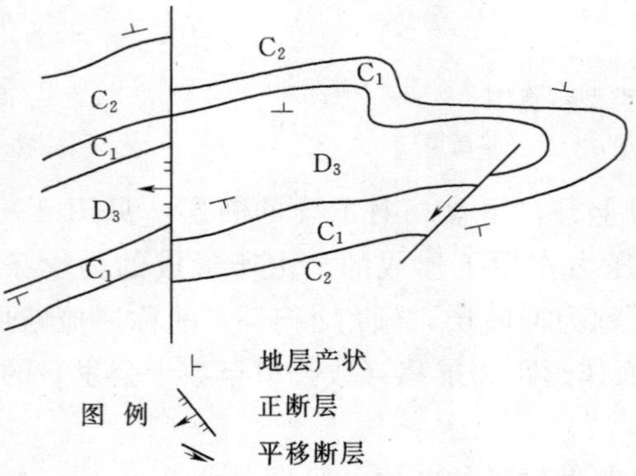

图 2－15 断层造成的地层中断平面图

（1）地质体不连续。岩层、岩体、岩脉、变质岩的片理等沿走向突然中断、错开而出现不连续现象，说明可能有断层存在（见图 2－15），地层沿倾向在层序上发生不正常的缺失或不对称的重复，也是断层存在的证据（见图 2－16）。

（2）断层面（带）的构造特征。

1）镜面、擦痕与阶步。断层面表现为平滑而光亮的表面称镜面。断层面上出现平行且均匀细密排列的沟纹称为擦痕。镜面和擦痕是断层两盘岩块相对错动时在断层面上

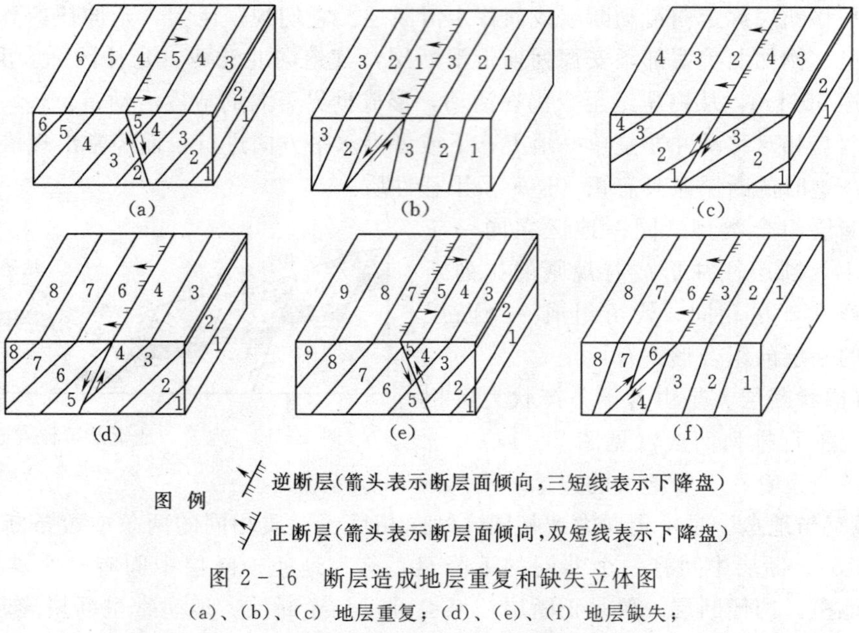

图 2－16 断层造成地层重复和缺失立体图

（a）、（b）、（c）地层重复；（d）、（e）、（f）地层缺失；

1～9—地层由老到新的顺序编号

因摩擦和碎屑刻画而留下的痕迹。阶步是指断层面上与擦痕垂直的微小陡坎。是顺擦痕方向局部阻力的差异或因断层间歇性运动的顿挫而形成。阶步又分正阶步与反阶步，它们可指示断层两盘动向。

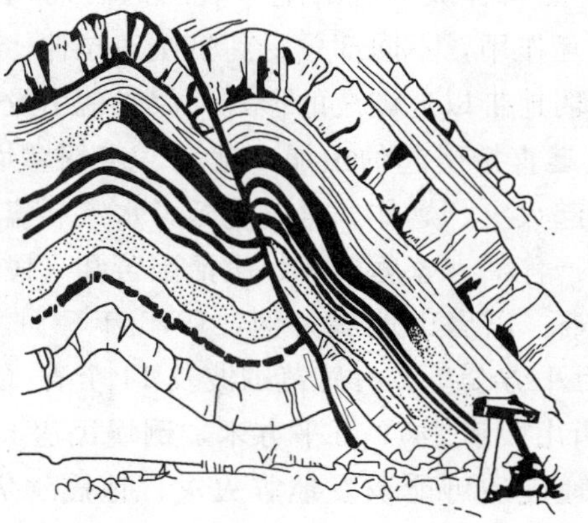

图 2-17 岩层的牵引弯曲现象

2）牵引构造。牵引构造是断层两盘相对运动时，断层附近岩层因受断层面摩擦力拖曳发生弧形弯曲的现象（见图 2-17）。牵引褶皱弧形弯曲突出的方向一般指示本盘的相对运动方向。

3）断层岩。断层岩是断层带中因断层动力作用被破碎、研磨，有时甚至发生重结晶作用而形成的岩石。主要有断层角砾岩、碎裂岩及糜棱岩等。

断层角砾岩由断层两盘岩石的碎块组成，由磨碎的岩屑、岩粉及地下水带来的钙质、硅质、铁质胶结。

(3) 地貌和水文等标志。断层两盘差异性升降运动，常形成陡立的峭壁，称断层崖。若断层崖后来受到流水切割、侵蚀，往往形成沿断层走向分布的一系列三角形陡崖，称为三角面山（见图 2-18）。

串珠状分布的湖泊、洼地和带状分布的泉水等都是可能有断层存在的标志。

2.4.3 断裂构造的工程地质评价

岩层（岩体）被不同方向、不同性质、不同时代的断裂构造切割，（如有层理、片理，则更复杂）。岩体被认为是不连续体。而断层面、破碎带、节理面、层面等为岩体中的不连续面。

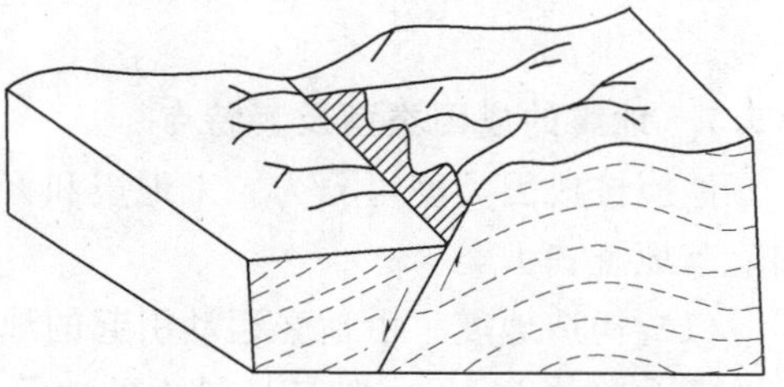

图 2-18 断层崖侵蚀形成断层三角面

这些不连续面是影响岩体稳定性的重要因素，这是因为断层带岩层破碎强度低、透水性增强。另一方面它对地下水、风化作用等外力地质作用往往起控制作用。因此，断裂构造对工程建设十分不利。特别是在水利工程建设中，选择坝址、确定渠道及隧洞线路时应考虑调整轴线位置以减轻断层对工程的不利影响。水库区如有大的断层切穿分水岭并延伸到较低邻谷，则有沿断层产生渗漏的可能。道路工程建设中，选择线路、桥址和隧洞位置时，应尽可能避开断层破碎带。

断层发育地区修建隧洞最为不利。当隧洞轴线与断层走向平行时，应尽量避开断层破碎带，而当隧洞轴线与断层走向垂直时，为避免和减少危害应预先考虑支护和加固措施。由于开挖隧洞代价较高，为缩短其长度，往往将隧洞选择在山体比较狭窄的鞍部通过。从地质角度考虑，这种部位往往是断层破碎带或软弱岩层发育部位，岩体稳定性差，属地质条件不利地段。

2.5 地 震

在地质作用影响下，地球内部缓慢积累的能量突然释放引起的地球表层的震动叫地震。由于地球不断运动和变化，地球板块之间的相互作用，不同部位受到挤压、拉伸、旋扭等力的作用，逐渐积累了能量，一旦从地壳的脆弱地带以地震波的形式释放时就引发了地震。地震是一种破坏力很强的自然灾害，除了地震直接引起的山崩、地裂、房倒屋塌、滑坡、泥石流、砂土液化、喷砂冒水之外，还会引起火灾、爆炸、毒气蔓延、水灾、瘟疫等次生灾害。由于地震所造成的社会秩序混乱、生产停滞、家庭破坏、生活困苦和人民心理的损害，往往会造成比地震直接损失更大的灾难。以唐山地震为例，1976 年 7 月 28 日，河北唐山发生 7.8 级地震，破坏范围超过 30 万平方公里，有感范围波及 14 个省（自治区、直辖市），死亡 24.2 万人，伤 16.4 万人，唐山毁房 1479 万平方米，倒塌民房 530 万间，唐山地区直接经济损失达 54 亿元。此外，地震还可能诱发地震火灾、地震水灾、地震海啸、地震矿山灾害等次生灾害。唐山地震期间，在天津发生火灾 36 起，损失百万元以上。

地壳内部引起地震的地方称为震源，震源在地面上的垂直投影称为震中，从震源至震中的垂直距离称为震源深度，震中到地面上任一观测点（如地震台）的距离称震中距。地震所引起的震动自震源向各方向传播，其强度随距离的增加而递减。一般情况下，震中区受到震动的影响最大，距震中愈远，影响愈小，地面上受地震影响程度相同点的连线称等震线。

2.5.1 地震的成因类型及其特点

地震按成因类型可分为人工地震和天然地震。天然地震又可分为构造地震、火山地震和陷落地震三大类。

（1）构造地震。由地壳运动引起的地震称为构造地震。它是地球上发生次数最多（约占地震总数的 90%）、破坏性最大的地震。

（2）火山地震。由火山喷发引起的地震称为火山地震。这类地震一般强度较大，但受震范围较小，它约占地震总数的 7%。

（3）陷落地震。由地层塌陷、山崩、巨型滑坡等引起的地震称为陷落地震，其主要发生在石灰岩岩溶地区，约占地震总数的 3%。

（4）人工地震。由人类工程活动引起的地震称为人工地震。如修建水库、开采矿藏、人工爆破等都可能引起地震。而随着人类活动的日益加剧，人工地震也越来越引起人们的关注。

2.5.2 地震的震级与烈度

1. 地震的震级

震级是地震大小的一种度量，根据地震释放能量的多少来划分，用“级”来表示。震级是通过地震仪器的记录计算出来的，从 0 级到 9 级划分成 10 个等级，地震释放出来的能量越多，震级就越大。震级相差一级，能量相差约 30 倍。目前记录到的最大地震还没有超出 8.9 级的。一般 7 级以上的浅源地震称为大地震；5 级和 6 级的地震称为强震或中震；3级和4级的地震，一般不会造成灾害称为弱震或小震；3级以下地震称为微震。

2. 地震烈度

地震烈度是地震时受震区地面和建筑物遭受破坏的强烈程度，用“度”来表示。它的大小取决于地震发生时所释放的能量大小、震源深度、距震中的距离及地震波通过的介质条件（如岩石性质、地质构造、地下水埋深）等多种因素的影响。地震工作部门根据地震发生时的现象和人的感觉、器物动态、建筑物损坏情况以及地表现象，如山崩、地裂、滑坡等表现，我国将地震烈度划分为12度。

Ⅰ～Ⅲ度：震动微弱，很少有人感觉。

Ⅳ～Ⅵ度：震动显著，有轻微破坏，但不引起灾害。

Ⅶ～Ⅸ度：震动强烈，有破坏性，引起灾害。

Ⅹ～Ⅻ度：严重破坏性地震，引起巨大灾害。

显然，对于一次地震，只有一个震级，表示该次地震释放出能量的大小。但距震中远近不同的地区所造成的影响和破坏程度则是不一样的，所以对于一次地震，距震中远近不同，地震烈度就不相同。一般距震中愈近，影响愈强烈，地震烈度愈高。反之，则影响就弱，烈度就低。

Ⅵ度以下的地震一般对建筑物不会造成破坏，无需设防。Ⅹ度以上的地震过于强烈，难以有效预防。因此，对建筑物设防的重点是Ⅶ、Ⅷ、Ⅸ度地震。在进行工程设计时，经常用的地震烈度有基本烈度和设计烈度。

（1）基本烈度。这是指某个地区今后一百年内，在一般场地条件下可能遭遇的最大地震烈度。基本烈度所指的地区，并不是一个具体的工程建筑物地区，而是指一个较大的范围。一般场地条件指上述地区普通分布的地层岩性、地形地貌、地质构造和地下水条件。基本烈度由国家地震局编绘的《中国地震烈度区划图》及各省地震烈度区划图圈定。

（2）设计烈度。这是根据建筑物的重要性和等级，针对不同建筑物，将基本烈度加以调整，作为抗震设防的依据，也是建筑物设计的标准。水工建筑物已有专门的抗震设计规范SL 203—97《水工建筑物抗震设计规范》，设计部门根据此规范确定设计烈度。如大型的永久性建筑物，一般设计烈度都比基本烈度有所提高，对中小型建筑物，设计烈度通常可直接采用基本烈度。对于临时性建筑物或次要建筑物，设计烈度可比基本烈度有所降低。

在同一基本烈度地区，由于建筑物场地的岩性、地质构造、地下水等因素影响，在同一次地震作用下，地震烈度亦不相同。因此，在确定地震对建筑物的影响时，应考虑场地因素对地震烈度的影响。

2.5.3　我国地震的分布及其特点

根据1000多年的地震历史资料及近代地震学研究分析，全球的地震分布极不均匀，主要是分布在3条地震带上（地震集中的地带称为地震带），即环太平洋地震带、地中海南亚地震带和大洋中脊地震带。

我国东临环太平洋地震带，西部和西南部为阿尔卑斯—喜马拉雅地震带（属地中海南亚地震带），因此，是一个多地震国家，地震带主要分布在东南—台湾和福建沿海一带，华北—太行山沿线和京津唐渤海地区，西南—青藏高原，云南和四川西部，西北—新疆和陕甘宁部分地区。

我国地震活动频度高、强度大、震源浅、分布广，是世界上多地震的国家之一，地震灾害在世界上居于首位，同时地震灾害也是我国最主要的地质灾害。1900 年以来，中国死于地震的人数达 55 万之多，占全球地震死亡人数的 53%；20 世纪全球两次造成死亡 20 万人以上的大地震全都发生在我国，一次是 1920 年宁夏海原 8.5 级地震，另一次是 1976 年唐山 7.8 级地震。

我国的地震绝大多数是构造地震，其次为水库诱发地震。地震的分布基本上是循活动性断裂带分布的，有一定的方向性。其优势方向在中国东部为北北东向，西部为北西向，中部为近南北向和东西向。我国西部主要的地震带有近东西向的北天山地震带、南天山地震带、昆仑山地震带、喜马拉雅山地震带和北西向的阿尔泰山地震带、祁连山地震带；鲜水河地震带、红河地震带等。中国东部最强烈的地震带为走向北北东的台湾地震带，向西依次是东南沿海地震带、郯城—庐江地震带、河北平原地震带、汾渭地震带和东西向的燕山地震带、秦岭地震带等。

2.5.4 地震对水利工程建设的影响及防震措施

1. 地震对水利工程的影响

地震的危害，早已为人们所了解。强烈的地震，可以在瞬间之内使城市和乡村沦为废墟。对于水利工程建设来说，地震的破坏方式主要有以下两种。

(1) 直接对工程的破坏。地震可使建筑物受到一种惯性力的作用，这就是地震波对建筑物直接产生的惯性力，这种力称地震力。当建筑物经受不住这种地震力的作用时，建筑物将会发生变形、开裂甚至倒塌。此时地震力的大小等于地震加速度 (a) 与建筑物质量的乘积，即

$$P = a\frac{G}{g} = KG$$

式中 a——地震加速度；

g——重力加速度；

G——建筑物的重量，kN；

K——地震系数，见表 2-2。

表 2-2 地 震 系 数 *K*

地震加速度方向	地震烈度 7	8	9	10
水平向	0.078	0.15	0.30	0.60
垂直向	0.038	0.075	0.15	0.30

注 垂直向地震系数取水平向的 1/2。

建筑物的破坏就是这个地震力过大的结果。此外，在一定条件下，建筑物震动的振幅越来越大（共振作用）亦是破坏原因之一。

(2) 震坏地基和边坡等而导致工程的破坏。当地基抗震性能不好，边坡过陡或岩土性质太弱，则可能失去稳定而导致工程破坏。

此外，如地震引起的海啸、水灾、火灾等亦能引起工程破坏。

2. 防震措施

(1) 将水利水电工程避开大的断层破碎带，是对付地震的有效办法。特别是现在正在活动或最近地质时期（全新世）发生过活动的断裂或发震断裂。因为这些地方往往是震源

所在处。在基本烈度为Ⅶ度及更高度数地区更应注意。

(2) 地基尽量选用完整基岩，土质地基中也以碎石类土、密实土较好。尽量避开饱水细砂、淤泥地基。同时要尽量远离过陡、过高、不稳定斜坡。在避不开时，则应对斜坡采取有效加固措施。

(3) 工程设计上采取措施，进行工程抗震设防。SL 203—97《水工建筑物抗震设计规范》中规定了有关抗震计算与抗震措施，其中的抗震措施主要是从建筑物结构与质量上考虑。

复习思考题

2-1　岩层产状的含义是什么？都包括哪些要素？如何测定岩层的产状？

2-2　褶皱由哪几个主要部分组成？

2-3　如何识别褶皱？

2-4　研究褶皱构造的工程意义是什么？

2-5　节理与断层有何异同？

2-6　张节理与剪节理如何识别？

2-7　何谓断层面、断层线及断层破碎带？

2-8　野外如何识别断层？

2-9　研究断裂构造有何工程意义？

2-10　什么是活断层？它具有哪些特性？

2-11　什么是地震震级与地震烈度？有何区别？如何确定建筑场区的地震烈度？

第3章 自然地质作用

工程地质学把影响建筑物稳定安全或经济效益的地质灾害，称为自然地质作用。本章仅介绍与水利工程建设密切相关的自然地质作用（风化作用、河流的地质作用、岩溶、滑坡与崩塌等）。

3.1 风化作用

地表或接近地表的岩石在大气、水和生物活动等因素的影响下，使岩石遭受物理的和化学的变化，称为风化。引起岩石这种变化的作用，称风化作用。风化作用能使岩石成分发生变化，能把坚硬的岩石变成松散的碎屑，降低了岩石的力学强度。风化作用又能使岩石产生裂隙，破坏了岩石的完整性，影响斜坡和地基的稳定。

3.1.1 风化作用的类型

风化作用按其产生原因可分为物理风化作用、化学风化作用和生物风化作用三种类型。

1. 物理风化作用

由于温度的变化，岩石孔隙、裂隙中水的冻融或盐类物质的结晶膨胀等作用，使岩石发生机械破碎的作用，称物理风化作用。

岩石是一种热的不良导体，在白天受阳光照射时，表层首先受热发生膨胀，而内部还未受热，仍然保持着原来的体积。在夜间，外层首先冷却收缩，而内部余热未散，仍保持着受热状态时的体积。这样，岩石由于长期处于表里胀缩不一，便逐渐产生了纵横交错的裂隙以致破裂，岩体便由表及里一层一层地遭受破坏。同时又因大多数岩石是由多种矿物组成的，而不同矿物的膨胀系数不同，当温度变化时矿物胀缩也不一致，天长日久，也能使岩体崩裂破碎。

在高寒地区，当气温降到0℃或以下时，岩石裂隙中的水由液态变成固态，体积膨胀，产生了很大的压力，使岩石裂隙扩大；当冰融化后，水沿着扩大了的裂隙向深部渗入，如此一冻一融反复进行，就像冰楔子一样直到把岩体劈开破裂，产生“冰劈作用”，使岩石胀裂、崩解。另外，当水中溶解有盐类物质时，水分蒸发后盐类便在裂隙中结晶，对岩石产生了撑胀作用，也会使岩石裂隙扩大，导致岩石崩解。

2. 化学风化作用

化学风化作用指岩石在水和各种水溶液的作用下所引起的破坏作用。这种作用不仅使岩石破碎，更重要的是使岩石成分发生变化，形成新矿物。化学风化作用有水化作用、氧化作用、水解作用和溶解作用等。

（1）水化作用。是水和某种矿物结合。这种作用可使岩石因体积膨胀而致破坏。例如：

$$\underset{\text{(硬石膏)}}{CaSO_4} + 2H_2O \longrightarrow \underset{\text{(石膏)}}{CaSO_4 \cdot 2H_2O}$$

（2）氧化作用。这种作用是氧和水的联合作用，对氧化亚铁、硫化物、碳酸盐类矿物表现比较突出。例如：

$$\underset{\text{（黄铁矿）}}{2FeS_2} + 7O_2 + 2H_2O \longrightarrow \underset{\text{（硫酸亚铁）}}{2FeSO_4} + 2H_2SO_4$$

黄铁矿风化后生成的硫酸对混凝土会起破坏作用。

（3）水解作用。是指矿物与水的成分起化学作用形成新的化合物。例如：

$$\underset{\text{（正长石）}}{4K(AlSi_3O_8)} + 6H_2O \longrightarrow 4KOH + \underset{\text{（高岭石）}}{Al_4(Si_4O_{10})}(OH)_8 + \underset{\text{（硅胶）}}{8SiO_2}$$

水解作用会使岩石成分发生改变，结构破坏，从而降低岩石的强度。

（4）溶解作用。是指水直接溶解岩石矿物的作用。例如：

$$\underset{\text{（碳酸钙）}}{CaCO_3} + H_2O + CO_2 \longrightarrow \underset{\text{（重碳酸钙）}}{Ca(HCO_3)_2}$$

溶解作用促使岩石孔隙率增加，裂隙加大，使岩石遭受破坏。

3. 生物风化作用

生物风化作用是指岩石由生物活动所引起的破坏作用。这种破坏作用包括机械的（如植物根系在岩石裂隙中生长）和化学的（如生物的新陈代谢中析出的有机酸对岩石产生的腐蚀、溶解）。

此外，人类的工程活动也对岩石风化产生一定的影响。

在自然界中，上述三种风化作用是彼此并存，互相影响的。在不同地区，它们作用的强弱有主次之分，例如：在干寒和高山地区以物理风化为主，而在湿热多雨地区则以化学风化为主。

3.1.2 岩石风化层的垂直分带

风化作用在地表最明显，往深处则逐渐减弱直至消失，且岩石风化的程度和深度随各地而异。由于不同规模、不同类型的水工建筑物，对地基强度等要求和工程处理措施是不同的。对大多数建筑物来说，并不是将风化岩石全部开挖，基础置于新鲜岩石之上，而是在保证建筑物安全稳定、经济合理的前提下，只对那些风化较严重、工程地质性质不能满足设计要求的岩体，加以开挖或进行工程处理，而对那些风化轻微、经稍加处理后，就能满足要求的岩体，就不必开挖。为了说明岩体的风化程度及其变化规律，正确评价风化岩石对水利工程建设的影响，就必须对岩体按风化程度进行分级。分级的依据主要是：新鲜岩石和风化岩石的相对比例、褪色度、分解和崩解的程度，矿物蚀变及其次生矿物，间接指标如锤击反应、波速变化等情况。GB 50287—99《水利水电工程地质勘察规范》将岩石按风化程度分为全风化、强风化、弱风化、微风化和新鲜岩石五个等级（见表 3-1）。

表 3-1　　岩体的风化程度分级表

风化带	主要地质特征	风化岩纵波速与新鲜岩纵波速之比
全风化	• 全部变色，光泽消失 • 岩石的组织结构完全破坏，已崩解和分解成松散的土状或砂状，有很大的体积变化，但未移动，仍残留有原始结构痕迹 • 除石英颗粒外，其余矿物大部分风化蚀变为次生矿物 • 锤击有松软感，出现凹坑，矿物手可捏碎，用锹可以挖动	<0.4

续表

风化带	主要地质特征	风化岩纵波速与新鲜岩纵波速之比
强风化	• 大部分变色，只有局部岩块保持原有颜色 • 岩石的组织结构大部分已破坏，小部分岩石已分解或崩解成土，大部分岩石呈不连续的骨架或心石，风化裂隙发育，有时含大量次生夹泥 • 除石英外，长石、云母和铁镁矿物已风化蚀变 • 锤击哑声，岩石大部分变酥，易碎，用镐撬可以挖动，坚硬部分需爆破	0.4～0.6
中等风化（弱风化）	• 岩石表面或裂隙面大部分变色，但断口仍保持新鲜岩石色泽 • 岩石原始组织结构清楚完整，但风化裂隙发育，裂隙壁风化剧烈 • 沿裂隙铁镁矿物氧化锈蚀，长石变得浑浊、模糊不清 • 锤击哑声，开挖需用爆破	0.6～0.8
微风化	• 岩石表面或裂隙面有轻微褪色 • 岩石组织结构无变化，保持原始完整结构 • 大部分裂隙闭合或为钙质薄膜充填，仅沿大裂隙有风化蚀变现象，或有锈膜浸染 • 锤击发音清脆，开挖需用爆破	>0.8～1.0
新鲜	• 保持新鲜色泽，仅大的裂隙面偶见褪色 • 裂隙面紧密，完整或焊接状充填，仅个别裂隙面有锈膜浸染或轻微蚀变 • 锤击发音清脆，开挖需用爆破	>1.0

通常在一个区域或一个剖面里从全风化带到新鲜岩石均有发育，但也常有缺失个别风化带或仅有一两个风化带的情况。

3.1.3 岩石风化的防治

岩石风化的防治方法主要有：

(1) 挖除法。适用于风化层较薄的情况，当厚度较大时通常只将严重影响建筑物稳定的部分剥除。

(2) 抹面法。用水和空气不能透过的材料如沥青、水泥、粘土层等覆盖岩层。

(3) 胶结灌浆法。用水泥、粘土等浆液灌入岩层或裂隙中，以加强岩层的强度，降低其透水性。

(4) 排水法。为了减少具有侵蚀性的地表水和地下水对岩石中可溶性矿物的溶解，适当做一些排水工程。

只有在进行详细调查研究以后，才能提出切合实际的防止岩石风化的处理措施。

3.2 河流的地质作用

河流是在河谷中流动的地面经常性流水。河谷包括谷坡和谷底，谷坡上有河流阶地，谷底可分为河床和河漫滩（见图3-1）。

河流的地质作用可分为侵蚀作用、搬运作用和沉积作用。

3.2.1 河流的侵蚀作用

侵蚀作用是指河水冲刷河床，使岩石发生破坏的作用。破坏的方式主要是机械破坏（冲蚀和磨蚀）和化学溶蚀，河流以这两种方式不断刷深河床和拓宽河谷。按河流侵蚀作用方向，又可分垂直侵蚀和侧向侵蚀作用两种。

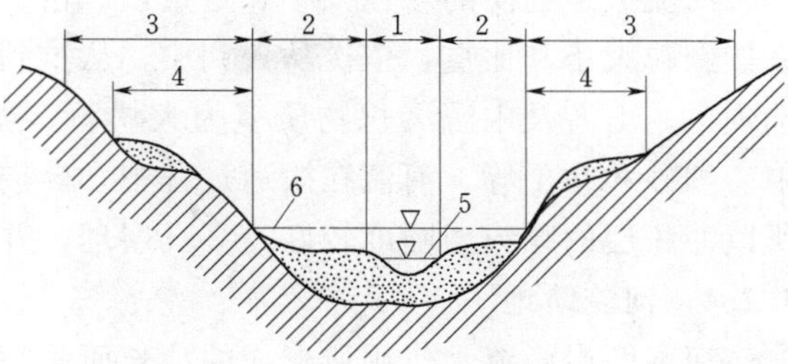

图 3-1 河谷的组成

1—河床；2—河漫滩；3—谷坡；4—阶地；5—平水位；6—洪水位

1. 垂直侵蚀作用

河流的垂直侵蚀作用是指河水冲刷河底、加深河床的下切作用。其侵蚀强度决定于河水具有的能量大小和河底的地质条件。

河流上游，由于河床的纵向坡度较陡，流速较大，河流的垂直侵蚀作用强烈，常形成“V”形深切峡谷。我国长江、黄河等河流的上游，就有很多峡谷出现，如三峡、龙羊峡、刘家峡等。

2. 侧向侵蚀作用

河流的侧向侵蚀作用是指河流冲刷两岸，加宽河床的作用。主要发生在河流的中下游

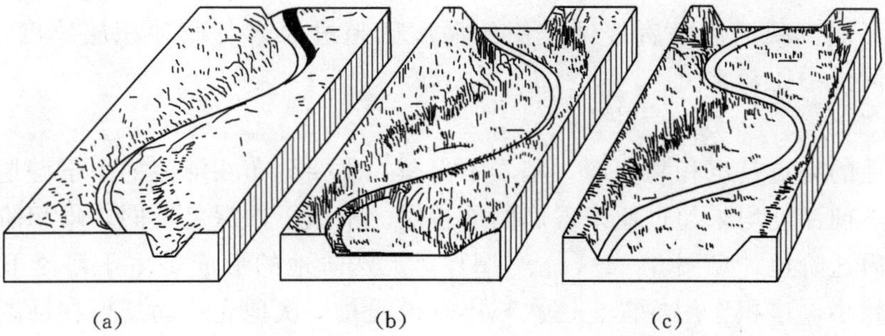

图 3-2 侧蚀作用使河谷不断加宽

地区。侧向侵蚀作用结果是使河谷愈来愈宽，河床愈来愈弯曲（见图 3-2），形成河曲。河曲发展到一定程度时，可使同一河床上、下游非常靠近，在洪水时易被冲开，河床便截弯取直。被废弃的弯曲河道便形成牛轭湖（见图 3-3）。

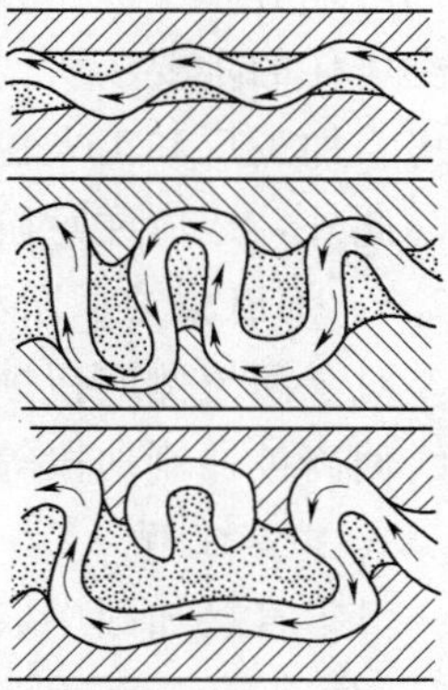

图 3-3 河曲发展形成牛轭湖

3.2.2 河流的搬运作用

河流将其携带的物质向下游方向搬运的过程，称为河流的搬运作用。河水搬运物质能力的大小，主要取决于河水的流量和流速。

3.2.3 河流的沉积作用

河流在河床坡降平缓地带及河口附近，河水的流速变缓，水流所搬运的物质在重力作用下，逐渐沉积下来，这种沉积过程称河流的沉积作用。所沉积的物质称冲积物（层）。

河流搬运物质的颗粒大小和重量，严格受流速控制。当流速逐渐减缓时被搬运的物质就按颗粒大小和比重，依次从大到小、从重到轻沉积下来，因此冲积层的物质具明显的分选现象。上游及中游沉积物质多为大块石、卵石、砾石及粗砂等，下游沉积的物质多为中、细砂和粘土等。河流在搬运过程中，碎屑物质相互碰撞摩擦，棱角磨损，形状变圆，所以冲积层的颗粒磨圆度较好，多具层理，并时有尖灭、透镜体等产状。

3.2.4 河流阶地

河谷两岸由流水作用所形成的狭长而平坦的阶梯平台，称河流阶地。它是河流侵蚀、沉积和地壳升降等作用的共同产物。当地壳处于相对稳定的时期，河流的侧向侵蚀和沉积作用显著，塑造了宽阔的河床和河漫滩。然后地壳上升，河流垂直侵蚀作用加强，使河床下切，将原先的河漫滩抬高，形成阶地。若上述作用反复交替进行，则老的河漫滩位置不断抬高，新的阶地和河漫滩相继形成。因此，多次地壳运动将出现多级阶地。

河流阶地主要可分以下三种类型。

1. 侵蚀阶地

侵蚀阶地特点是阶地面由裸露基岩组成，有时阶地面上可见很薄的沉积物［见图3-4(a)］。侵蚀阶地只分布在山区河谷。它作为厂房地基或者桥梁和水坝接头是有利的。

2. 基座阶地

基座阶地由两层不同物质组成，由冲积物组成覆盖层，基岩为其底座［见图3-4(b)］，它的形成反映河流垂直侵蚀作用的深度已超过原来谷底冲积层厚度，切入基岩。基座阶地在河流中比较常见。

3. 堆积阶地

堆积阶地的特点是沉积物很厚，基岩不出露，主要分布在河流的中下游地区。它的形成反映河流下蚀深度均未超过原来谷底的冲积层。根据下蚀深度不同，堆积阶地又可分为上迭阶地和内迭阶地［见图3-4(c)、(d)］。上迭阶地的形成是由于河流下蚀深度和侧蚀宽度逐次减小，堆积作用规模也逐次减小。说明每一次地壳运动规模在逐渐减小，河流下蚀均未到达基岩。内迭阶地的特点是每次下蚀深度与前次相同，将后期阶地套置在先成阶地内，说明每次地壳运动规模大致相等。

阶地分布于顺河方向的河床两侧，地形较平坦，土地肥沃，是农业生产、工程建设和人类居住的重要场所。渠道、公路、铁路常沿阶地选线。在水工建筑物中常利用阶地作为库房、加工厂和工人住宅的场所。堆积阶地一般具二元结构，应注意下层砂砾石的透水问题。此外，还应注意阶地内斜坡的稳定性，防止崩塌、滑坡等不良地质现象的发生。

3.2.5 河流侵蚀、淤积作用的防治

对于河流侧向侵蚀及因河道局部冲刷而造成的塌岸等灾害，一般采用护岸工程或使主流线偏离被冲刷地段等防治措施。

1. 护岸工程

(1) 直接加固岸坡。常在岸坡或浅滩地段植树、种草。

(2) 护岸。有抛石护岸和砌石护岸两种。即在岸坡砌筑石块（或抛石），以消减水流能量，保护岸坡不受水流直接冲刷。石块的大小，应以不致被河水冲走为原则。

抛石体的水下边坡一般不宜超过1∶1，当流速较大时，可放缓至1∶3。石块应选择

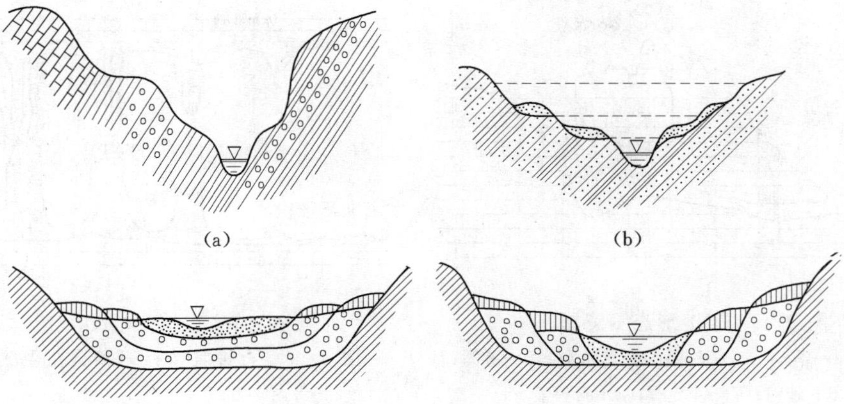

图 3-4　河流阶地类型示意图
(a) 侵蚀阶地；(b) 基座阶地；(c) 上迭阶地；(d) 内迭阶地

未风化、耐磨、遇水不崩解的岩石。抛石层下应有垫层。

2. 约束水流

(1) 顺坝和丁坝。顺坝又称导流坝，丁坝又称半堤横坝。常将丁坝和顺坝布置在凹岸以约束水流，使主流线偏离受冲刷的凹岸。丁坝常斜向下游，夹角为60°～70°，它可使水流冲刷强度降低10%～15%（见图3-5）。

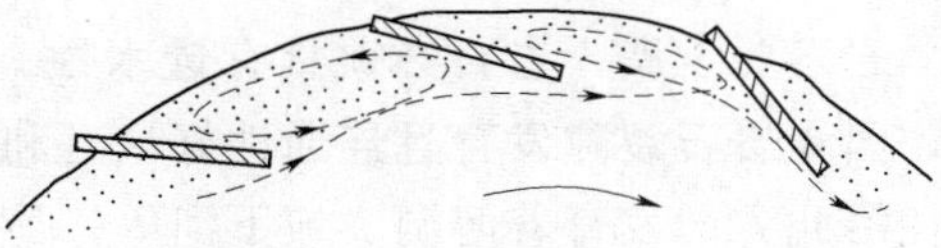

图 3-5　丁坝

(2) 约束水流、防止淤积。束窄河道、封闭支流、截直河道、减少河道的输砂率等均可起到防止淤积的作用。也常采用顺坝、丁坝或二者组合使河道增加比降和冲刷力，达到防止淤积的目的。

3.3 岩　溶

岩溶是指可溶性岩层（主要是石灰岩、白云岩及其他可溶性盐类岩石）分布地区，岩石长期受水的淋漓、冲刷、溶蚀等地质作用而形成的一些独特的地貌景观，如：溶洞、落水洞、溶沟、石林、石笋、钟乳石、暗河等（见图3-6、图3-7）。岩溶现象主要发育在碳酸盐类岩石分布地区，尤以南斯拉夫北部的喀斯特高原较为典型，因而国际上称岩溶为喀斯特。

3.3.1 岩溶的形成条件

岩溶的发生与发展，受多种因素的影响。总的来说，岩溶发育的基本条件有：岩石的可溶性和透水性，水的溶蚀性和流动性。前者是产生的内在因素，后者是岩溶发生的外部动力。

1. 岩石的可溶性

岩溶的发育必须有可溶性岩石的存在。根据岩石的溶解度，能造成岩溶的岩石可分三

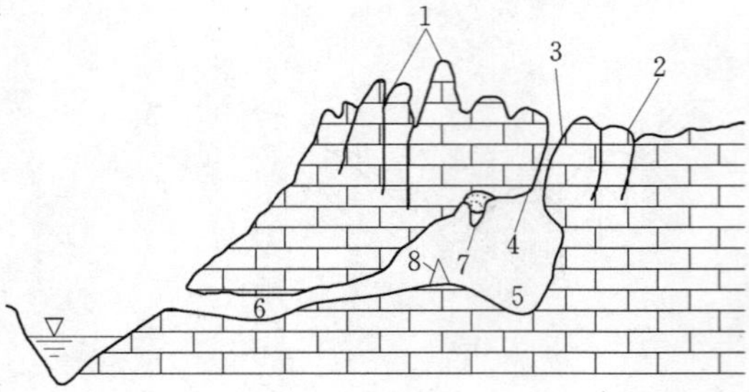

图 3-6　岩溶形态示意图

1—石林；2—溶沟；3—漏斗；4—落水洞；5—溶洞；6—暗河；7—钟乳石；8—石笋

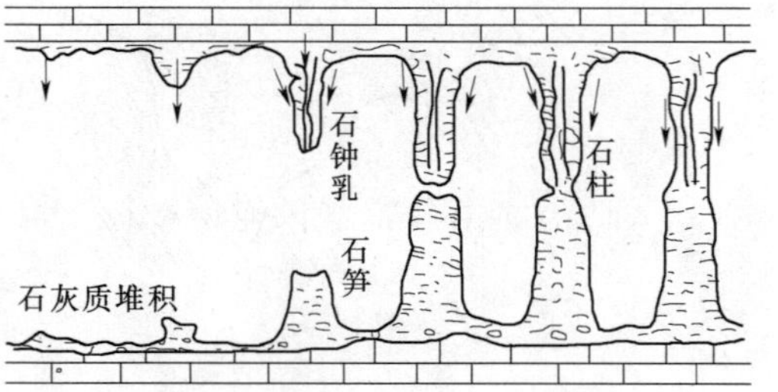

图 3-7　石钟乳、石笋和石柱生成示意图

大组：①碳酸盐类岩石，如石灰岩、白云岩和泥灰岩；②硫酸岩类岩石，如石膏和硬石膏；③卤素岩，如岩盐。这三组中以卤素岩石溶解度最大，碳酸盐类溶解度最小。但碳酸盐类岩石分布最广，在漫长的地质年代中，所形成的溶蚀现象能够保存下来。因而一般所谓岩溶，大都是指在碳酸盐类中已形成的各种地质地貌现象。

2. 岩石的透水性

岩溶要发展，岩石必须具有透水性。一般在断层破碎带、裂隙密集带和褶皱轴部附近，因为岩石裂隙发育且连通性好，有利于地下水的运动，从而促进了岩溶的发育，并且往往沿此方向发育着溶洞、地下河等。另外，在地表附近，由于风化裂隙增多，所以岩溶一般比深部发育。

3. 水的溶蚀性

水对碳酸盐类岩石的溶解能力，主要取决于水中侵蚀性 CO_2 的含量。水中侵蚀性 CO_2 的含量越多，水的溶蚀能力也越强。

4. 水的流动性

水的流动性反映了水在可溶岩层中的循环交替程度。只有水循环交替条件好，水的流动速度快，才能将溶解物质带走，同时又促使含有大量 CO_2 的水，源源不断地得到补充，则岩溶发育速度就快；反之，岩溶发育就慢，甚至处于停滞状态。

3.3.2　岩溶的分布规律

1. 岩溶发育的垂直分带性

图 3-8　岩溶水的垂直分带

Ⅰ—垂直循环带；Ⅱ—季节循环带；Ⅲ—水平循环带；Ⅳ—深部循环带

在岩溶地区地下水流动具有垂直分带现象，因而所形成的岩溶也带有垂直分带的特征（见图 3-8）。

（1）垂直循环带。或称包气带。此带位于地表以下，地下水位以上。降水时地面水沿岩石裂隙向下渗流，形成垂直方向的地下水通道。如漏斗、落水洞等。

（2）季节循环带或称过渡带。此带位于地下水最低水位和最高水位之间。该带受季节性影响，当干旱季节时，则地下水位较低，渗透水流成垂直下流。而当雨季时，地下水位升为最高水位，该带则为全部地下水所饱和，渗透水流成水平流动，因而在该带形成的岩溶通道是水平的与垂直的交替。

(3) 水平循环带或称饱水带。此带位于最低地下水位之下，常年充满着水，地下水作水平流动或往河谷排泄。因而该带形成水平的通道，称为溶洞。如溶洞中有水流，则称为地下暗河。但是往河谷底向上排泄的岩溶水，具有承压性质。因而岩溶通道也常常呈放射状分布。

(4) 深部循环带。该带地下水的流动方向取决于地质构造和深循环水。由于地下水很深，它不向河底流动而排泄到远处。这一带水的交替强度极小，岩溶发育速度与程度很小，但在很长的地质时期中可以缓慢地形成一些蜂窝状小溶孔等岩溶现象。

2. 岩溶分布的成层性

在地壳运动相对稳定时期，岩溶地区在垂直剖面上形成了上述岩溶发育的 4 个带，之后若地壳上升，地表河流下切，地下水位随之下降，原来处于季节循环带的部位就变为了垂直循环带，原来的水平循环带相应变为季节循环带，并依此类推。当地壳再处于稳定时期时，原来的季节循环带所形成的岩溶洞层位置已抬高。在其下部，新的季节循环带将会形成新的岩溶洞层，因而使岩溶的发育出现成层性。

3. 岩溶分布的不均匀性

一方面岩溶发育受岩性控制，一般情况下，在质纯、层厚的石灰岩中，岩溶最为发育，形态齐全，规模较大；含泥质或其他杂质的岩层，岩溶发育则较弱。

另一方面，岩溶发育受地质构造条件控制。岩溶常沿着区域构造线方向（如裂隙、断层走向及褶皱轴部）呈带状分布，多形成溶蚀洼地、落水洞、较大的溶洞及地下河等。

3.3.3　岩溶区的主要工程地质问题

碳酸盐类岩石在我国分布广泛，仅地表出露的面积就有 120 万 km^2，约占全国面积的 12.5%，尤其广西、贵州、滇东、湘西、鄂西、川东等地较为集中。

由于岩溶的发育致使建筑物场地和地基的工程地质条件大为恶化，因此在岩溶地区修建各类建筑物时必须对岩溶进行工程地质研究，以预测和解决因岩溶而引起的各种工程地质问题。归纳起来，岩溶区的工程地质问题主要有以下两类。

1. 渗漏和突水问题

由于岩溶地区的岩体中有许多溶隙、溶洞、漏斗，若库、坝址选择不当或未能采取可靠的防渗措施，轻则降低水库效益，成为病险库，遗留后患；重则水库不能蓄水，或工程处理费用过高，在经济上造成不合理。在基坑开挖和隧洞施工中，岩溶水可能突然大量涌出，给施工带来困难。

库区应选在地势低洼，四周地下水位较高，上游有大泉出露而下游无大泉出露，上下游流量没有显著差异的河段上，要避免邻区有深谷大河。如果发现库底有渗漏，可采用堵（堵落水洞）、铺（铺盖粘土）、围（在落水洞四周建围墙）、引（引入库内或导出库外）等方法进行处理。对岩溶突水的处理，原则上以疏导为主。

2. 地基稳定性及塌陷问题

坝基或其他建筑物地基中若有岩溶洞穴，将大大降低地基岩体的承载力，容易引起洞穴顶塌陷，使建筑物遭受破坏。同时，岩溶地区的土层特点是厚度变化大，孔隙比高，因此，地基很容易产生不均匀沉降，从而导致建筑物倾斜甚至破坏。

在岩溶地区工程设计前，必须充分细致地进行工程地质勘察工作，搞清建筑地区岩溶的分布和发育规律，正确评价它对工程的影响和危害。

3.4　与斜坡岩体稳定有关的地质作用

斜坡在一定的自然条件和重力作用下，常使在其上的部分岩体发生变形和破坏，给各种建筑物（如水坝、隧洞、渠道、铁路、公路等）的建造和使用带来极大的困难和危害，有时甚至造成巨大的灾难。如意大利的瓦依昂拱坝，在 1963 年 10 月 9 日晚，由于库区左岸突然整体下滑，形成体积达 2.4 亿 m^3，下滑速度高达 28m/s 的滑坡体。将坝前 1.8km 长的一段水库填满，掀起波浪高达 70m，冲毁下游一个村庄，约有 2400 余人死亡。因此，边坡稳定性的研究在工程建设中是非常必要的。

3.4.1　斜坡的破坏类型

斜坡岩体失稳破坏的类型主要有蠕变、剥落、崩塌和滑坡。

1. 蠕变

斜坡上挤压紧密的岩石，在重力作用下发生长期缓慢变形及松动的现象，称蠕变。

2. 剥落

斜坡上的表层岩石，由于长期的物理风化作用而破碎成细小的岩片、岩屑，在重力作用下向坡下坠落和滚动的现象，称剥落。

3. 崩塌

在斜坡的陡峻地段，大块岩体在重力作用下，突然迅速倾倒崩落，沿山坡翻滚撞击而坠落坡下的破坏现象，称崩塌（见图 3-9）。

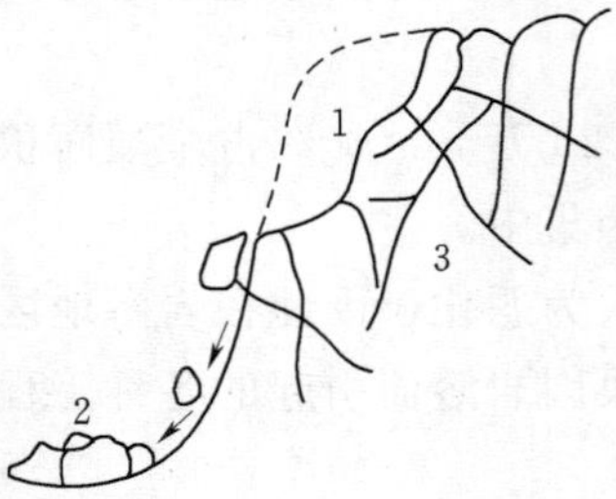

图 3-9　崩塌示意图

1—崩塌体；2—堆积块石；3—被裂隙切割的斜坡基岩

4. 滑坡

斜坡上的岩体，在重力作用下，沿斜坡内一个或几个滑动面整体向下滑动的现象，称滑坡。大的滑坡规模可达几千立方米，甚至数亿立方米，常掩埋村镇，中断堵塞交通，给工程带来重大危害。这在国内外的例子很多，所以在工程建设中必须对滑坡进行详细勘察，研究其发生原因及发展规律，提出合理有效的防治措施。

（1）滑坡的组成。一般滑坡由以下几部分组成（见图 3-10）。

1）滑坡体。与原岩分离并向下滑动的岩、土体称滑坡体。滑坡体前缘伸出部分称滑坡舌；因受推移挤压滑坡体前缘可隆起成鼓丘和鼓张裂隙；滑坡体的后缘因受张力而产生拉张裂隙；在滑坡体的两侧还可产生剪切裂隙；滑坡体上常可见到树木倾斜倒歪的醉汉林和马刀树。

2）滑坡床。指在滑动面之下未滑动的稳定岩体。

3）滑动面。指滑坡体与滑坡床之间的分界面，一个滑坡可有一个或数个滑动面，滑

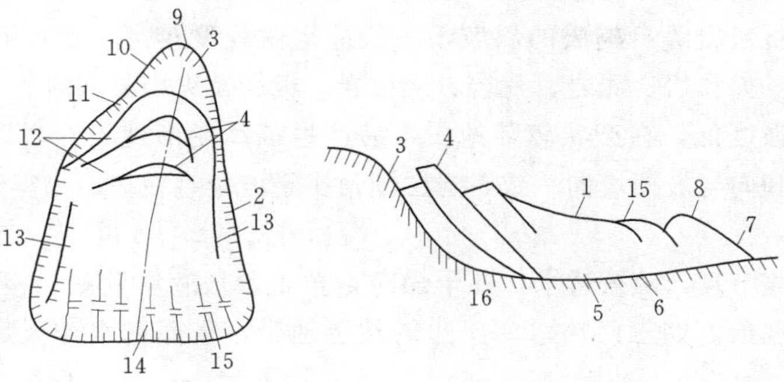

图 3-10　滑坡要素及滑坡形态特征示意图

1—滑坡体；2—滑坡周界；3—破裂壁；4—滑坡台阶；5—滑动面；6—滑动带；7—滑坡舌；8—滑动鼓丘；9—滑动轴；10—破裂缘；11—封闭洼地；12—拉张裂隙；13—剪切裂隙；14—扇形裂隙；15—鼓张裂隙；16—滑坡床

动面的形状有直线、折线或圆弧等。

4）滑坡壁、滑坡台阶、滑坡洼地。滑坡体下滑后，其后缘的滑动面在地表出现陡壁，称滑坡壁。由于滑坡体上各段的滑动速度不同或由于几个滑动面滑动的时间不同，可在滑坡体中出现阶梯状地面，称滑坡台阶。由于滑坡体的滑落，在滑坡台阶后部形成半圆形凹地，称滑坡洼地，有时可积水形成滑坡泉或滑坡湖。

（2）滑坡的类型。滑坡按其物质组成可分为土层滑坡和岩层滑坡。按滑动面和层面关系，可分为均质滑坡、顺层滑坡和切层滑坡（见图 3-11）。

1）均质滑坡。发生于均质岩层，如粘土、黄土、强风化的岩浆岩中的滑坡［见图 3-11（a）］。

2）顺层滑坡。滑动面为岩层层面或不整合面的滑坡［见图 3-11（b）］。

3）切层滑坡。滑动面切割多层岩层层面的滑坡［见图 3-11（c）］。

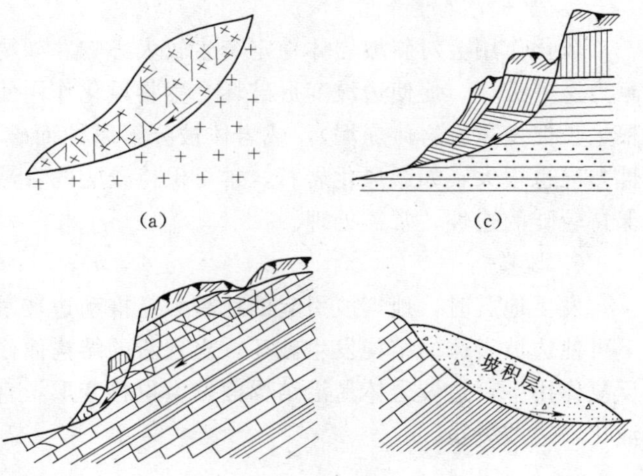

图 3-11　滑坡类型

（a）均质滑坡；（b）顺层滑坡；（c）切层滑坡

3.4.2　影响斜坡稳定的主要因素

1. 地形地貌

一般深切的峡谷，陡峭的岸坡地形容易发生边坡变形和破坏。例如我国西南山区沿金沙江、雅砻江及其支流等河谷地区边坡岩体松动破裂、蠕动、崩塌、滑坡等现象十分普遍。通常地形坡度越陡、坡高越大，对边坡稳定越不利。

2. 岩石（土）性质

岩性直接影响斜坡岩体的稳定性及其变形破坏形式。由坚硬块状及厚层状岩石（如花岗岩、石英岩、石灰岩等）构成的斜坡，一般稳定性程度较高，变形破坏形式以崩塌为主。由软弱岩石（如页岩、泥岩、片岩、千枚岩、板岩及火山凝灰岩等）构成的斜坡，岩层易风化且抗剪强度低，在产状较陡地段，易产生蠕动变形现象。当岩层层面（或片理面、裂隙面等）倾向与坡面坡向一致，岩层倾角小于坡角且在坡面出露时，极易形成顺层滑坡。

黄土具有垂直节理，疏松透水，在干燥时，黄土斜坡直立陡峻；浸水后易崩解湿陷，产生崩塌或塌滑现象。如三门峡水库岸边的黄土地带，水库蓄水4天后，岸坡坍塌范围约200km。

3. 地质构造

地质构造包括褶皱、断裂构造及新构造运动特征。在褶皱、断裂发育地区，岩层倾角较陡，节理、断层纵横交错，是产生崩塌、滑坡的有利因素。在新构造运动强烈上升区，由于侵蚀切割，往往形成高山峡谷地形，斜坡岩体中广泛发育有各种变形和破坏现象。

4. 水的作用

地面水的侵蚀冲刷作用，可改变斜坡外形，造成坡脚掏空，影响斜坡岩体的稳定性。如河岸发生的塌岸和滑坡多在受流水侵蚀的岸边。

地面水的入渗和地下水的渗流，对斜坡岩体的稳定性影响很大。地下水不仅增加了斜坡岩体的重量，产生了静水压力和渗透压力，而且还使渗流面上的物质软化或泥化，降低了其抗剪强度，导致岩体变形或滑动破坏。

5. 岩石的风化作用

风化作用会对斜坡岩体稳定产生较大影响。如物理风化作用使边坡岩体产生裂隙，粘聚力遭到破坏，促使边坡变形破坏。生物风化作用使边坡岩体遭受机械破坏（如裂隙中树根生长促发边坡岩体崩塌），或岩体被分解腐蚀而破坏。岩体风化程度不同，边坡的稳定性差异也很大，如微风化岩石，常可保持较陡的自然边坡，而强风化及全风化岩石，难以保持较陡的边坡，常需处理。

6. 地震

发生地震时，地震波引起的地震力是推动边坡滑移的重要因素。此外，在地震的作用下可使边坡岩体的结构发生破坏，出现新的结构面或使原有结构面张裂松弛，在地震力的反复作用下，边坡岩体易沿结构面发生位移变形，直至破坏。在砂土边坡中，易形成振动液化，边坡失稳。

7. 人为因素

人类活动对边坡稳定性的影响越来越严重，主要表现在人类修建各种工程建筑使边坡岩体承受工程荷载作用，在这些荷载作用下边坡会变形破坏。例如边坡坡肩附近修建大型工程建筑或废弃的土石堆积，使坡顶超载而导致边坡变形或破坏等。又如，人工开挖边坡，从底部向上开挖，会引起边坡失稳，造成人身事故。还有不合理的爆破工程，也会导致岩体松动，边坡失稳，这些在施工中应特别注意。

3.4.3 斜坡变形破坏的防治

1. 防治原则

防治原则应以防为主，及时治理，并根据工程的重要性制订具体整治方案。

(1) 以防为主。这就是要尽量做到防患于未然，正确选择建筑物场地，合理制订人工边坡的布置和开挖方案。

查清可能导致天然斜坡或人工边坡稳定性下降的因素，事前采取必要措施消除或改变这些因素，并力图变不利因素为有利因素，以保证斜坡的稳定性，甚至向提高稳定性的方向发展。

(2) 及时治理。这就是要针对斜坡已出现的变形破坏情况，及时采取必要的增强稳定性的措施。

由于水是能诱发滑坡或在滑坡发生后使它加剧的主要原因，因此在滑坡出现的初期阶段，常用的快速治理措施有：

1) 截断和排出所有流入滑坡范围内的地表水。

2) 抽出所有在滑坡范围内的井里的地下水和排去所有积水洼地里的水。

3) 填塞和夯实所有的裂缝，防止表面水渗入。

(3) 经济原则。考虑工程的重要性是制订整治方案必须遵守的经济原则。对于那些威胁到重大永久性工程安全的斜坡变形和破坏，应采取较全面的整治措施，以保证斜坡具有较高的安全系数；对于一般性工程或临时工程，则可采取较简易的防治措施。

2. 处理措施

(1) 防渗与排水。排水包括排除地表水和地下水。这种方法效果良好，因此，目前整治不稳定边坡措施中普遍使用。首先要拦截流入不稳定边坡区的地表水（包括泉水、雨水），一般在不稳定边坡（如滑坡区）外围设置环形排水沟槽，将地表水排走。设排水沟槽时，应注意充分利用自然沟谷，并布置成树枝状排水系统（见图 3-12），还要整平夯实坡面，利于排水。

疏导地下水，一般采用排水廊道和钻孔排水方法降低地下水位或排走已渗入坡体内的水（见图 3-13）。

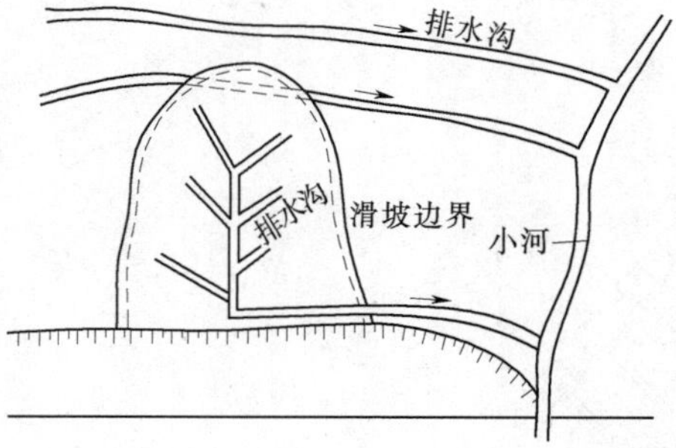

图 3-12　排水沟示意图

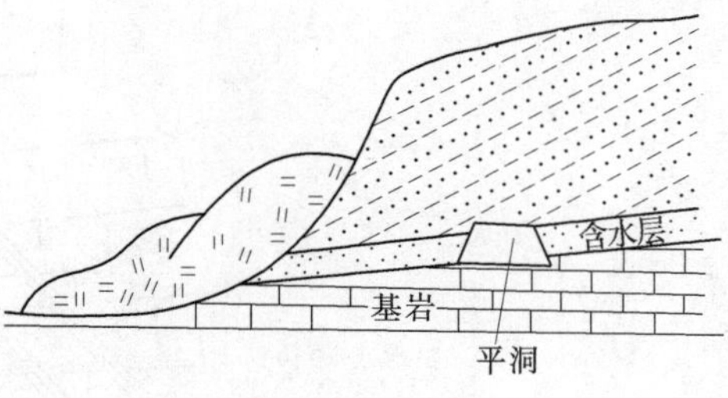

图 3-13　排水廊道示意图

(2) 削坡、减重、反压。这种方法主要是将较陡的边坡减缓或将其上部岩体削去一部分（见图 3-14），并把削减下来的土石堆于滑体前缘的阻滑部位，使之起到降低下滑力，又增加抗滑力，以增加边坡稳定性的目的。

(3) 修建支挡建筑物。这种措施，主要是在不稳定边坡岩体下部修建挡土墙或支撑

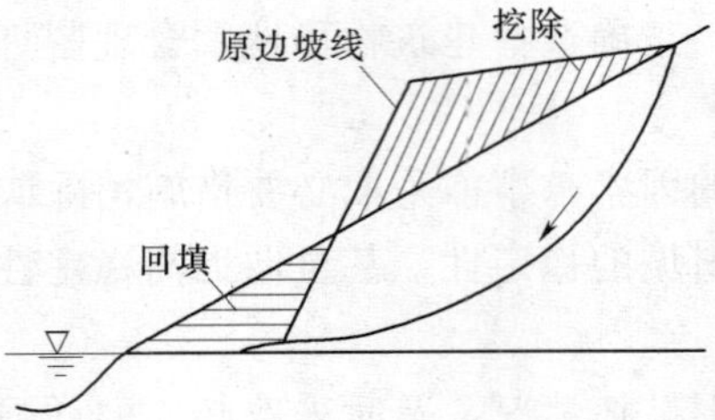

图 3-14　削坡处理示意图

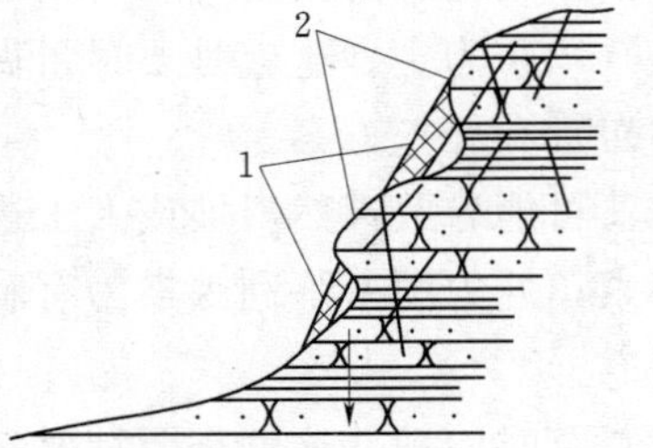

图 3-15　支撑断面示意图

1—支撑；2—不稳定岩体

墙，靠挡墙本身的重量支撑滑移体的剩余下滑力（见图 3-15、图 3-16）。挡墙的主要形式有浆砌石挡墙、混凝土或钢筋混凝土挡墙等。修建支挡建筑物时需要注意的是，其基础必须砌置在最低滑动面之下，一般插入完整基岩中不少于 0.5m，完整土层中不少于 2m。此外，还要考虑排水措施。

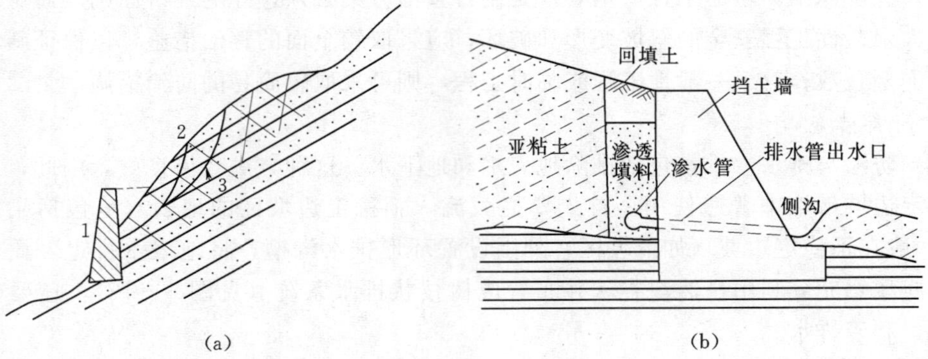

图 3-16　挡墙示意图

(a) 无排水措施挡墙；(b) 具排水措施挡土墙

1—挡墙；2—不稳定体；3—滑动面

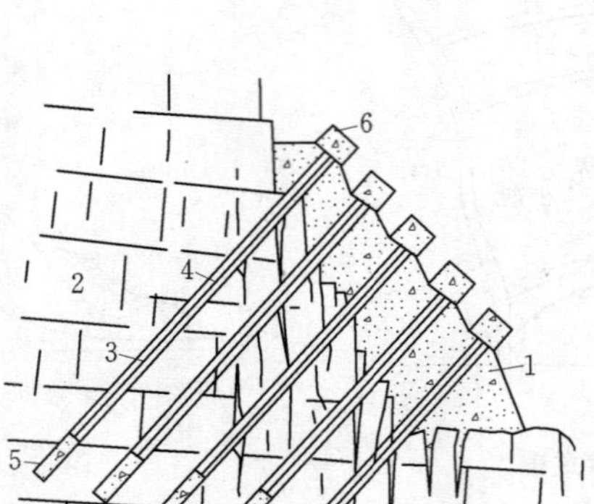

图 3-17　法国某坝右岸岸坡锚固示意图

1—混凝土挡墙；2—裂隙灰岩；3—预应力 1000t 的锚索；4—锚固孔；

5—锚索的锚固端；6—混凝土锚墩

（4）锚固措施。这种方法主要是利用预应力钢筋或钢索锚固不稳定边坡岩体（见图 3－17），是一种有效的防治滑坡和崩塌的措施。具体作法，先在不稳定岩体上部布置钻孔，钻孔深度达到滑动面以下坚硬完整岩体中，然后在孔中放入钢筋或钢索，将下端固定，上端拉紧，常和混凝土墩、梁，或配合以挡墙将其固定。

（5）其他措施。除上述防治措施外，岩质边坡还可以采用水泥护面、抗滑桩、灌浆等，土质边坡可采用电化学加固法、焙烧法、冷冻法等措施，这些方法一般成本高，只有在特殊需要时才使用。

复习思考题

3－1　风化作用是怎样形成的？为什么要将岩体按风化程度分级？岩体按风化程度分级的依据及各类等级的特点如何？

3－2　河流的地质作用有哪些？各有何不同特点？

3－3　河流阶地是怎样形成的？它有几种类型？研究它有什么意义？

3－4　岩溶的形成条件有哪些？

3－5　根据岩溶发育的特点试述岩溶区的主要工程地质问题。

3－6　斜坡稳定破坏有几种类型？

3－7　结合影响斜坡岩体稳定的因素，试述不稳定斜坡的防治措施。

第4章 地 下 水

自然界的水分布于大气圈、水圈和岩石圈之中，分别称为大气水、地表水和地下水。地下水是指埋藏于地表以下的岩石（包括土层）空隙（孔隙、裂隙、空洞等）中各种状态的水，它是地球上水体的重要组成部分，与大气水、地表水是相互联系的统一体。大气降水（包括雨水、融雪、融冰）地表水（包括河流、湖泊、水库、渠道等水体）经过岩石的各种空隙渗入到地下，便成为地下水的主要来源。在干旱地区，可以有由水蒸气直接在岩石孔隙中凝结的地下水。

地下水分布极其广泛，它密切联系着人类生活和经济活动的各个方面。其一，地下水作为一种宝贵的地下水资源，如地下水常为农业灌溉、城市供水及工矿企业用水提供良好的水源，矿泉水和地下热水已广泛地被开采利用。其二，地下水也往往给经济建设带来一定的困难与危害。就水利工程来说，地下水可以改变岩石的性质，溶蚀岩石，导致岩体或建筑物失去稳定；在基坑开挖中，涌水和流砂现象是经常出现的；水库、水坝防止漏水（地下流失）是一个主要问题；水库蓄水后引起地下水位上升，会使附近的工矿城镇等受到浸没，或使农田产生盐渍化或沼泽化；地下洞室工程如遇大量的地下水，就会带来巨大的困难，招致严重的危害；砂卵石等天然建筑材料中地下水的存在，往往恶化开采条件，降低开采价值；此外，地下水如含有侵蚀性成分，则对混凝土和其他建筑材料会产生腐蚀破坏作用。

因此，如何利用地下水与防止其危害性，对我国的经济建设具有极其重大的意义。下面就地下水的基本概念、地下水的物理性质和化学成分、地下水类型及其主要特征等问题作简要介绍。

4.1 地下水的基本概念

4.1.1 岩石的空隙

地下水存在于岩石的空隙之中，地壳表层10km以上范围内，都或多或少存在着空隙，特别是浅部1～2km范围内，空隙分布较为普遍。岩石的空隙即是地下水储存场所，又是地下水的渗透通道，空隙的多少、大小及分布规律，决定着地下水分布与渗透的特点。

根据岩石空隙的成因不同，可把空隙分为孔隙、裂隙和溶隙三大类（见图4-1）。

1. 孔隙

松散岩石（如粘土、砂土、砾石等）中颗粒或颗粒集合体之间存在的空隙，称为孔隙。孔隙发育的程度用孔隙率（n）表示。所谓孔隙率是孔隙体积（V_n）与包括孔隙在内的岩石总体积（V）的比值，用百分数表示，即

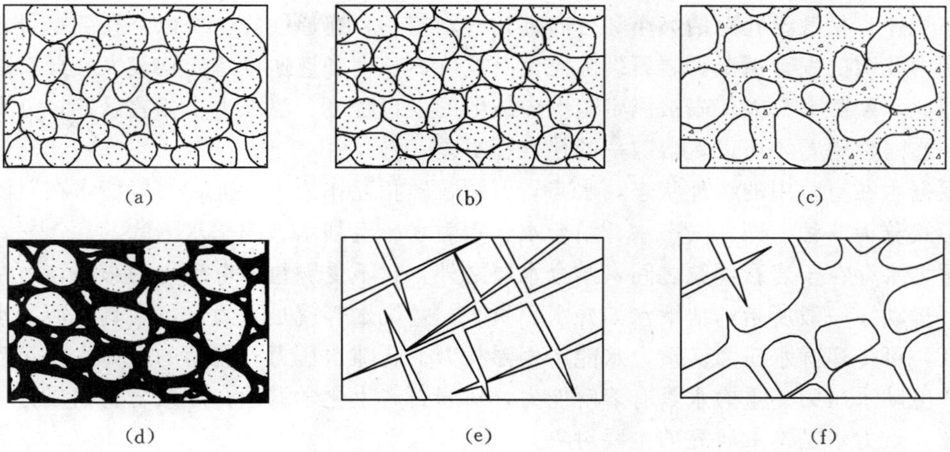

图 4-1 空隙

(a) 分选良好排列疏松的砂；(b) 分选良好排列紧密的砂；(c) 分选不良含泥、砂的砾石；(d) 部分胶结的砂岩；(e) 具有裂隙的岩石；(f) 具有溶隙的可溶岩

$$n=\frac{V_n}{V}\times 100\% \tag{4-1}$$

孔隙率的大小主要取决于岩石的密实程度及分选性。岩石越疏松、分选性越好［见图4-1 (a)］，孔隙率越大。反之，岩石越紧密［见图 4-1 (b)］或分选性差［见图 4-1 (c)］，孔隙率越小。孔隙若被胶结物充填［见图 4-1 (d)］，则孔隙率变小。

几种典型松散岩石（未胶结成岩）的孔隙率的参考值列入表 4-1。

表 4-1　　孔隙率的参考值

名称	砾石	砂	粉砂	粘土
孔隙率	25～40	25～50	35～50	40～70

2. 裂隙

坚硬岩石受地壳运动及其他内外地质营力作用的影响产生的空隙，称为裂隙［见图 4-1 (e)］。裂隙发育程度用裂隙率（K_t）表示，所谓裂隙率是裂隙体积（V_t）与包括裂隙体积在内的岩石总体积的比值，用百分数表示如下

$$K_t=\frac{V_t}{V}\times 100\% \tag{4-2}$$

3. 溶隙

可溶岩（石灰岩、白云岩等）中的裂隙经地下水流长期溶蚀而形成的空隙称为溶隙［见图 4-1 (f)］，这种地质现象称为喀斯特。溶隙的发育程度用溶隙率（K_k）表示。所谓溶隙率（K_k）是溶隙的体积（V_k）与包括溶隙在内的岩石总体积（V）的比值，用百分数表示：

$$K_k=\frac{V_k}{V}\times 100\% \tag{4-3}$$

研究岩石的空隙时，不仅要研究空隙的多少，还要研究空隙的大小、空隙间的连通性和分布规律。松散土孔隙的大小和分布都比较均匀，且连通性好，所以，孔隙率可表征一定范围内孔隙的发育情况。岩石裂隙无论其宽度、长度和连通性差异均较大，分布也不均匀，因此，裂隙率只能代表被测定范围内裂隙的发育程度。溶隙大小相差悬殊，分布很不均匀，连通性更差，所以，溶隙率的代表性更差。

根据水在空隙中的物理状态，水与岩石颗粒的相互作用等特征，一般将水在空隙中存在的形式分为5种，即：气态水、结合水、重力水、毛细水、固态水。

重力水存在于岩石颗粒之间，结合水层之外，它不受颗粒静电引力的影响，可在重力作用下运动。一般所指的地下水如井水、泉水、基坑水等就是重力水，它具有液态水的一般特征，可传递静水压力。重力水能产生浮托力、孔隙水压力。流动的重力水在运动过程中会产生动水压力。重力水具有溶解能力，对岩石产生化学潜蚀，导致岩石的成分及结构的破坏。重力水是本章研究的主要对象。

4.1.2　含水层与隔水层

岩石中含有各种状态的地下水，由于各类岩石的水理性质不同，可将各类岩层划分为含水层与隔水层。

所谓含水层，是指能够给出并透过相当数量重力水的岩层。构成含水层的条件，一是岩石中要有空隙存在，并充满足够数量的重力水；二是这些重力水能能够在岩石空隙中自由运动。

隔水层是指不能给出并透过水的岩层。隔水层还包括那些给出与透过水的数量是微不足道的岩层，也就是说，隔水层有的可以含水，但是不具有允许相当数量的水透过自己的性能，例如粘土就是这样的隔水层。根据GB50287—99《水利水电工程地质勘察规范》按岩土的透水程度将其分为6级，见表4-2。

表4-2　　岩土渗透性分级

透水性等级	标准		岩体特征	土类
	渗透系数 K (cm/s)	透水率 q (Lu)		
极微透水	$K<10^{-6}$	$q<0.1$	完整岩石、含等价开度<0.025mm裂隙的岩体	粘土
微透水	$10^{-6}\leqslant K<10^{-5}$	$0.1\leqslant q<1$	含等价开度0.025～0.05mm裂隙的岩体	粘土—粉土
弱透水	$10^{-5}\leqslant K<10^{-4}$	$1\leqslant q<10$	含等价开度0.05～0.01mm裂隙的岩体	粉土—细粒土质砂
中等透水	$10^{-4}\leqslant K<10^{-2}$	$10\leqslant q<100$	含等价开度0.01～0.5mm裂隙的岩体	砂—砂砾
强透水	$10^{-2}\leqslant K<10^{0}$	$q\geqslant 100$	含等价开度0.5～2.5mm裂隙的岩体	砂砾—砾石、卵石
极强透水	$K\geqslant 10^{0}$		含连通孔洞或等价开度>2.5mm裂隙的岩体	粒径均匀的巨砾

注　Lu——吕荣，是在一个1MPa压力下，每米岩土试段的平均压入水流量，以L/min计。

4.2　地下水的物理性质与化学成分

由于地下水在运动过程中与各种岩土介质的相互作用以及溶解岩土中可溶物质等原

因，使地下水不是化学意义上的纯水而是一种复杂的溶液。因此，研究地下水的物理性质和化学成分，对于了解地下水的成因与动态，确定其对混凝土、钢筋等的侵蚀性，进行水质评价等，都有实际意义。

4.2.1 地下水的物理性质

地下水的物理性质包括温度、颜色、透明度、气味、味道、密度、导电性及放射性等。

1. 温度

地下水温度的差异，主要受各地区的地温条件所控制。通常地温随埋藏深度不同而异，埋藏越深，水温越高，而且具有不同的温度变化。埋深3～5m，即日常温带以内的地下水，具昼夜变化规律。埋深5～50m，即年常温带以内的地下水，具年变化规律。年常温带以下，地下水温度随深度增加而升高。通常根据温度将地下水划分为过冷水（低于0℃）、冷水、（0～20℃）、温水（21～42℃）、热水（43～100℃）、过热水（高于100℃）。

2. 颜色

地下水一般是无色、透明的，但有时由于某种离子含量较多，或者富集悬浮物和胶体物质，则可显出各种各样的颜色，参见表4-3。

表4-3　地下水颜色与其中存在物质的关系

水中物质	地下水颜色	水中物质	地下水颜色
含硫化氢	翠绿色	含锰的化合物	暗红色
含低铁	浅绿灰色	含粘土	无荧光的淡黄色
含高铁	黄褐色或锈色	含有机腐殖质	呈黄色
含硫细菌	红色	含悬浮物质	决定于悬浮物颜色

3. 透明度

地下水的透明度取决于其中的固体与悬浮物的含量。按透明度将地下水分为四级，如表4-4所示。

表4-4　地下水透明度的分级

透明分级	描　述
透明的	无悬浮物及胶体，60cm水深，可见3mm粗线
微浊的	有少量悬浮物，大于30cm水深，可见3mm粗线
混浊的	有较多的悬浮物，半透明状，小于30cm水深，可见3mm粗线
极浊的	有大量悬浮物或胶体，似乳状，水很浅也不能清楚看见3mm粗线

4. 气味

地下水一般是无臭、无味的，但当地下水中含有某些离子或某种气体时，可以散发出特殊的臭味。当水中含有硫化氢所气体时，水便有臭鸡蛋味；如含亚铁盐很多时，水中有铁腥气味或墨汁气味。一般情况下，当水加热到40℃以上时气味更显著。

5. 味道

纯水是无味的，但地下水因含有其他化学成分如一些盐类或气体时，会有一定的味感。如含较多的二氧化碳时清凉爽口；含大量的有机质物时，有较明显的甜味；含硫酸镁和硫酸钠时，有苦涩味；含氯化钠时有咸味。地下水味的强弱取决于水中某种离子成分与浓度和水温。浓度愈大时味感愈强，当水中溶有的盐类多于10g/L时，则有很咸的味。另外。味道的明显程度还与温度有关，低温时不明显，温度在20～30℃时味感显著。

6. 密度

一般情况下，纯水的密度为0.981t/m³。地下水的密度决定于水中所溶盐分的含量多少。地下淡水的密度一般认为与纯水密度相同。水中溶解的盐分愈多，密度愈大，有的可达1.2～1.3 t/m³。

7. 导电性

地下水的导电性取决于其中所含电解质的数量和质量，即各种离子的含量与其离子价。离子含量愈多，离子价愈高，则水的导电性愈强。此外，水温对导电性也有影响。

8. 放射性

地下水在特殊储藏环境下，受到放射性矿物的影响，具有一定的放射性。如堆放废弃的核燃料，会引起周围岩土体及其中的水体也带有放射性。

4.2.2 地下水的化学成分

地下水的化学成分比较复杂，其中溶有各种离子、分子、化合物、各种气体及生物成因的物质。到目前为止，在地下水中已发现有62种化学元素，其中含量多少不一。有的大量溶于水中，有的溶量甚微。

1. 地下水中常见的化学成分

地下水中含有多种元素，有的含量大，有的含量甚微。地壳中分布广、含量高的元素，如H、Ca、Mg、Na、K等在地下水中最常见。有的元素如Si、Fe等元素在地壳中分布很广，但在地下水中却不多；有的元素如Cl等在地壳中极少，但在地下水中却大量存在，这是因为各种元素的溶解度不同的缘故。所有这些元素是以离子、化合物分子和气体状态存在于地下水中，而以离子状态为主。总的来讲，地下水中含有气体成分、离子成分、胶体成分、有机成分和细菌成分等几类化学成分。

(1) 主要气体成分。地下水中含有多种气体成分，常见的有氧（O_2）、氮（N_2）、二氧化碳（CO_2）、硫化氢（H_2S）。

地下水中的氧气和氮气主要来源于大气。地下水中出现硫化氢，表明处于缺氧的还原环境。地下水中的二氧化碳有两个来源：一是生物化学作用，如生物呼吸及有机质的发酵；另一种是深部变质作用形成的，即碳酸盐类岩石，在高温作用下，分解生成二氧化碳。

(2) 主要离子成分。地下水中含有数十种离子成分，常见的阳离子有H^+、Na^+、K^+、Mg^{2+}、Ca^{2+}、Fe^{2+}、Fe^{3+}等；常见的阴离子有OH^-、Cl^-、$SO_4{}^{2-}$、$NO_3{}^-$、$HCO_3{}^-$、$CO_2{}^{2-}$、$SiO_2{}^{2-}$等。地下水中分布最广、含量最多的离子有：Cl^-、$SO_4{}^{2-}$、$HCO_3{}^-$、Na^+、K^+、Ca^{2+}、Mg^{2+}。它们来源于与其相关的各种原岩的风化溶解，在地下水中占绝对优势。它们决定了地下水化学成分的基本类型和特点。

(3) 主要胶体成分。地下水中胶体成分包括有机的和无机的两种。有机胶体地球表面分布很广，尤其在热带、沼泽地带的地下水中含量很高。地下水中呈分子状态的无机化合物（胶体）有Fe_2O_3、Al_2O_3、H_2SIO_4等。无机胶体有的不稳定，易生成次生矿物而沉淀。如氢氧化铝胶体易形成水矾土、叶蜡石沉淀。

(4) 有机成分和细菌成分。有机成分主要是生物遗体所分解，多富集于沼泽水中，有特殊臭味。细菌成分可分为病源菌和非病源菌两种。

2. 地下水的主要化学性质

地下水的主要化学性质包括酸碱度、硬度、总矿化度和侵蚀性等。

(1) 酸碱度。水的酸碱度主要取决于水中氢离子浓度。氢离子浓度用 pH 值表示，即 $pH=\lg[H^+]$。根据 pH 值可将水分为强酸水、弱酸水、中性水、弱碱水、强碱水 5 类，见表 4-5。地下水的氢离子浓度主要取决于水中 HCO_3^-、CO_3^{2-} 等的数量。自然界中大多数地下水的 pH 值在 6.5～8.5 之间。

表 4-5　　地下水按 pH 值的分类

水的类型	强酸性水	弱酸性水	中性水	弱碱性水	强碱性水
pH 值	＜5	5～7	7	7～9	＞9

(2) 硬度。水的硬度取决于水中 Ca^{2+}、Mg^{2+} 的。硬度分为总硬度、暂时硬度、永久硬度。水中 Ca^{2+}、Mg^{2+} 离子的含量称总硬度，将水煮沸后，水中一部分 Ca^{2+}、Mg^{2+} 的重碳酸盐因失去 CO_2 而生成碳酸盐沉淀，致使水中 Ca^{2+}、Mg^{2+} 含量减少，由煮沸而减少的这部分 Ca^{2+}、Mg^{2+} 含量称为暂时硬度。总硬度与暂时硬度之差，即水煮沸时未发生碳酸盐沉淀的那部分 Ca^{2+}、Mg^{2+} 的含量称为永久硬度。

我国采用的硬度表示有两种：一是德国度，即每一度相当于 1 升水中含有 10mg 的氧化钙（CaO）或 7.2mg 的 MgO；二是每升水中 Ca^{2+}、Mg^{2+} 的毫摩尔数。1 毫摩尔硬度＝2.8 德国度。根据硬度可将地下水分为极软水、软水、微硬水、硬水和极硬水 5 类，见表 4-6。

表 4-6　　地下水按硬度分类

水 的 类 别		极软水	软水	微硬水	硬水	极硬水
硬度	Ca^{2+}、Mg^{2+} 的毫摩尔数	＜1.5	1.5～3.6	3.0～6.0	6.0～9.0	＞9
	德国度	＜4.2	4.2～8.4	8.4～16.8	16.8～25.2	＞25.2

硬度对评价工业与生活用水均有很大意义，硬水易在锅炉和水管中产生水垢，容易使锅炉爆炸，故用作锅炉用水应作处理。

(3) 总矿化度。地下水中离子、分子和各种化合物的总量称总矿化度，简称矿化度，以 g/L 表示。通常以 105～110℃温度下将水蒸干后所得干涸残余物总量来确定，也可将分析所得阴、阳离子含量相加，求得理论干涸残余物值。地下水根据矿化程度可分为 5 类，见表 4-7。

表 4-7　　地下水按矿化度的分类

水的类别	淡水	微咸水（低矿化水）	咸水（中等矿化水）	盐水（高矿化水）	卤水
矿化度（g/L）	＜1	1～3	3～10	10～50	＞50

水的矿化度与水的化学成分说明了量变到质变的关系，淡水和微咸水常以 HCO_3^- 为主要成分，称重碳酸盐型水；咸水常以 SO_4^{2+} 为主要成分，称硫酸盐型水；盐水和卤水则

往往以 Cl^- 为主要成分，称氯化物型水。高矿化水能降低混凝土强度，腐蚀钢筋，并促使混凝土表面风化。搅拌混凝土用水一般不允许用高矿化水。

（4）地下水的侵蚀性。侵蚀性是指地下水对混凝土及钢筋构件的侵蚀破坏能力，主要有两种类型：

1）硫酸型侵蚀（结晶型侵蚀）。若水中 SO_4^{2-} 含量大时，与混凝土中水泥作用，生成含水硫酸盐结晶（如生成 $CaSO_4 \cdot 2H_2O$），这时体积膨胀，使混凝土遭到破坏。

2）碳酸盐侵蚀。主要指水中 H^+ 浓度（pH）、重碳酸离子 pH 值（HCO_3^-）及游离 CO_2 等对混凝土的分解作用。

关于地下水侵蚀性的判别标准，可参阅有关规定或专业手册。

4.3 地下水的基本类型及主要特征

广义的地下水包括岩土中储存的一切形式的水。不同类型水大都是依据岩土中水分存在的形态和水分所承受作用力的性质来划分的。

4.3.1 地下水按埋藏条件分类

地下水按埋藏条件可分为上层滞水、潜水和承压水三类。

1. 上层滞水

上层滞水是存在于包气带中局部隔水层之上的重力水（见图 4-2）。上层滞水一般分布不广，埋藏接近地表，接受大气降水的补给，补给区与分布区一致，以蒸发形式或向隔水底板边缘排泄。雨季时获得补给，赋存一定的水量，旱季时水量逐渐消失，其动态变化很不稳定。上层滞水对建筑物的施工有一定的影响，应考虑排水的措施。

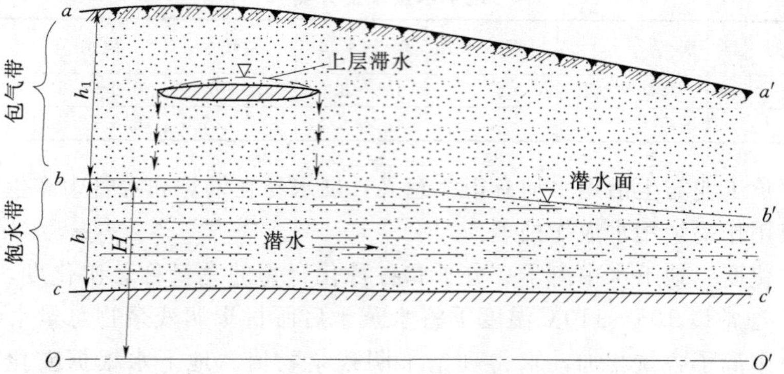

图 4-2 上层滞水和潜水示意图

aa'—地面；bb'—潜水面；cc'—隔水层面；OO'—基准面

2. 潜水

（1）潜水的概念及特征。潜水是指埋藏在地表以下、第一个稳定隔水层以上具有自由水面的重力水（见图 4-2）。潜水的自由水面称为潜水面。潜水面用高程表示潜水位，自地面至潜水面的距离称潜水埋藏深度。由潜水面往下至隔水层顶板之间充满重力水的岩层称潜水含水层，两者之间的距离称含水层厚度。

根据潜水的埋藏条件，潜水具有以下特征。

1）潜水面是自由水面，无水压力，只能沿水平方向由高向低流动。潜水面的形状受地形、地质、气象、水文等自然因素控制，并且与地形有一定程度的一致。潜水面一般随地形坡度变化而变化，但潜水面坡度总小于地面坡度。

2）潜水面以上无稳定的隔水层，存留于大气中的降水和地表水可通过包气带直接渗入补给而成为潜水的主要补给来源。因此，潜水的补给区与分布（径流）区是一致的。如果潜水埋藏很浅，潜水的排泄主要是靠蒸发，这样潜水的补、径、排关系是一致的。

3）潜水的水位、水量、水质随季节不同而有明显的变化。在雨季，潜水补给充沛，潜水位上升，含水层厚度增大，埋藏深度变小，而在枯水季节正好相反。

4）由于潜水面上无盖层（隔水层），故易受污染。

（2）等水位线图。潜水面的形状可用等高线图表示，称潜水等水位线图。绘制时按研究区内潜水的露头（钻孔、水井、泉、沼泽、河流等）的水位，在大致相同的时间内测定，点绘在地形图上，连接水位等高的各点，即为等水位线图（见图 4-3）。由于水位有季节性变化，图上必须注明测定水位的日期。一般应有最低水位和最高水位时期的等水位线图。

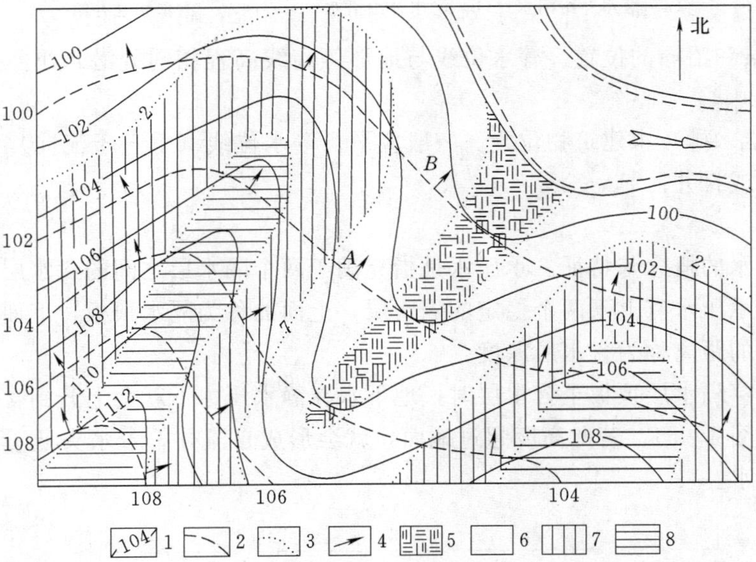

图 4-3　潜水等水位线图及埋藏深度图

1—地形等高线；2—等水位线；3—等埋深线；4—潜水流向；5—潜水埋藏深度为零区（沼泽区）；6—埋深 0～2m 区；7—埋深 2～4m 区；8—埋深大于 4m

根据等水位线图可以确定以下问题。

1）确定潜水流向。潜水由高水位流向低水位，所以，垂直于等水位线的直线方向，即是潜水的流向（通常用箭头表示）。

2）确定潜水的水力坡度。在潜水的流向上，相邻两等水位线的高程与水平距离之比，即为该距离段内潜水的水力梯度。

3）确定潜水的埋藏深度。任一点的潜水埋藏深度是该点地形等高线的标高与该点等水位线标高之差。

4）确定潜水与地表水的补排关系。潜水与河水的补给关系一般有三种不同情况，如图 4 - 4 所示。潜水补给河水［见图 4 - 4（a）］、河水补给潜水［见图 4 - 4（b）］和河水—潜水相互补给［见图 4 - 4（c）］。

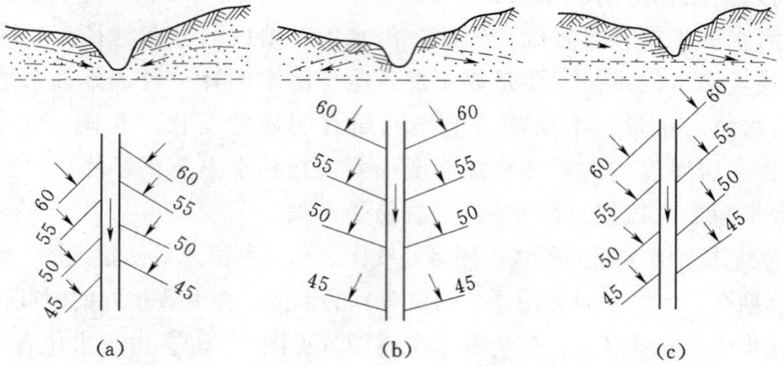

图 4 - 4　潜水与河水不同补给关系的等水位线图

（a）潜水补给河水；（b）河水补给潜水；（c）河水—潜水相互补给

5）确定泉和沼泽的位置。等水位线与地形等高线高程相同处潜水出露，为泉或沼泽位置。

6）选择给（排）水建筑物位置。一般应平行等水位线（垂直于流向）和地下水汇流处开挖截水沟或打井。

3. 承压水

（1）承压水的概念与特征。承压水是指充满于两个隔水层之间的含水层中具有静水压力的地下水。承压水有上下两个稳定的隔水层，上面的称为隔水顶板，下面的称隔水层底板，两板之间的距离称为含水层厚度。

当钻孔打穿隔水层顶板至含水层时，地下水在静水压力下就会上升到含水层顶板以上一定高度（见图 4 - 5）。若此高度超过地面，就会形成自流井。若水头低于顶板高程，则称层间无承压水。

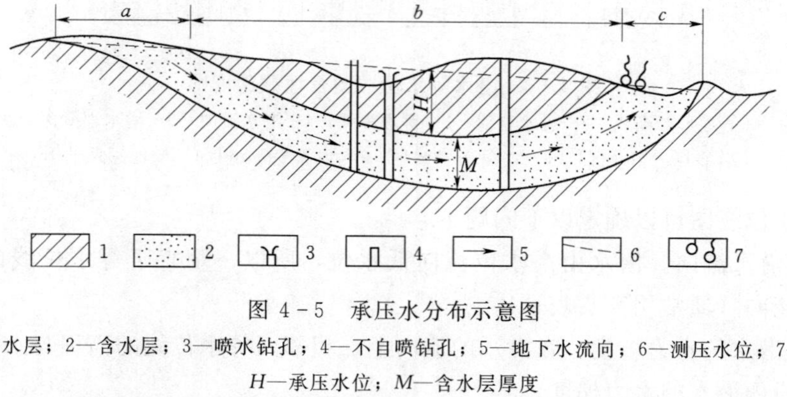

图 4 - 5　承压水分布示意图

1—隔水层；2—含水层；3—喷水钻孔；4—不自喷钻孔；5—地下水流向；6—测压水位；7—泉；H—承压水位；M—含水层厚度

由于承压含水层上下都有稳定的隔水层存在，所以承压水与地表大气隔绝，其补给区与分布区不一致，可以明显地分为补给区、承压区和排泄区，水量、水位、水温都较稳定，受气候、水文因素的直接影响较小，不易受污染。

(2) 等水压线图。等水压线图反映了承压水面的起伏形状。它与潜水面不同，潜水面是一实际存在的面，承压水面是一个势面。承压水面与承压水的埋藏深度不一致，与地形高低也不吻合。只有在钻孔揭露含水层时才能测到。因此，在等水压线图中还要附以含水层顶板的等高线。根据等水压线图可以确定含水层的许多数据，如承压水的水力梯度、埋藏深度和承压水头等。

4.3.2　地下水按贮存条件分类

地下水按含水层的空隙性质可分为孔隙水、裂隙水和岩溶水3类。将此3种类型水分别按前述地下水埋藏条件进行分类综合，可组成9种不同类型的地下水（见表4-8）。

表4-8　　地下水分类表

含水层空隙性质 / 埋藏条件	孔隙水（松散沉积物孔隙中的水）	裂隙水（坚硬基岩裂隙中的水）	岩溶水（岩溶化岩石溶隙中的水）
上层滞水	局部隔水层以上的饱和水	出露于地表的裂隙岩石中季节性存在的水	垂直渗入带中的水
潜水	各种松散堆积物浅部的水	基岩上部裂隙中水、沉积岩层间裂隙水	裸露岩溶化岩层中的水
承压水	松散堆积物构成的承压盆地和承压斜地中的水	构造盆地、向斜及单斜岩层中的层状裂隙水 断裂破碎带中深部水	构造盆地、向斜及单斜岩溶岩层中的水

复习思考题

4-1　什么叫地下水？研究地下水有何意义？

4-2　地下水的物理性质主要有哪些？地下水含有哪些主要化学成分？

4-3　什么叫总矿化度、硬度、酸碱度？

4-4　试比较上层滞水、潜水、承压水的主要特征？

4-5　地下水对钢筋混凝土的腐蚀分为哪几种类型？

第 5 章　水利工程的一般地质问题

水工建筑物主要由三大部分组成：挡水建筑物（坝或闸），泄水建筑物（溢洪道或泄洪洞等）及取水或输水建筑物（隧洞及渠系建筑物）等。此外，还有水电站、航运船闸、鱼道、筏道等附属建筑物。这些建筑物的综合体，称为水利枢纽，其中拦河大坝或闸是主体建筑物。一切水工建筑物都修建在地壳表层上，它们的安全可靠性、技术可行性及经济合理性，在很大程度上取决于建筑地区的工程地质条件，所谓工程地质条件，可以理解为与工程建筑物有关的各种地质因素的综合。主要内容包括：土石类型及其性质、地质构造、地形地貌、水文地质、自然（物理）地质现象和天然建筑材料 6 个方面。这些条件决定了工程兴建位置和兴建后可能出现的工程地质问题。水利水电建设中所遇到的工程地质问题是多种多样的，但主要的工程地质问题是渗漏问题（如库区、坝区、渠道渗漏等）和岩体稳定问题，如坝基（肩）岩体稳定、边（斜）坡岩体稳定、隧洞围岩稳定问题等，现将这两类问题结合水工建筑物类型作一扼要评述。

5.1　坝的工程地质问题

5.1.1　坝基的稳定问题

坝基的稳定是指坝基岩体在水压力及上部荷载作下，不产生过大的沉降或不均匀沉降（称沉降稳定），不产生滑动（称抗滑稳定）和在渗透水流作用下，不产生过大的渗透变形（称渗透稳定）。关于渗透变形问题将在第 7 章介绍。

对于修建在岩基上的土坝，由于其坝身断面较大，且为柔性基础，所以地基稳定性问题容易得到满足。但对于建在松散沉积层上的土坝，应查明在坝基中是否存在软土（如淤泥和淤泥质土）。重力坝、拱坝对地形、地质要求较高，本节主要针对重力坝分析其稳定性。

1. 坝基的沉降稳定问题

坝基在垂直压力作用下，产生的竖向压缩变形称为坝基沉降。显然沉降量过大或产生不均匀沉降，将会导致坝体的破坏或影响正常使用。

由坚硬岩石构成的坝基、强度高、压缩性低，不会产生过大的沉降。但当坝基岩体中存在软弱夹层、断层破碎带、节理密集带和较厚的强风化岩层时，则有可能产生较大的沉降或不均匀沉降，甚至导致破坏。

影响沉降的因素，除岩性和地质构造外，还要考虑软弱夹层的存在位置和产状。如图 5-1 所示：当软弱夹层在坝基中呈水平时，有可能产生沉降变形［见图 5-1 (a)］。当位于下游坝址处时，则易使坝体向下游倾覆［见图 5-1 (b)］。若位于坝的上游坝踵处，沉降影响较小［见图 5-1 (c)］。

选择坝址时应尽量避开软弱岩石分布地带，当不能避开时，应采取加固措施，如固结

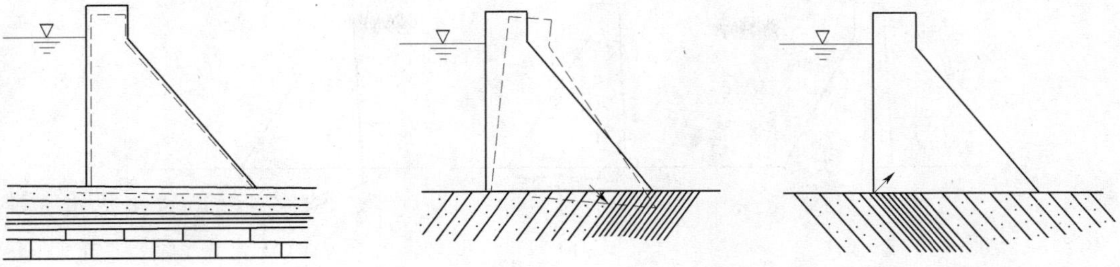

图 5-1 软弱夹层的产状和分布位置与地基沉降稳定示意图

灌浆和开挖回填混凝土等。

为了保证建筑物的安全和正常运用，应将地基沉降变形量限制在一定容许范围内，工程中通常用地基容许承载力来表示。岩基的容许承载力是指岩基在荷载作用下，不产生过大的变形、破裂所能承受的最大压强，一般用单块岩石的极限抗压强度除以折减系数得出，即

$$[R]=\frac{R_c}{K} \tag{5-1}$$

式中 $[R]$——岩基容许承载力，kPa；

R_c——岩石的饱和极限抗压强度，kPa；

K——折减系数。

折减系数 K 是因为单块岩石容许承载力要远高于岩体的抗压强度，而用 R_c 去评价被各种结构面切割的岩体时，必须除以折减系数，才能评价岩体的容许承载力。

一般对于特别坚硬的岩石，K 取 20～25；对于一般坚硬的岩石，K 取 10～20；对于软弱的岩石，K 取 5～10；对于风化的岩石，参照上述标准相应降低 25%～50%。

岩基的承载力一般较高，多数能满足筑坝要求。故 $[R]$ 往往不是设计中的控制性指标。对于建筑在较软弱、破碎地基上的大型重要建筑物，为了正确确定地基的承载力，应在现场进行荷载试验。

2. 坝基的抗滑稳定分析

坝基岩体在大坝重量及水压力的共同作用下产生的滑动，是重力坝破坏的主要形式。坝基的抗滑稳定分析是坝设计中的一个重要因素。

坝基岩体受力状态是复杂的，既承受垂直方向的作用力，还要承受各种侧向推力及渗透压力等。坝基岩体的稳定性，除受上述工程作用力的制约外，主要取决于坝基岩体的地质条件。这就要求坝基岩体应有足够的抗剪强度以满足抗滑稳定要求。

(1) 坝基岩体滑动破坏的类型。按滑动面发生位置的不同，坝基岩体滑动的形式可分为表层滑动、浅层滑动和深层滑动三种（见图 5-2）。

1) 表层滑动。表层滑动是指坝体混凝土底面与基岩接触面之间的剪断破坏现象。一般发生在基岩比较完整、坚硬的坝基，上部坝体与下部基岩的抗剪强度都比较大，只有在二者的接触面，由于基础处理、特别是清基工作质量欠佳，致使浇筑的坝体混凝土与开挖的基岩面粘结不牢，抗剪强度未能达到设计要求而形成［见图 5-2 (a)］。

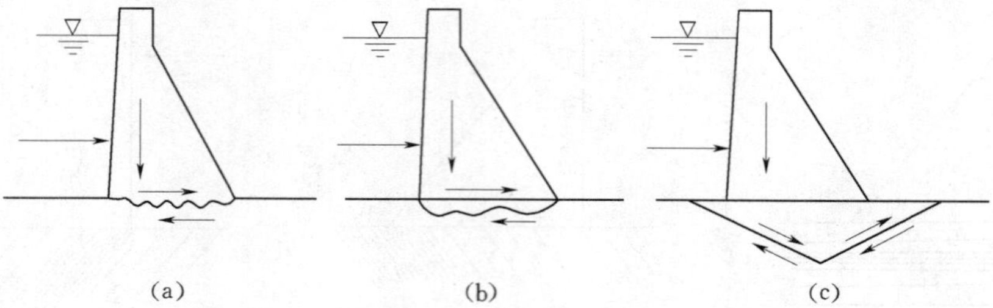

图 5-2　坝基滑动破坏的形式

(a) 表层滑动；(b) 浅层滑动；(c) 深层滑动

2）浅层滑动。浅层滑动是指沿坝基不深处岩体表层的软弱结构面而发生的滑动［见图 5-2 (b)］。浅层滑动往往发生在施工中对风化岩石的清除不彻底、基岩本身比较软弱破碎，或在浅部岩体中有软弱夹层未经有效处理等情况下。

3）深层滑动。当坝基岩体某一深度处存在一组软弱结构面或多组结构面的不利组合时，软弱结构面上覆岩体和坝体本身的抗剪强度都较高，而组成软弱结构面的物质的抗剪强度却相对较低，这时坝体和软弱面上覆岩体作为一个整体，在水平推力的作用下，就可能沿该软弱结构面（或结构面的不利组合）形成滑动。这种滑动称为深层滑动［见图 5-2 (c)］。

(2) 坝基滑动的边界条件。坝基岩体的深层滑动，是因为坝基下岩体四周为结构面所切割，形成可能滑动的滑动体。且该滑动体由可能成为滑动面的软弱结构面，和与四周岩体分离的切割面，以及具有自由空间的临空面构成（见图 5-3）。滑动面、切割面、临空面构成了坝基岩体滑动的边界条件，它们可以组成各种形状，构成可能产生滑动的结构体，一般常见的结构体形状有：楔形体、棱柱体、锥形体、板状体 4 类（见图 5-4）。

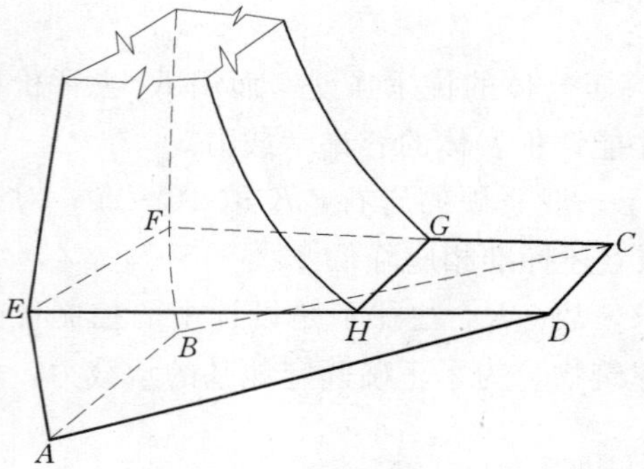

图 5-3　坝基滑动边界条件

ABCD—滑动面；*ADE*、*BCF*、*ABEF*—切割面；*CDHG*—临空面

分析坝基岩体滑动的边界条件，实质是对坝基岩体稳定的定性评价，是进行力学分析的

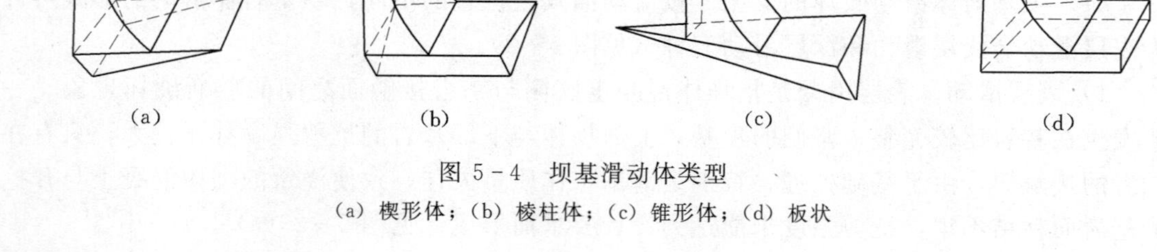

图 5-4　坝基滑动体类型

(a) 楔形体；(b) 棱柱体；(c) 锥形体；(d) 板状

基础。经过分析，如果不存在滑动的边界条件，则坝基岩体是稳定的；如果边界条件不完全，如只有滑动面而无切割面，或有切割面而无滑动的自由空间，都可认为岩体基本稳定。只有滑动边界条件具备，岩体才有可能滑动，则应进一步通过力学分析作出评价。

(3) 坝基抗滑动稳定计算公式。在坝基抗滑稳定验算中，通常采用静力极限平衡原理方法，将作用在坝基岩体的各种力均投影到同一可能的滑动面上，并按其性质分滑动力与抗滑力两部分，抗滑力与滑动力的比值称为抗滑稳定性系数 F_s，即

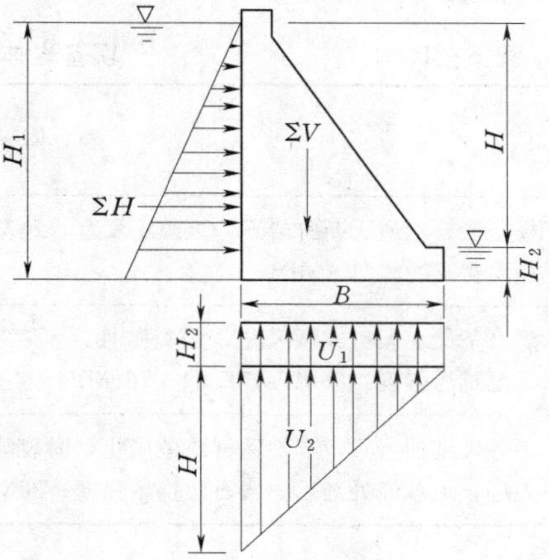

图 5-5 表层滑动稳定性计算示意图

$$F_s = \frac{抗滑力}{滑动力}$$

下面就表层滑动介绍目前常用的两种类型的计算公式，参见图 5-5。

$$F_s = \frac{f(\sum V - U)}{\sum H} \tag{5-2}$$

$$F'_s = \frac{f(\sum V - U) + cA}{\sum H} \tag{5-3}$$

式中 F_s、F'_s——抗滑稳定安全系数，一般 F_s 取值为 1.0～1.1，F'_s 取值在 3.0～5.0 之间；

$\sum V$——作用在滑动面上的竖向力之和，kN；

$\sum H$——作用在滑动面以上的水平力之和，kN；

U——作用在滑动面上的扬压力，kN；

c——滑动面的粘聚力，kPa；

A——滑动面的面积，m^2；

f——摩擦系数。

式 (5-2) 和式 (5-3) 的区别在于是否考虑粘聚力 c 的作用。式 (5-2) 不考虑粘聚力 c，主要是由于 c 值受很多因素影响（如风化程度、清基质量以及作用力的大小等），正确选择 c 值有困难。因此可以不考虑它，并将其作为安全储备，这样可以降低 F_s 值。式 (5-3) 考虑了 c 值，是认为滑动面处于胶结状态，适用于混凝土与基岩的胶结面及较完整的基岩。

(4) 抗滑稳定计算中主要参数的确定。从式 (5-2)、式 (5-3) 中可以看出，f、c 值的大小对岩体稳定性影响很大。如果选值偏大，则坝基稳定性没有保证；反之则会造成工程上的浪费。

目前对抗剪强度指标的选定，一般采用以下三种方法。

1) 经验数据法。对无条件进行抗剪试验的中小型水利水电工程，可在充分研究坝基工程地质条件的基础上，参考经验数据确定 f、c 值。表 5-1 是根据我国经验得出的摩擦

系数 f 值，可供参考。

表 5-1 坝基岩体摩擦系数（f）经验数据表

岩体特征	摩擦系数（f）
极坚硬、均质、新鲜岩石，裂隙不发育，地基经过良好处理，湿抗压强度＞100MPa，野外试验所得 $E>2\times10^4$MPa	0.65～0.75
岩石坚硬、新鲜或微风化，弱裂隙性，不存在影响坝基稳定的软弱夹层，地基经处理后，岩石湿抗压强度＞60MPa，$E>1\times10^4$MPa	0.65～0.70
中等硬度的岩石，岩性新鲜或微风化，弱裂隙性或中等裂隙性，不存在影响坝基稳定的软弱夹层，地基经处理后，岩石湿抗压强度＞20MPa，$E>0.5\times10^4$MPa	0.50～0.60

2）工程地质类比法。此法是参考工程地质条件相似且运转良好的已建工程所采用的 f、c 值，作为拟建工程的设计指标。这种方法实质上也是经验数据法，但由于条件相似，则更接近实际情况，适用于中、小型工程采用。

3）试验法。试验法是通过室内与现场试验求得抗剪强度指标 f、c 值。采用试验法确定抗剪强度指标时，通常分三步选定。即由试验人员通过试验、整理后提出试验指标；再由地质人员根据工程地质条件等因素予以调整后提出建议指标；最后设计人员根据工程特点对建议指标进行适当调整，提出设计时采用的计算指标。

（5）坝基处理。经过以上分析和计算，认为坝基稳定存在问题时，应采取措施，以保证工程的安全。常用的处理措施如下。

1）清基。将坝基岩体表层松散软弱、风化破碎的岩层以及浅部的软弱夹层等开挖清除，使基础位于较新鲜的岩体之上。清基时，应使基岩表面略有起伏，并使之倾向上游，以提高抗滑性能。

2）岩体加固。可通过固结灌浆，将破碎岩体用水泥胶结成整体，以增加其稳定性。对软弱夹层可采用锚固处理，即用钻孔穿过软弱结构面，进入完整岩体一定深度，插入预应力钢筋，用以加强岩体稳定。

有关坝基处理方法还很多，可参阅有关专业课教材。

5.1.2 坝区渗漏问题

水库蓄水后，在大坝上、下游水头差的作用下，库水将沿坝基岩体中存在的渗漏通道向下游渗漏。库水由坝基岩体渗向下游称坝基渗漏，由两岸坝肩岩体的渗漏称绕坝渗漏，两者统称坝区渗漏。坝区渗漏和水库渗漏一样，主要沿透水层（如砂、砾石）和透水带（断层、溶洞）渗漏。坝区渗漏不但减少库容，影响水库正常效益发挥，而且强大的渗流，将会在坝基中产生管涌和流砂现象，降低坝基岩体的稳定性及大坝安全。下面仅以地质条件分析对坝区渗漏作一扼要分析。

1. 基岩地区渗漏分析

岩浆岩（包括变质岩中的片麻岩、石英岩）区的坝基一般较为理想，对基岩来说，可能渗漏的通道主要是断层破碎带、岩脉裂隙发育带和裂隙密集带以及表层风化裂隙组成的透水带。只要这些渗漏通道从库区穿过坝基，就有可能导致渗漏。

喷出岩区的渗漏主要是通过互相连通的裂隙、气孔以及多次喷发的间歇面渗漏，具有层状性质。

沉积岩地区除上述断层破碎带和裂隙发育带构成的渗漏通道外，最常见的是透水层（胶结不良的砂砾岩和不整合面）漏水，只要它们穿过坝基，就可成为漏水通道。在岩溶地区应查明岩溶的分布规律和发育程度，当岩溶区一旦发生渗漏，就会使水库严重漏水，甚至干涸。

2. 松散沉积物地区的渗漏分析

松散沉积物地区坝基渗漏主要是通过古河道、河床和阶地内的砂卵砾石层。其颗粒粗细变化较大，出露条件也各异，这些均影响渗漏量的大小。如果砂卵石层上有足够厚度、分布稳定的粘土层时，就等于是天然铺盖，可起防渗作用。因此，在研究松散层坝区渗漏问题时，应查清土层在垂直和水平方向的变化规律。

5.2 库区的工程地质问题

库区的工程地质问题，可归纳为：库区渗漏、浸没、塌岸、淤积等几方面。

5.2.1 库区渗漏问题

库区渗漏包括暂时性渗漏和永久性渗漏两类。

前者指在水库蓄水初期为使库水位以下岩土饱和而出现的库水损失，这部分的损失对水库影响不大。后者系指库水通过分水岭向邻谷低地或经库底向远处洼地渗漏，这种长期的渗漏将影响水库效益，还可能造成邻谷和下游的浸没。

分析库区是否渗漏，可从以下几方面考虑。

1. 库区地形地貌特征及水文地质条件

山区水库，地形分水岭（或称河间地块）单薄，邻谷谷底高程低于水库正常高水位[见图5-6 (a)]，则库水有可能向邻谷渗漏。相反，若河间地块分水岭宽厚，或邻谷谷底高于水库正常高水位，库水就不可能向邻谷渗漏 [见图5-6 (b)]。

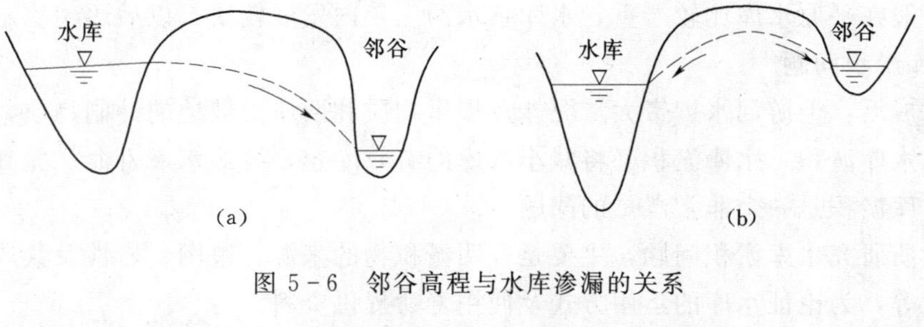

图5-6 邻谷高程与水库渗漏的关系

当山区水库位于河弯处时，若河道转弯处山脊较薄，且又位于垭口、冲沟地段，则库水可能外渗（见图5-7）。

平原区水库一般不易向邻谷河道渗漏，但在河曲地段有古河道沟通下游时，则有渗漏可能。

2. 地层岩性和地质构造

当河间分水岭岩性由强透水岩层组成，如卵砾石层、岩溶通道或有断层沟通，且这些岩层及通道又低于库区的正常水位，必将引起强烈漏水（见图 5-8）。

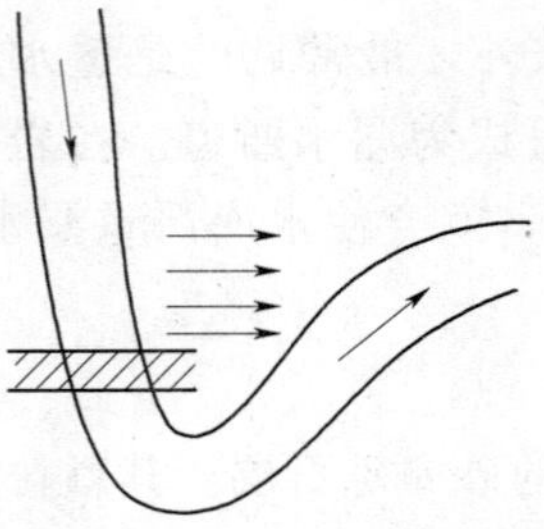

图 5-7　河弯间渗漏途径示意图

5.2.2　水库浸没问题

水库蓄水后，水位抬高，使水库周围地区的地下水位上升至地表或接近地表，引起水库周围地区的土壤盐渍化和沼泽化，以及使建筑物地基软化，矿坑充水等现象，称水库浸没。

水库浸没的可能性决定于水库岸边正常水位变化范围内的地貌、岩性及水文地质条件。对于山区水库，水库边岸地势陡峻，或为不透水岩石组成，一般不存在浸没问题。但对山间谷地和山前平原中的水库，周围地势平坦，易发生浸没，而且影响范围也较大。

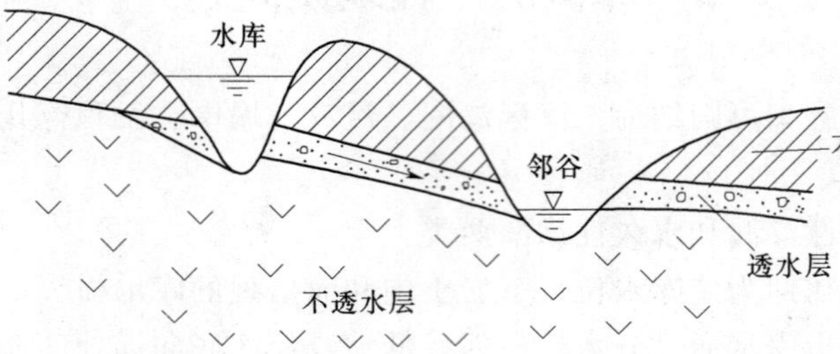

图 5-8　易于向邻谷渗漏的岩性、构造条件

5.2.3　水库塌岸问题

水库蓄水后，岸边的岩石、土体受库水饱和、强度降低，加之库水波浪的冲击、淘刷，引起库岸坍塌后退的现象，称为塌岸。塌岸将使库岸扩展后退，对岸边的建筑物、道路、农田等造成威胁、破坏，且使塌落的土石又淤积库中，减少有效库容。还可能使分水岭变得单薄，导致库水外渗。

塌岸一般在平原水库比较严重，水库蓄水两三年内发展较快，以后逐趋稳定。

5.2.4　水库淤积问题

水库建成后，上游河水携带大量泥沙及塌岸物质和两岸山坡地的冲刷物质，堆积于库底的现象称水库淤积。水库淤积必将减小水库的有效库容，缩短水库寿命。尤其在多泥沙河流上，水库淤积是一个非常严重的问题。

工程地质研究水库淤积问题，主要是查明淤积物的来源、范围、岩性及其风化程度及斜坡稳定性等，为论证水库的运用方式及使用寿命提供资料。

防治水库淤积的措施主要是在上游开展水土保持工作。

5.3　引水建筑物的工程地质问题

引水建筑物是线形水工建筑物，一般由渠道、输水隧洞、渡槽、闸等组成，本节介绍工程地质问题较多的渠道和水工隧洞。

5.3.1 渠道的工程地质问题

渠道的工程地质问题主要有渠道渗漏、渠道边坡稳定和渠道两侧的自然地质现象，如冲沟、崩塌、滑坡、泥石流对渠道的威胁。关于自然地质现象已在第3章中讲述，在此不再重复。

1. 渠道渗漏的地质条件分析

山区傍山渠道多通过基岩地区，由于绝大多数岩石的透水性很弱，所以一般渗漏不严重。但要注意渠线是否穿越强透水层或强透水带（如断层破碎带、节理密集带、岩溶发育带、强烈风化带等)，这些地段可产生大量渗漏。

平原线及谷底线的渠道，多通过第四系的松散沉积层，渠道渗漏主要取决于其透水性的强弱。如砂、砾石、碎石等，透水性强，因而渠道渗漏严重；粘性土透水性微弱，甚至不透水，则很少渗漏。

2. 渠道选线的工程地质问题

渠道为线形建筑物，路线长，穿越的地貌、岩性、构造及水文地质条件类型多，变化复杂。为使渠道水流畅通又不致水头损失过大，应有一个合理的纵坡降，以保证渠道不冲、不淤和最小渗漏损失。故而在选线时，首先要注意地貌和地形条件，应尽可能避开高山、深谷和地形切割强烈的丘陵山区。渠线应在工程地质条件较好的岩体中通过，尽量避开不良地质条件，如大断层破碎带、强地震区、强透水层分布区、溶洞（尤其是落水洞）发育地段和边坡不稳定地段。

3. 渠道渗漏的防治

渠道渗漏防治措施主要有以下三个方面。

(1) 绕避。在渠道选线时尽可能避开强透水地段、断层破碎带和岩溶发育地段。

(2) 防渗。采用不透水材料护面防渗，如粘土、三合土、浆砌石、混凝土、土工布等。

(3) 灌浆、硅化加固等。但价格昂贵，较少采用。

5.3.2 隧洞的工程地质问题

当渠道穿越山岭和谷地时，环山渠道往往由于线路太长，且要增加较多的附属建筑物(如渡槽、倒虹吸、挡土墙等)，此时可经过经济方案比较而选用穿山隧洞的形式。其优点是线路短，水头损失小，便于管理养护，还可避开一些不良地质地段。

由于隧洞修建在地下岩体中，所以地质条件对隧洞影响很大，隧洞的主要工程地质问题是洞身围岩（即洞的周围岩体）的稳定性和围岩作用于支撑、衬砌上的山岩压力，以及地下水对围岩稳定的影响。

1. 围岩工程地质分类

我国GB50287—99《水利水电工程地质勘察规范》，将围岩按围岩总评分、围岩强度应力比分为5类，如表5-2所示。

围岩强度应力比S可根据下式求得

$$S=\frac{R_b K_v}{\sigma_m} \tag{5-4}$$

式中 R_b——岩石饱和单轴抗压强度，MPa；

K_v——岩体完整性系数；

σ_m——围岩的最大主应力，MPa。

表 5-2　　围岩工程地质分类

围岩类别	围岩稳定性	围岩总评分 T	围岩强度应力比 S	支护类型
Ⅰ	稳定，围岩可长期稳定，一般无不稳定块体	$T>85$	>4	不支护或局部锚杆或喷薄层混凝土；大跨度时，喷混凝土，系统锚杆加钢筋网
Ⅱ	基本稳定，围岩整体稳定，不会产生塑性变形，局部可能产生掉块	$85\geqslant T>65$	>4	
Ⅲ	局部稳定性差，围岩强度不足局部会产生塑性变形，不支护可能产生塌方或变形破坏，完整的较软岩，可能暂时稳定	$65\geqslant T>45$	>2	喷混凝土，系统锚杆加钢筋网；跨度为 20～25m 时，并浇筑混凝土衬砌
Ⅳ	不稳定，围岩自稳时间很短，规模较大的各种变形和破坏都可能发生	$45\geqslant T>25$	>2	喷混凝土，系统锚杆加钢筋网，并浇筑混凝土衬砌
Ⅴ	极不稳定，围岩不能自稳，变形破坏严重	$T\leqslant 25$		

注　Ⅱ、Ⅲ、Ⅳ类围岩，当其强度应力比小于本表规定时，围岩类别宜相应降低一级。

围岩总评分为：以控制围岩稳定的岩石强度、岩体完整程度、结构面状态、地下水和主要结构面产状五项因素之和。详见 GB50287—99《水利水电工程地质勘察规范》。

2. 隧洞的工程地质条件

(1) 洞口位置的选择。洞口位置应该考虑山坡坡度、岩层倾角、洞口顶板的稳定性和水流影响等几方面因素。许多工程实践证明：往往因洞口位置的地形地貌条件不利，导致迟迟不能清理出稳定的洞脸而无法进洞的局面。

山坡宜下陡上缓，无滑坡、崩塌等存在。山坡下部坡度最好大于 60°，一般不宜小于 40°。洞口处岩石应直接出露或坡积层较薄，岩石比较新鲜，尽量选在岩层倾角与坡向相反的山坡（反向坡），或选择岩层倾角小于 20°或大于 75°的顺向坡。

选择完整、厚度大的岩层作顶板。洞口位置不应选在冲沟或溪流的源头、旁河山嘴和谷地口部受水流冲蚀地段。在地貌上应避开滑坡、崩塌、冲沟、泥石流等不良自然地质现象。

(2) 隧洞选线的工程地质评价。

1) 隧洞选线时应充分利用地形，方便施工。如利用深切的河谷，使隧洞出现明段，便于分段施工。有压隧洞上覆岩体应大于 0.2～0.5 倍的压力水头，无压隧洞也不小于 3 倍洞的跨度。

2) 选择洞线时，应充分分析沿线地层的分布和各种岩石的工程性质，尽量使洞身在完整坚硬的岩体中穿过。

3）洞线在褶皱岩层和断裂地带穿过时，应尽量使其垂直于岩层和断层的走向，并应避开褶曲核部，以陡倾角的翼部为佳。

4）对隧洞沿线的水文地质条件应进行预测性调查，对易透水的岩层和构造，特别是岩溶地区，要密切注意其分布规律和发育程度，并分析评价地下水涌水的可能性和涌水量。

5）在隧洞位置选择时，岩体中的初始应力状态，对围岩稳定性的影响不可忽视。如岩体中水平主应力较大时，洞线应平行最大主应力方向布置。

3. 山岩压力及弹性抗力

山岩压力及弹性抗力是设计支护或衬砌的依据之一，它关系到洞室正常运用、安全施工、节约资金和更快更好地进行建设的问题。

（1）山岩压力。由于隧洞的开挖，破坏了围岩原有的应力平衡条件，引起围岩中一定范围内的岩体向洞内松动或坍塌，因而就必须尽快支撑和衬砌，以抵抗围岩的松动或破坏。这时围岩作用于支撑和衬砌上的压力称为山岩压力（也称围岩压力）。显然，山岩压力是隧洞设计的主要荷载。若山岩压力很小或没有，可认为隧洞是稳定的，可以不支撑；当山岩压力很大时，则必须考虑衬砌和支撑。所以，正确估计山岩压力的大小，将是直接影响隧洞安全和经济的问题。

工程上常用的两种确定山岩压力的方法：其一，用平衡拱理论，将围岩视为松散介质；其二，用岩体结构分析，将围岩视为各种结构面组合而成的塌落体，塌落体的滑动力减去抗滑力即为山岩压力。但由于确定山岩压力的大小和方向是一个极为复杂的问题，到目前为止，山岩压力的计算还没有得到圆满解决。

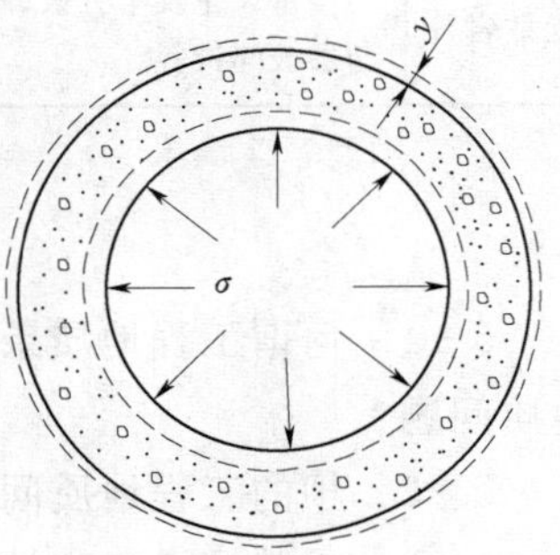

图 5-9　内水压力作用下围岩变

（2）围岩的弹性抗力。岩体的弹性抗力是指在有压隧洞的内水压力作用下向外扩张，引起围岩发生压缩变形后产生的反力。围岩的弹性抗力与围岩的性质、隧洞的断面尺寸及形状等有关。当洞壁围岩在内水压力作用下向外扩张了 $y$cm（见图 5-9），则围岩产生的弹性抗力 σ 为

$$P = Ky$$

式中　P——岩体的弹性抗力，MPa；

y——洞壁的径向变形，cm；

K——围岩的弹性抗力系数，MPa/cm。

弹性抗力系数 K 的物理意义是迫使围岩产生一个单位的径向变形所需施加的压力值。

岩体的弹性抗力系数反映了岩体的抗力特征。K 值愈大，岩体承受的内水压力就愈大，相应的衬砌承担的内水压力就小些，衬砌可以做得薄一些。但 K 值选得过大，将给工程带来不安全，因此，正确选择岩体的弹性抗力系数具有很大意义。

弹性抗力系数 K 与隧洞的直径有关，以圆形隧洞为例，隧洞的半径愈大，K 值愈小。故 K 值不为常数，为了便于对比使用，隧洞设计中常采用单位弹性抗力系数 K_0（即隧洞半径为 100cm 时的岩体弹性抗力系数）。即

$$K_0 = K\frac{R}{100} \tag{5-5}$$

式中 R——隧洞半径，cm。

表 5-3 为常用的单位弹性抗力系数表，以供参考。

表 5-3 岩石抗力系数表

岩石坚硬程度	代表的岩石名称	节理裂隙多少或风化程度	有压隧洞单位抗力系数 K_0 (MPa/cm)	无压隧洞单位抗力系数 K_0 (MPa/cm)
坚硬岩石	石英岩、花岗岩、流纹斑岩、安山岩、玄武岩、厚层硅质灰岩等	节理裂隙少、新鲜 节理裂隙不太发育、微风化 节理裂隙发育、弱风化	100～200 50～100 30～50	20～50 12～20 5～12
中等坚硬岩石	砂岩、石灰岩、白云岩、砾岩等	节理裂隙少、新鲜 节理裂隙不太发育、微风化 节理裂隙发育、弱风化	50～100 30～50 10～30	12～20 8～12 2～8
较软岩石	砂页岩互层、粘土质岩石、致密的泥灰岩	节理裂隙少、新鲜 节理裂隙不太发育、微风化 节理裂隙发育、弱风化	20～50 10～20 小于 10	5～12 2～5 小于 2
松散岩石	严重风化及十分破碎的岩石、断层破碎带等		小于 5	小于 1

复习思考题

5-1 何谓工程地质条件？在中小型水利水电工程建设中，经常会遇到哪些主要工程地质问题？

5-2 坝的工程地质问题有哪些？如何评价坝基的抗滑稳定？

5-3 坝基抗滑稳定计算中主要参数是如何确定的？对水利工程有什么影响？

5-4 水库库区有哪些主要工程地质问题？如何分析水库的渗漏问题？

5-5 渠道选线应注意哪些工程地质问题？渠道渗漏防治措施主要有哪些？

5-6 水利水电工程地质勘察规范如何对围岩进行分类？如何对隧洞洞口与洞线选择进行工程地质评价？

5-7 为什么要确定岩体的山岩压力和弹性抗力系数？

第6章　土的物理性质及工程分类

地球表层的整体岩石，在大气中经受长期的风化作用后形成形状不同、大小不一的颗粒，这些颗粒在不同的自然条件下堆积（或经过搬运沉积），即形成通常所说的土。因此，可以说土是由各种岩屑、矿物颗粒（称为土粒）组成的松散堆积物，它是由各种大小不同的土粒混杂组成的集合体。同时，它又是一种分散体，是由土的固体颗粒（固相）和存在于土粒间孔隙中的水（液相）和空气（气相）构成的三相体系。由于三相性质的差异，三相物质的相对比例不同及三相间相互作用，共同反映了土的物理性质和物理状态的不同，即决定了土的物理性质。而描述土的物理性质及状态的指标，是进行各种土的分类和确定土的工程性质的重要依据。

6.1　土的三相组成和土的结构

6.1.1　土的三相组成

土由固相、液相和气相三部分组成。固相部分即为土粒，由矿物颗粒或有机质组成，构成土的骨架；液相部分为水及其溶解物；气相部分为空气和其他气体，如土中孔隙全部被水充满时，称为饱和土；孔隙中仅含空气时，称为干土。饱和土和干土都是两相体系。一般在地下水位以上地面以下一定深度内的土的孔隙中兼含空气和水，此时的土体属三相体系，称湿土。

1. 土的矿物成分和有机质

（1）土的矿物成分。土粒是组成土的最主要部分，土粒的矿物成分是影响土的性质的重要因素。矿物成分按成因可分为两大类：

1）原生矿物。是岩石经过物理风化作用形成的碎屑物，如石英、长石、云母等。

2）次生矿物。岩石经化学风化作用而形成的新矿物成分，其中数量最多是粘土矿物。常见的粘土矿物有高岭石、蒙脱石、伊利石。

石英、长石呈粒状，是砂、砾石等无粘性土的主要矿物成分。粘土矿物是组成粘性土的主要成分，颗粒极细，呈片状或针状，具有高度的分散性和胶体性质，与水相互作用，形成粘性土的一系列特性，如可塑性、膨胀性、收缩性等。

（2）土中的有机质。在岩石风化以及风化产物搬运、沉积过程中，常有动、植物的残骸及其分解物质参与沉积，成为土中的有机质。有机质易于分解变质，故土中有机质含量过多时，将导致地基或土坝坝体发生集中渗流或不均匀沉降。因此，在工程中常对土料的有机质含量提出一定的限制，筑坝土料一般不宜超过5%，灌浆土料小于2%。

2. 土中的水

土孔隙中的液态水，根据它与土粒表面的相互作用情况，主要有两种类型：结合水和自由水。

(1) 结合水。结合水是指附着于土粒表面成薄膜状的水。一般情况下，土粒表面大多带有负电荷，并在周围形成静电引力场，吸引着周围极性水分子（因水分子为极性结构，故称极性水分子）和水化阳离子如图 6-1 所示。紧靠土粒表面，吸附力高达几千个大气压的结合水称强结合水，其性质接近于固体，密度很大，不能传递静水压力。在强结合水外围，吸附力稍低的一层结合水称弱结合水，它的水膜厚度稍大，故占结合水的绝大部分，它仍不能传递静水压力，但能以水膜形式由厚处向薄处缓慢移动。弱结合水对粘性土的影响最大。

由于结合水的存在，细颗粒（特别是粘粒）之间将形成公共水膜（见图 6-2)。从而使土粒间产生一定的联结，这种联结随土的湿度而变化。当土的湿度减小，水膜变薄，相邻土粒彼此吸引力加强。反之，当湿度提高，水膜增厚时，颗粒将被挤开，以致不存在公共水膜而失去联结。这种水膜联结，一般认为是粘性土具有粘性、可塑性和力学强度的主要原因。

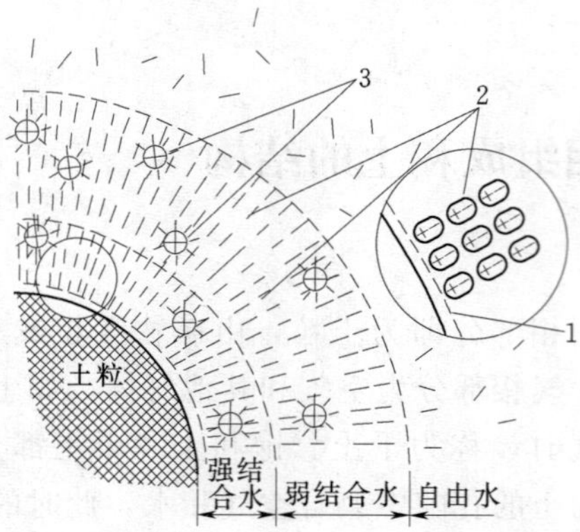

图 6-1　结合水

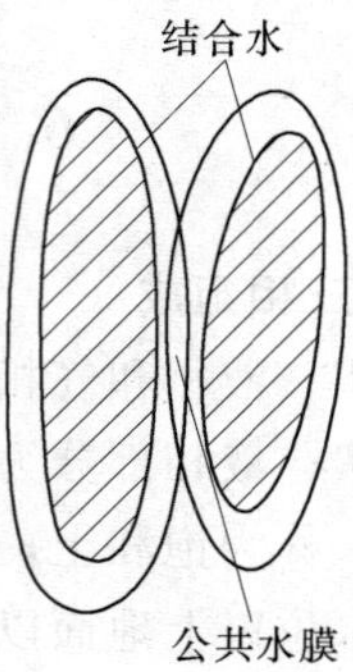

图 6-2　公共水膜

(2) 自由水。土孔隙中除了结合水以外的水都是自由水，它包括毛细水和重力水。

1) 毛细水。受土粒的分子引力以及水与空气界面的表面张力而存在，并运动于毛细孔隙中的水。一般存在于地下水位以上，由于表面张力作用，地下水沿着土的毛细通道逐渐上升，形成毛细水上升带。毛细水上升高度和速度决定于土的孔隙大小和形状、粒径尺寸和水的表面张力等。一般来说，卵石接近于零，砂土数十厘米，粘性土可达数百厘米。

2) 重力水。受重力作用而运动的水，它对土产生浮力，使土的重度减少；渗透水流能使土产生渗透力，使土引起渗透变形；还能溶解土中的水溶盐，使土的强度降低，压缩性增大。

3. 土中气体

土中的气体存在于土孔隙中未被水所占据的部分。与大气连通的气体，受外力作用时，易被挤出，对土的工程性质影响不大。封闭气体多存在于粘性土中，不易逸出，使土的渗透性降低、弹性与压缩性增大，所以封闭气体对土的性质有较大的影响。

6.1.2　土的结构与构造

1. 土的结构

很多试验资料表明，同一种土，原状土和重塑土样的力学性质有很大差别。这就是说，土的结构和构造对土的性质也有很大的影响。

土的结构是指土中颗粒排列的状况，与土的矿物成分、颗粒形状和沉积条件有关，有以下三种基本类型。

(1) 单粒结构。在沉积过程中，较粗的土粒互相支承并达到稳定，形成单粒结构如图6-3 (a) 所示。单粒结构为碎石土和砂类土的结构特征。单粒结构可以是疏松的，也可以是紧密的。就一般而言，具此种结构的土的孔隙都比较大，透水性强，压缩性低，强度较高。

(2) 蜂窝结构。蜂窝结构主要是由粉粒或细砂粒组成的土的结构形式。据研究，粒径0.075～0.005mm（粉粒粒组）的土粒在水中沉积时，基本上是以单个土粒下沉，当碰到已沉积的土粒，由于土粒之间的分子引力大于其重力，因此土粒就停留在最初的接触点上不再下沉，逐渐形成链环状团粒，构成较疏松的蜂窝结构，如图6-3 (b) 所示。

(3) 絮凝结构。微小的粘粒大都呈针片状或片状，以在水中长期悬浮，并在水中运动时，形成小链环状团粒而下沉，这种小链环碰到另一小链环被吸引，形成大链环状的絮状结构［见图6-3 (c)］。海相沉积的粘土常具有此结构。

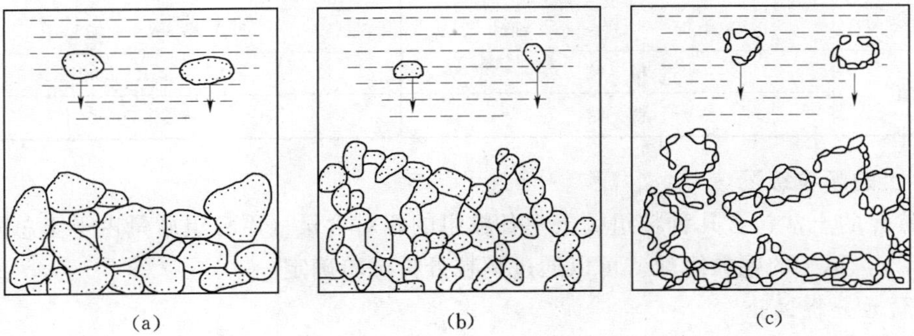

图6-3　土的结构

(a) 单粒结构；(b) 蜂窝结构；(c) 絮凝结构

具有蜂窝结构和絮状结构的土，土粒间有大量的孔隙，体积大，但均为微细孔隙，故压缩性高，透水性弱。当其天然结构破坏时，强度会迅速降低。因此，在研究土的一些与结构有关性质时，必须保持其天然结构不受破坏。

2. 土的构造

土的构造是指同一土层中，土粒或土粒集合体之间相互关系的特征。土的构造是土层的层理、裂隙及大孔隙等宏观特征，亦称为宏观结构。土的构造最主要的特征就是成层性，即层理构造。它是在土的生成过程中，由于不同阶段沉积的物质成分、颗粒大小或颜色不同，而沿竖向呈现的成层特征，常见的有水平层理与交错层理构造。

6.2　土的粒组和颗粒级配

6.2.1　土的粒组

土是岩石风化的产物，是由无数大小不同的土粒组成，其大小相差极为悬殊，性质也不相同（例如土粒由粗变细，可由无粘性变为有粘性）。为了便于研究，工程上通常把工程性质相近的一定尺寸范围的土粒划分为一组，称为粒组。粒组与粒组之间的分界尺寸称界限粒径。工程上广泛采用的粒组有：漂石粒、卵石粒、砾粒、砂粒、粉粒和粘粒。

对粒组的划分，各个国家甚至一个国家的各个部门都有不同的规定。表 6-1 为我国水利部 SL237—1999《土工试验规程》中规定的粒组划分情况。

表 6-1　　水利部标准规定的粒组划分

粒组统称	粒组划分		粒径（d）的范围（mm）
巨粒组	漂石（块石）组		$d>200$
	卵石（碎石）组		$200\geqslant d>60$
粗粒组	砾粒（角砾）	粗　砾	$60\geqslant d>20$
		中　砾	$20\geqslant d>5$
		细　砾	$5\geqslant d>2$
	砂　粒	粗砂	$2\geqslant d>0.5$
		中砂	$0.5\geqslant d>0.25$
		细砂	$0.25\geqslant d>0.075$
细粒组	粉　粒		$0.075\geqslant d>0.005$
	粘　粒		$d\leqslant 0.005$

6.2.2　土的颗粒级配

自然界的土常包含几种粒组。土中各粒组的相对含量（用粒组质量占干土总质量的百分数表示），称土的颗粒级配。可以通过颗粒分析试验确定。

1. 颗粒分析试验

测定土中各粒组颗粒质量占该土总质量的百分数，确定粒径分布范围的试验称为土的颗粒大小分析试验，简称“颗分”试验。常用试验方法有筛分法和密度计法两种。

（1）筛分法。筛分法适用于粒径大于 0.075mm 的土粒。即用一套孔径大小不同的标准筛，从上到下按粗孔到细孔的顺序叠好（例如 60mm、20mm、2mm、0.5mm、0.25mm、0.1mm、0.075mm），将已知重量的风干、分散的土样过筛，把各粒组分离出来，并求出含量百分数。

【例 6-1】　从干砂样中称取质量为 1000g 的试样，放入标准筛中，经充分振动后，称得各级筛上留存的土粒质量，见表 6-2 中的第二行，试求土中各粒组的土粒含量。

表 6-2　　筛分析试验结果

筛孔径（mm）	2.0	1.0	0.50	0.25	0.10	0.075	底　盘
各级筛上的土粒质量（g）	100	100	250	300	100	50	100
小于各级筛孔径的土粒含量（%）	90	80	55	25	15	10	
粒径的范围（mm）	$d>2.0$	$2\geqslant d>0.5$		$0.5\geqslant d>0.25$		$0.25\geqslant d>0.075$	
各粒组的土粒含量（%）	10	35		30		15	

解　留在孔径 2mm 筛上的土粒质量为 100g，则小于该孔径的土粒含量为 900/1000=

90%，同样可算得小于其他孔径的土粒含量，见表 6-2 中的第三行。由 $2\geqslant d>0.50$ 的土粒含量 350g，则粒径范围 $2\geqslant d>0.50$（粗砂）的含量为 350/1000=35%。同样可算得其他粒组的土粒含量，见表 6-2 中第五行。所以该土样各粒组含量分别为：砾 10%，砂 80%（其中：粗砂 35%、中砂 30%、细砂 15%），粉粒 10%。

（2）密度计法。密度计法适用于分析粒径小于 0.075mm 的土粒。它主要利用土粒在静水中下沉速度不同（粗粒下沉快，而细粒下沉慢）的原理，可把不同粒径的土粒区别开来。其步骤是先分散团粒、制备悬液，然后用密度计测定悬液的密度，再根据司笃克斯(Atokes) 定律建立粒径与沉速的关系式，算出各粒组含量的百分比。

如果土中同时含有粒径大于和小于 0.075m 的土粒时，则需联合使用上述两种方法。试验方法可参阅 SL237—1999《土工试验规程》。

2. 土的级配曲线

颗粒分析试验的成果，常用颗粒级配累计曲线表示，如图 6-4 所示。图中横坐标表示粒径（用对数尺度），纵坐标表示小于某粒径的土粒质量占总质量的百分数。

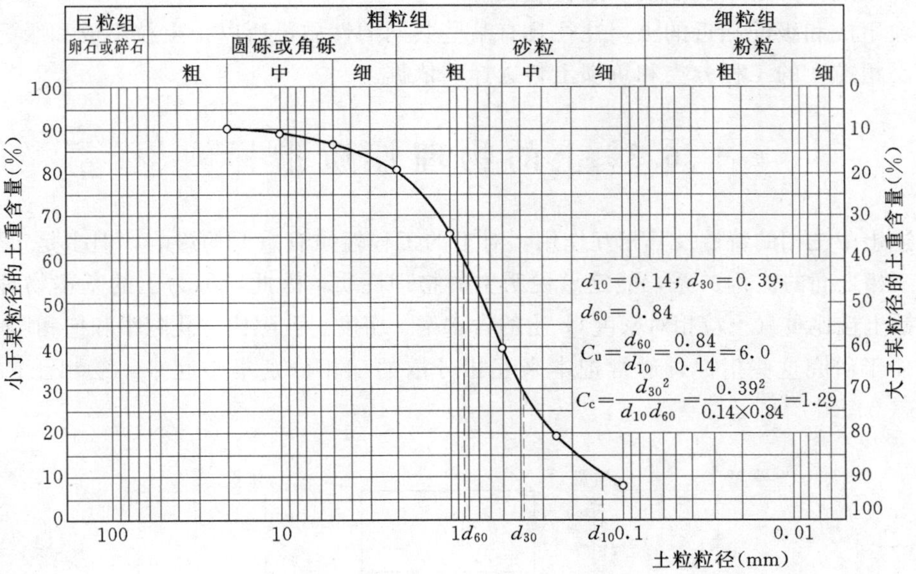

图 6-4 颗粒级配累计曲线

颗粒级配累计曲线既可看出粒组的范围，又可得到各粒组的百分含量。

3. 颗粒级配指标

常用的判别土的颗粒级配良好与否的指标有两个：即不均匀系数 C_u 和曲率系数 C_c：

$$C_u=\frac{d_{60}}{d_{10}} \tag{6-1}$$

$$C_c=\frac{(d_{30})^2}{d_{60}d_{10}} \tag{6-2}$$

上两式中 d_{10}、d_{30}、d_{60}——级配曲线纵坐标上小于某粒径含量为 10%、30%、60%所对应的粒径值；

d_{10}——有效粒径；

d_{60}——控制粒径。

不均匀系数 C_u 反映曲线的坡度，表明土粒大小的不均匀程度，其值愈大，曲线愈平缓，说明土粒愈不均匀，即级配良好；其值愈小，曲线愈陡，说明土粒愈均匀，即级配不良。一般认为不均匀系数 $C_u \geqslant 5$ 为良好级配，$C_u < 5$ 为不良级配。

曲率系数 C_c 反映的是颗粒级配曲线分布的整体形态，表示粒组是否缺失的情况，$C_c = 1 \sim 3$ 时，表明土粒大小的的连续性较好；即 C_c 小于或大于 3 时的土，颗粒级配不连续，缺乏中间粒径。

因此，在土的工程分类中，用不均匀系数 C_u 及曲率系数 C_c 两个指标判别颗粒级配的优劣，我国水利部和交通部制定的土工试验规程中规定：级配良好的土必须同时满足两个条件，即 $C_u \geqslant 5$ 和 $C_c = 1 \sim 3$；如不能同时满足这两个条件，则为级配不良的土。

级配良好的土，粗、细颗粒搭配较好，粗颗粒间的孔隙被细颗粒填充，易被压实到较高的密实度，因而，该土的透水性小，强度高，压缩性低。反之，级配不良的土，其压实密度小，强度低，透水性强而渗透稳定性差。

土粒组成和级配相近的土，往往具有某些共同的性质，所以，土粒组成和级配可作为土特别是粗粒土的工程分类和筑坝土料选择的依据。

6.3　土的物理性质指标

上述土中三相的特性及其相互作用，对土的工程性质有重要的影响，但多是定性分析。而土中三相之间的比例关系，能定量说明土的物理性质，因此，称为土的基本物理性质指标，包括土粒比重（土粒相对密度）；土的含水率、密度、孔隙比、孔隙率和饱和度等。

为便于研究这些指标，通常把本来互相分散的三相分别集中起来，绘出土的三相图(见图 6－5)。

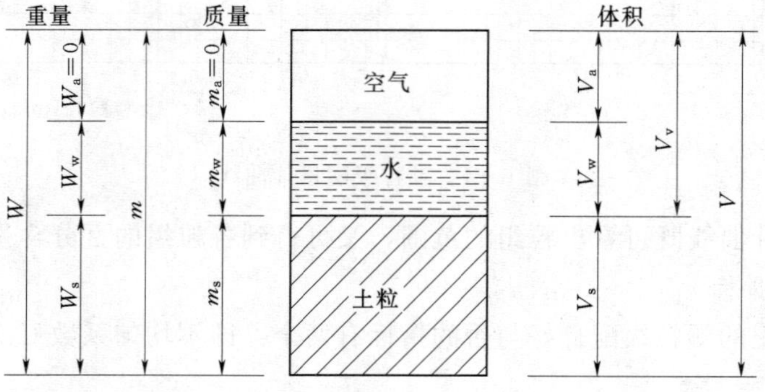

图 6－5　土的三相草图

图 6－5 中各符号的意义如下：

W 表示重量，m 表示质量，V 表示体积，下标 a 表示气体，下标 s 表示土粒，下标 w 表示水，下标 v 表示孔隙。如 W_s、m_s、V_s 分别表示土粒重量、土粒质量和土粒体积。

6.3.1 三项基本物理性质指标

三项基本物理性质指标是指土粒比重 G_s、土的含水率 ω 和密度 ρ，一般由试验室直接测定其数值。

1. 土的密度 ρ 与重度 γ

土的密度定义为单位体积土的质量，用 ρ 表示，其单位为 g/cm³。表达式如下

$$\rho=\frac{m}{V} \tag{6-3}$$

天然状态下土的密度变化范围较大。一般粘性土 $\rho=1.8\sim2.0\text{g/cm}^3$；砂土 $\rho=1.6\sim2.0\text{g/cm}^3$。土的密度常用环刀法测定。

土的重度也称为容重，定义为单位体积土的重量，用 γ 表示，单位为 kN/m³。表达式如下

$$\gamma=\frac{W}{V}=\frac{mg}{V}=\rho g \tag{6-4}$$

式中 g——重力加速度，9.807m/s²。

2. 土粒比重

土粒比重也称土粒相对密度，土粒比重定义为土粒的质量与同体积 4℃时纯水的质量之比。表达式如下

$$G_s=\frac{m_s}{V_s\rho_w} \tag{6-5}$$

式中 ρ_w——4℃时纯水的密度，取 $\rho_w=1.0\text{g/cm}^3$。

土粒比重可用比重瓶法测定。土粒比重是个无量纲指标，其值取决于土粒的矿物成分和有机质含量，变化范围不大，大致在 2.60～2.75 之间。土中含有机质较多时，土粒比重将显著减小。一般土粒比重参考值见表 6-3。

表 6-3　　土粒比重参考值

土的名称	砂类土	粉质土	粘性土	
			粉质粘土	粘土
土粒比重	2.65～2.69	2.70～2.71	2.72～2.73	2.74～2.76

3. 土的含水率 ω

土中含水率（曾称含水量）定义为土中水的质量与土粒质量之比，以百分数表示。表达式如下

$$\omega=\frac{m_w}{m_s}\times100\% \tag{6-6}$$

含水率一般采用烘干法测定。

含水率反映土的干湿程度，变化范围很大，从干砂接近于零，一直到饱和粘土的百分之几百。一般说来，同一类土（尤其是细粒土），当其含水率增大时，其强度就下降。

上述三个指标可用试验方法直接测定，具体试验方法参阅 SL237—1999《土工试验规程》。其他指标可由上述换算，称换算指标。

6.3.2　换算指标

1. 土的饱和重度 γ_{sat}

土孔隙中充满水时的单位体积重量，称为土的饱和重度，表达式如下

$$\gamma_{sat}=\frac{W_s+V_v\gamma_w}{V}=\rho_{sat}g\ (kN/m^3) \tag{6-7}$$

式中　$V_v\gamma_w$——充满土中全部孔隙的水重；

γ_w——4℃时纯水的重度，取 $\gamma_w=9.8kN/m^3$。

2. 土的浮重度 γ'

土在地下水位以下，受到水的浮力作用时单位体积的重量，称为土的浮重度，也称有效重度，表达式如下

$$\gamma'=\frac{W_s-V_s\gamma_w}{V}=\gamma_{sat}-\gamma_w=\rho' g\ (kN/m^3) \tag{6-8}$$

3. 土的干重度 γ_d

土在完全干燥状态下时的单位体积的重量，称为土的干重度，表达式如下

$$\gamma_d=\frac{W_s}{V}=\rho_d g\ (kN/m^3) \tag{6-9}$$

完全干燥的土在自然界中并不存在，但干重度能反映土的紧密程度。因此，工程上常用它作为控制填土施工质量的指标。一般填土设计干重度为 15.0～17.0kN/m^3。

同一种土的各种重度在数值上有以下关系

$$\gamma_{sat}>\gamma>\gamma_d>\gamma' \quad 或 \quad \rho_{sat}>\rho>\rho_d>\rho'$$

将上述重量改为质量则为密度指标，它们分别为饱和密度、浮密度与干密度。

4. 孔隙比 e

土的孔隙比是土中孔隙体积与土粒体积之比，即

$$e=\frac{V_v}{V_s} \tag{6-10}$$

孔隙比用小数表示。它是一个重要的物理性质指标，可以用来评价天然土层的密实程度。一般 $e<0.6$ 的土是密实的低压缩性土，$e>1.0$ 的土是疏松的高压缩性土。

5. 孔隙率

土的孔隙率是土中孔隙体积与土的总体积之比，以百分数表示，即

$$n=\frac{V_v}{V}\times 100\% \tag{6-11}$$

6. 饱和度

饱和度是土中水的体积与孔隙体积之比，以百分数表示，即

$$S_r=\frac{V_w}{V_v}\times 100\% \tag{6-12}$$

土的饱和度 S_r 与含水率均为描述土中含水程度的三相比例指标，根据饱和度 S_r（%），砂土的湿度可分为三种状态：稍湿 $S_r\leqslant 50\%$；很湿 $50\%<S_r\leqslant 80\%$；和饱和 $S_r>80\%$。

6.3.3　物理性质指标间的换算

土的天然重度（或密度）γ、土粒比重 G_s 和含水率 ω 通过试验测定后，其他指标由它

们的定义并用土中三相的关系，通过换算关系式导出求得。常用图 6-5 所示三相图进行各指标间的推导：令 $V_s=1$，则 $V_v=e$，$V=1+e$；$W_s=V_sG_s\gamma_w=G_s\gamma_w$，$W_w=\omega W_s=\omega G_s\gamma_w$，$W=G_s\gamma_w(1+\omega)$；将以上数值填入三相图中，则有

$$\gamma=\frac{W}{V}=\frac{G_s(1+\omega)\gamma_w}{1+e}$$

$$\gamma_d=\frac{W_s}{V}=\frac{G_s\gamma_w}{1+e}=\frac{\gamma}{1+\omega}$$

$$n=\frac{V_v}{V}=\frac{e}{1+e}$$

$$S_r=\frac{V_w}{V_V}=\frac{\omega G_s}{e}$$

常见土的三相比例换算公式见表 6-4。

表 6-4　土的三相比例换算公式

指标名称	符　号	表达式	单　位	换算公式	备　注
重度	γ	$\gamma=\frac{W}{V}$	kg/m^3 或 kN/m^3	$\gamma=\frac{G_s+S_re}{1+e}$ $\gamma=\frac{G_s(1+\omega)}{1+e}\gamma_w$	试验直接测定
比重	G_s	$G_s=\frac{W_s}{V_s\gamma_\omega}$		$G_s=\frac{S_re}{\omega}$	试验直接测定
含水率	ω	$\omega=\frac{W_W}{W_s}\times100\%$		$\omega=\frac{S_re}{G_s}\times100\%$ $\omega=\left(\frac{\gamma}{\gamma_d}-1\right)\times100\%$	试验直接测定
孔隙比	e	$e=\frac{V_V}{V_S}$		$e=\frac{G_s\gamma_w(1+\omega)}{\gamma}-1$ $e=\frac{G_s\gamma_w}{\gamma_d}-1$	
孔隙率	n	$n=\frac{V_V}{V}\times100\%$		$n=\frac{e}{1+e}\times100\%$ $n=\left(1-\frac{\gamma_d}{G_s\gamma_w}\right)\times100\%$	
饱和度	S_r	$S_r=\frac{V_\omega}{V_V}$		$S_r=\frac{\omega G_s}{e}$ $S_r=\frac{\omega\gamma_d}{n}$	
干重度	γ_d	$\gamma_d=\frac{W_s}{V}$	kg/m^3 或 kN/m^3	$\gamma_d=\frac{\gamma}{1+\omega}$ $\gamma_d=\frac{G_s\gamma_\omega}{1+e}$	
饱和重度	γ_{sat}	$\gamma_{sat}=\frac{W_s+V_v\gamma_w}{V}$		$\gamma_{sat}=\frac{G_s+e}{1+e}\gamma_\omega$	
浮重度	γ'	$\gamma'=\gamma_{sat}-\gamma_w$		$\gamma'=\gamma_{sat}-\gamma_w$ $\gamma'=\frac{(G_s-1)\gamma_\omega}{1+e}$	

【例 6-2】 用体积 $V=60\text{cm}^3$ 的环刀切取原状土样，称得其质量为 108g，将其烘干后称得质量为 96.43g，测得土样的比重 $G_s=2.70$，试求试样的湿密度（天然密度）与天然重度、干重度、饱和重度、含水率、孔隙比、孔隙率和饱和度。

解 湿密度：
$$\rho=\frac{m}{V}=\frac{108}{60}=1.80\ \text{g/cm}^3$$

天然重度：
$$\gamma=\rho g=1.80\times 9.8=17.64\ \text{kN/m}^3$$

含水率：
$$\omega=\frac{m_w}{m_s}\times 100\%=\frac{108-96.43}{96.43}\times 100\%=12.0\%$$

干重度：
$$\gamma_d=\frac{\gamma}{1+\omega}=\frac{17.64}{1+0.12}=15.75\ \text{kN/m}^3$$

孔隙比：
$$e=\frac{G_s(1+\omega)\gamma_w}{\gamma}-1=\frac{2.70\times(1+0.12)\times 9.8}{17.64}-1=0.68$$

孔隙率：
$$n=\frac{e}{1+e}\times 100\%=\frac{0.68}{1+0.68}\times 100\%=40.5\%$$

饱和度：
$$S_r=\frac{\omega G_s}{e}=\frac{0.12\times 2.70}{0.68}=47.6\%$$

饱和重度：
$$\gamma_{sat}=\frac{G_s+e}{1+e}\gamma_w=\frac{2.70+0.68}{1+0.68}\times 9.8=19.72\ \text{kN/m}^3$$

【例 6-3】 某饱和粘性土的含水率为 $\omega=38\%$，比重 $G_s=2.71$，求土的孔隙比 e 和干重度 γ_d。

解 根据题义该土为饱和土，因此饱和度 S_r 为 100%。

由 $S_r=\dfrac{\omega G_s}{e}$ 得孔隙比：$e=\omega G_s=0.38\times 2.71=1.03$

干重度：
$$\gamma_d=\frac{G_s}{1+e}\gamma_w=\frac{2.71}{1+1.03}\times 9.8=13.08\ \text{kN/m}^3$$

6.4 土的物理状态指标

土的物理状态指标主要用于反映土的松密和软硬程度，如砂、砾石等无粘性土，其主要的物理状态指标是密实度；粘性土的主要状态指标是稠度（软硬程度）。

6.4.1 砂土的密实状态

砂土的密实状态对其工程性质影响很大，密实的砂土，结构稳定，强度较高，压缩性较小，是良好的天然地基；疏松的砂土，特别是饱和的松散粉细砂，结构常处于不稳定状态，容易产生流砂，在振动荷载作用下，可能会发生液化，对工程建筑不利。

判别砂土的密实度可以采用以下三种方法。

1. 孔隙比判别

判别砂土密实度最简便的方法是用孔隙比，见表 6-5。

2. 相对密度判别

用孔隙比判别砂土的密实度虽然简便，但它未考虑级配这一因素，例如均匀密砂的孔隙比 e 可能较大，而不均匀松砂的孔隙比 e 反而小。为了更好地反映砂土密实度，工程上用

相对密度 D_r 判别砂土的密实度。相对密度 D_r 是将天然孔隙比 e 与最疏松状态的孔隙比 e_{max} 及最密实状态的孔隙比 e_{min} 进行对比，作为衡量砂土密实度的指标，其表达式为

$$D_r = \frac{e_{max} - e}{e_{max} - e_{min}} \tag{6-13}$$

表 6-5　　砂土的密实度

土的名称	密实度			
	密实	中密	稍密	松散
砾砂、粗砂、中砂	$e<0.60$	$0.60\leqslant e\leqslant 0.75$	$0.75<e\leqslant 0.85$	$e>0.85$
细砂、粉砂	$e<0.70$	$0.70\leqslant e\leqslant 0.85$	$0.85<e\leqslant 0.90$	$e>0.95$

由式（6-13）可知，若砂土的 $e=e_{max}$，则 $D_r=0$，砂土处于最疏松状态；若 $e=e_{min}$，则 $D_r=1$，砂土处于最密实状态。因此，工程上常按以下标准评价砂土的松密程度：$D_r\geqslant 0.67$ 时，为密实状态；$0.33<D_r<0.67$ 时，为中密状态；$D_r\leqslant 0.33$ 时，为松散状态。

采用相对密度 D_r 来评价砂土的松密程度在理论上是合理的，但在实际上，测定最大孔隙比 e_{max} 和最小孔隙比 e_{min} 没有统一标准，同时测定砂土的天然孔隙比 e 也有很大困难。由于这些原因，砂土的相对密度 D_r 的测定误差是很大的。故在实际工作中，应用较多的是现场标准贯入试验来评价砂土的松密程度。

3. 标准贯入试验判别

标准贯入试验是在现场进行的原位试验。该方法是用质量为 63.5kg 的穿心锤，以 76cm 的落距将贯入器打入土中 30cm 时所需要的锤击数作为判别指标，称为标准贯入锤击数 N。显然，锤击数 N 愈大，表明土层愈密实；锤击数 N 愈小，土层愈疏松。我国 GB50021—2001《岩土工程勘察规范》中按标准贯入锤击数 N 划分砂土密实度的标准，如表 6-6 所示。

表 6-6　　按标准贯入锤击数 N 值确定砂土密实度

密实度	松散	稍密	中密	密实
标准贯入锤击数 N	$N\leqslant 10$	$10<N\leqslant 15$	$15<N\leqslant 30$	$N>30$

6.4.2 粘性土的稠度

1. 稠度状态

粘性土随着含水率的变化，可具有不同的状态。当含水率很高时，土可成为液体状态的泥浆；随着含水率的减少，土的流动性逐渐消失，开始一种奇特性质——可塑性（即在外力作用下，土可以塑成任何形状而不产生裂缝，解除外力后仍保持其所塑形状），进入可塑状态；当含水率继续减小，土失去了可塑性，变成半固态；直至达到固态，体积不再收缩（见图 6-6）。这几种状态反映了粘性土的软硬程度或抵抗外力的能力，称为稠度，即稠度是指粘性土在某一含水率下抵抗外力作用而变形或破坏的能力，是粘性土最主要的物理状态指标。

2. 界限含水率

粘性土由一种状态转变为另一种状态的分界含水率称为界限含水率，也称稠度界限。

它对粘性土的分类及工程性质的评价有重要意义。

(1) 液限 ω_L。液限也称流限，是可塑状态与液态的分界含水率。

在我国采用锥式液限仪（见图 6-7）来测定粘性土的液限。锥式仪重 76g，锥尖顶角 30°，将土样调制成膏状，使锥尖接触土面并在自重沉入土膏中，当 5s 时沉入深度恰好是 10mm（17 mm）时的含水率即为液限。

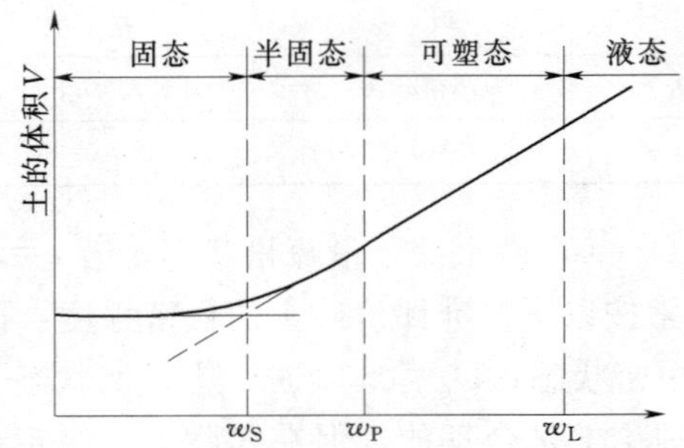

图 6-6　粘性土的界限含水率

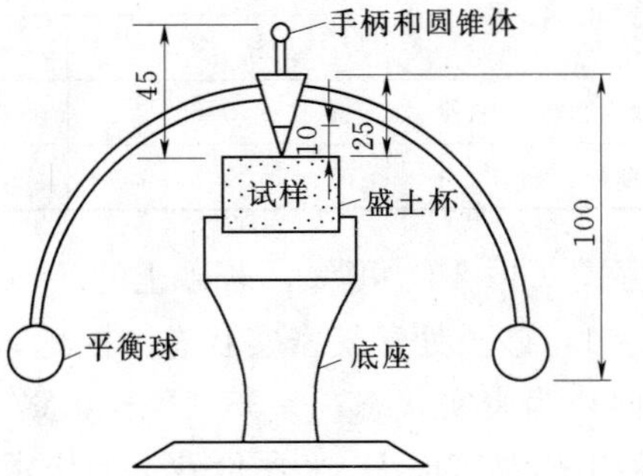

图 6-7　锥式液限仪（单位：mm）

(2) 塑限 ω_P。半固态与可塑态的分界含水率，称为塑限。

塑限一般采用滚搓法测定。即用双手将天然湿度的土样搓成小圆球（球径小于 10mm），放在毛玻璃板上再用手掌慢慢搓滚成水土条，若土条搓到直径为 3mm 时恰好开始断裂，这时断裂土条的含水率就是塑限 ω_P。滚搓法受人为因素的影响较大，因而成果不稳定。

(3) 缩限 ω_s。固态与半固态的分界含水率称缩限，亦即粘性土随着含水率的减小而体积不再变时的含水率。土的缩限用收缩皿法测定。

SL237—1999《土工试验规程》中规定，液限和塑限的测定采用液、塑限联合测定仪，碟式液限仪测定土的液限、滚搓法测定土的塑限，收缩皿法测定土的缩限，具体试验方法和有关规定可参阅该试验规程。

3. 塑性指数与液限指数

(1) 塑性指数 I_P。液限和塑限之差的百分数值（去掉百分号）称塑性指数，用 I_P 表示，取整数，即

$$I_P = \omega_L - \omega_P \tag{6-14}$$

塑性指数表示处在可塑状态时土的含水率变化范围。其值愈大，土的塑性也愈高。粘性土的塑性高低，与粘粒含量有关，一般粘粒含量愈多，矿物的亲水性愈强，结合水的含量愈大，因而土的塑性也就愈大。所以塑性指数是一个全面反映土的组成情况的指标，因此，塑性指数可作为粘性土的工程分类依据。GB50007—2002《建筑地基基础设计规范》中规定塑性指数 $I_P>10$ 的土为粘性土：$10<I_P\leqslant17$ 为粉质粘土；$I_P>17$ 为粘土。

(2) 液性指数 I_l。含水率对粘性土的状态有很大的影响，但对于不同的土，即使具有相同的含水率，也未必处于同样的状态。粘性土的状态可用液性指数来判别，其定义为

$$I_l = \frac{\omega - \omega_P}{\omega_L - \omega_P} = \frac{\omega - \omega_P}{I_P} \tag{6-15}$$

式中 I_l——液性指数，以小数表示；

ω——土的天然含水率；

其余符号意义同前。

由上式可知：当 $\omega \leqslant \omega_P$ 时，$I_l \leqslant 0$，土处于坚硬状态；

当 $\omega > \omega_L$ 时，$I_l > 1$，土处于流动状态；

当 $\omega_P < \omega \leqslant \omega_L$ 之间，即 I_l 在 0 与 1 之间时为可塑状态。

GB50007—2002《建筑地基基础设计规范》按 I_l 将粘性土的稠度状态划分如表 6-7 所示。

表 6-7 粘性土的状态

状态	坚硬	硬塑	可塑	软塑	流塑
液限指数 I_l	$I_l \leqslant 0$	$0 < I_l \leqslant 0.25$	$0.25 < I_l \leqslant 0.75$	$0.75 < I_l \leqslant 1$	$I_l > 1$

值得注意的是：液限和塑限都是用重塑土测定的。用 I_l 判别粘性土的状态时，没有考虑土的结构影响，所以按上述标准判别天然土是保守的。

6.5 土的击实性

在水利水电、道路等工程中，需要用填土修筑路基、土坝，有时还要用填土作为建筑物的地基。为了提高填土的强度，增加土的密实度，减少其压缩性和渗透性，一般都要经过击实，以改善它的工程性质，满足工程要求。

土的击实性是指土体在短暂不规则荷载作用下密度增加的性状，通常在室内进行击实试验测定扰动土的击实性指标，土的击实度（击实系数）；在现场通过打夯、碾压或振动达到工程填土所要求的击实度。影响填土击实效果的主要因素有土的性质，击实功能和土的含水率。因此，对同一种土来说，在特定击实功能下的最大干密度与相应的含水率（最优含水率），可以用来作为填土的击实性指标。

6.5.1 击实试验和击实曲线

在实验室内进行击实试验，是研究土击实性的基本方法，击实试验分轻型和重型两种。轻型击实试验适用于粒径小于 5mm 的粘性土，而重型击实试验适用于粒径不大于 20mm 的土。击实试验所用的主要设备是击实仪，包括击实筒、击锤及导筒等。图 6-8 所示轻型和重型两种击实仪，击实筒容积分别为 947.4cm^3 和 2103.9cm^3；击锤质量分别为 2.5kg 和 4.5kg；落高分别为 30.5cm 和 45.7cm。试验时，将含水率 ω 为一定值的扰动土样分层装入击实筒中，每铺一层（共 3～5 层）后均用击锤按规定的落距和击数锤击土样，最后被击实的土样充满击实筒。由击实筒的体积和筒内被击实土的总重计算出湿密度 ρ，并可算出干密度 ρ_d。由一组几个（不少于 5 个）不同含水率的同一种土样分别按上述方法进行试验，绘制一条击实曲线，如图 6-9 所示。击实曲线反映土的击实特性如下：

(1) 对于某一土样，在一定的击实功能作用下，只有当土的含水率为某一适宜值时，土样才能达到最密实，因此在击实曲线上就反映出有一峰值，峰点所对应的纵坐标值为最

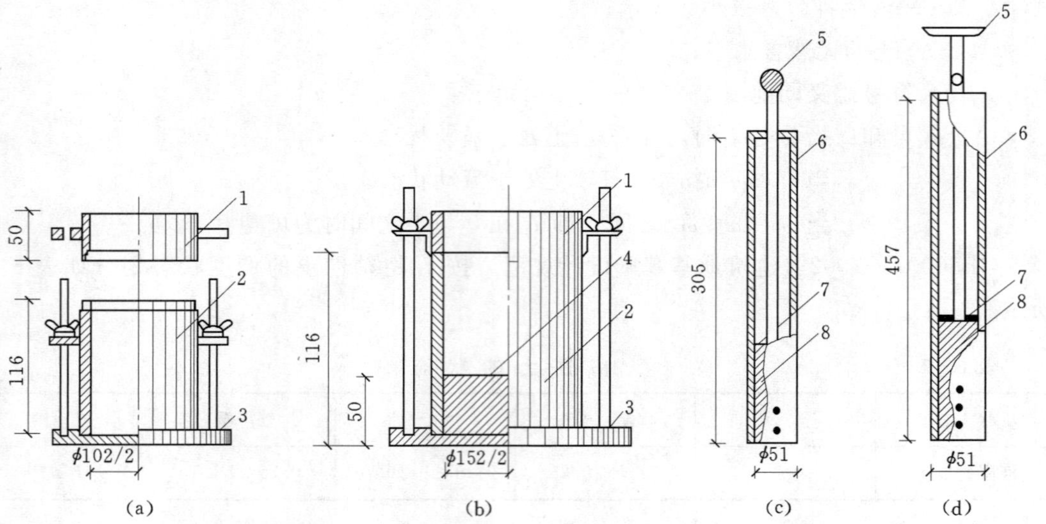

图 6-8　两种击实仪示意图（单位：mm）

(a) 轻型击实仪；(b) 重型击实仪；(c) 2.5kg 击锤；(d) 4.5kg 击锤

1—套筒；2—击实筒；3—底板；4—垫块；5—提手；6—导筒；7—硬橡皮垫；8—击锤

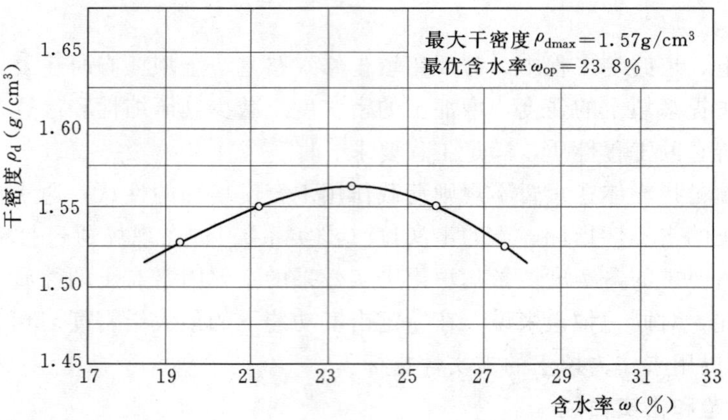

图 6-9　击实曲线

大干密度 ρ_{dmax}，对应的横坐标值为最优含水率 ω_{op}。

（2）土在击实过程中，通过土粒的相互位移，很容易将土中气体挤出，但要挤出土中水分来达到击实的效果，对于粘性土，不是短时间的加载所能办到的。因此，人工击实不是挤出土中水分而是挤出土中气体来达到击实目的的。同时，当土的含水率接近或大于最优含水率时，土孔隙中的气体越来越处于与大气不连通的状态，击实作用已不能将其排出土体之外。一般击实最好的土，气体含量也还有 3%～5%（以总计）留在土中，亦即击实土不可能被击实到完全饱和状态，击实曲线必然位于饱和曲线的左侧而不可能与饱和曲线有交点如图 6-10 所示。按下式计算土的饱和含水率

$$\omega_{sat}=\left(\frac{\rho_w}{\rho_d}-\frac{1}{G_s}\right)\times 100 \tag{6-16}$$

式中 ω_{sat}——饱和含水率，%；

ρ_w——水的密度，g/cm³；

G_s——土粒比重；

ρ_d——干密度，g/cm³。

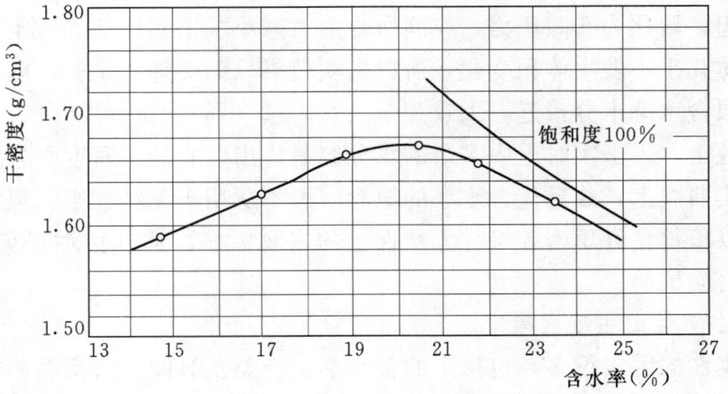

图 6-10 击实曲线与饱和曲线关系

(3) 当含水率低于最优含水率时，干密度受含水率变化的影响较大，即含水率变化对干密度的影响在偏干时比偏湿时更加明显，因此，击实曲线的左段（低于最优含水率）比右段的坡度陡。

6.5.2 土的击实度

土的击实度或击实系数 λ_c，定义为工地压时要求达到的干密度 ρ_d 与室内击实试验所得到的最大干密度 ρ_{dmax}之比值，可由下式表示

$$\lambda_c = \frac{\rho_d}{\rho_{dmax}} \tag{6-17}$$

在工程中，填土的质量标准常以击实度来控制。要求击实度越接近于1，表明对击实质量的要求越高。根据工程性质及填土的受力状况，所要求的击实度是不一样的。必须指出，现场施工的填土击实，无论是在击实能量、击实方法还是在土的变形条件方面，与室内击实试验都存在着一定的差异。因此，室内击实试验用来模拟工地击实仅是一种半经验的方法，要使填土击实的现场施工确保质量，达到要求的击实度，还应该进行现场检验。

在工地上对击实度的检验，一般可用环刀法、灌砂（或水）法、湿度密度仪法或核子密度仪法等来测定土的干密度和含水率，具体选用哪种方法，可根据工地的实际情况决定。

6.5.3 土的击实机理及其影响因素

1. 击实机理

在外力作用之下土的击实机理，可以用结合水膜润滑及电化学性质等理论来解释。一般认为，在粘性土中含水率较低时，由于土粒表面的结合水膜较薄，土粒间距较小，粒间电作用力就以引力占优势，土粒的相对位移阻力大，在击实功能作用下，比较难以克服这

种阻力，因此击实效果就差。随着土中含水率增加，结合水膜增厚，土粒间距也逐渐增加。这时斥力增加，引力相对减小，击实功能比较容易克服粒间引力而使土粒相互位移，趋于密度，击实效果较好。但当土中含水率继续增大时，虽能使粒间引力减少，但土中也会出现自由水，击实时孔隙中过多的水分不易立即排出，势必阻止土粒的靠拢。同时排不出去的气体，以封闭气体的形式存在于土体内，击实时气泡暂时减小，很大一部分击实功能由孔隙气承担，转化为孔隙压力，粒间所受的力减小。击实仅能导致土粒更高程度的定向排列，而土体几乎不发生体积变化，所以击实效果反而下降。试验证明，粘性土的最优含水率与其塑限含水率十分接近，大致为 $\omega_{op}=\omega_{P}+2$（%）。

对于无粘性土，因击实时土中多余的水分容易排出，它的干密度与含水率之间没有峰值点反映在击实曲线上，故最优含水率的概念一般不适用于无粘性土。但对它们可使用震动压密方法，以求得良好压密效果。无粘性土的击实标准，常以相对密实度 D_r 控制，一般不进行室内击实试验。

2. 影响土击实性的主要因素

影响土击实性的因素很多，包括土的含水率、土类及级配、击实功能、毛细管压力以及孔隙压力等，其中前三种影响因素是最主要的。

6.6　土的工程分类

自然界的土类众多，工程性质各异。土的工程分类就是根据实践经验，依照土的基本物理性质（如粒径、级配及塑性等），将工程性质相近的土划分类别，予以定名，以便在不同土类间作有价值比较、评价、积累以及学术与经验交流，并使之直接应有用于工程建设。

土的分类方法很多，不同部门由于研究目的不同，所以分类方法各异。现将水利部 SL237—1999《土工试验规程》（简称《99 规程》）中的分类方法作一简单介绍。

6.6.1　分类符号与符号构成

1. 分类符号

《99 规程》对各类土的分类名称都配有以英文字母组合的分类符号，以表示组成土的成分和级配特征，分类符号见表 6-8 所示。

表 6-8　　分类用符号

土　类	漂石(块石)	卵石(碎石)	砾(角砾)	砂	粉　土	粘　土	细粒土
符　号	B	C_b	G	S	M	C	F
土　类	混合土	有机质土	级配良好	级配不良	高液限	低液限	
符　号	Sl	O	W	P	H	L	

注　细粒土为粘土与粉土的合称，混合土为粗粒土与细粒土的合称。

2. 符号构成

表示土类的符号按下列规定构成。

1）由 1 个符号构成时，即表示土的名称。

例：C_b——卵石、碎石；

M——粉土。

2）由2个基本符号构成时，第1个基本符号表示土的主要成分，第2个基本符号表示土的特征指标（土的液限或土的级配）。

例：GP——不良级配砾；

CL——低液限粘土。

3）由3个基本符号构成时，第1个基本符号表示土的主要成分，第2个基本符号表示液限的高低（或级配的好坏），第3个基本符号表示土中含次要成分。

例：CHG——含砾高液限粘土；

MLS——含砂低限粉土。

6.6.2 分类方法

首先对土进行观察鉴别，以区分无机土还是有机土，根据土中未完全分解的动植物残骸和无定形物质判定是有机土还是无机土。有机质呈黑色、青黑色或暗色，有臭味，手触有弹性和海绵感。当不能判别时，可由试验测定。

土的总的分类体系如图6-11所示。

- 一般土
  - 无机土
    - 巨粒土
      - 漂石
      - 卵石
    - 含巨粒的土
      - 混合巨粒土
      - 巨粒混合土
    - 粗粒土
      - 砾类土
      - 砂类土
    - 细粒土
      - 粉土
      - 粘土
  - 有机土

图6-11 土的总分类体系

1. 巨粒土和粗粒土的分类标准

巨粒土和含巨粒的土（包括混合巨粒土和巨粒混合土）和粗粒土（包括砾类土和砂类土），按粒组含量、级配指标（不均匀系数 C_u 和曲率系数 C_c）和所含细粒的塑性高低，划分为16种土类，见表6-9、表6-10、表6-11所示。

表6-9 巨粒土和含巨粒土的分类

土类	粒组含量		土代号	土名称
巨粒土	巨粒（$d>60$mm）含量100%～75%	漂石粒（$d>200$mm>50%）	B	漂石
		漂石粒不大于50%	C_b	卵石
混合巨粒土	巨粒含量小于75%，大于50%	漂石粒大于50%	BSl	混合土漂石
		漂石粒不大于50%	C_bSl	混合土卵石
巨粒混合土	巨粒含量50%～15%	漂石粒大于卵石粒（$d=60$～200mm）	SlB	漂石混合土
		漂石粒不大于卵石粒	SlC_b	卵石混合土

2. 细粒土的分类标准

细粒土是指粗粒组（$0.075<d\leqslant60$mm）含量少于25%的土，也可表述为试样中细粒组（包括粉粒和粘粒、$d\leqslant0.075$mm）质量大于或等于总质量50%的土称细粒土），参照塑性图可进一步细分。塑性图横坐标为土的液限 ω_L、纵坐标为塑性指数 I_P，塑性图中有两条界限线（A线、B线），见图6-12。

表 6-10　　砾类土的分类（2mm＜d≤60mm 砾粒组含量＞50%）

土　类	粒　组　含　量		土代号	土名称
砾	细粒含量小于 5%	级配：C_u≥5，C_c=1～3	GW	级配良好砾
		级配：不同时满足上述要求	GP	级配不良砾
含细粒土砾	细粒含量 5%～15%		GF	含细粒土砾
细粒土质砾	细粒含量大于 15%，不大于 50%	细粒为粘土	GC	粘土质砾
		细粒为粉土	GM	粉土质砾

表 6-11　　砂类土的分类（砾粒组含量≤50%）

土　类	粒　组　含　量		土代号	土名称
砂	细粒含量小于 5%	级配：C_u≥5，C_c=1～3	SW	级配良好砂
		级配：不同时满足上述要求	SP	级配不良砂
含细粒土砂	细粒含量 5%～15%		SF	含细粒土砂
细粒土质砂	细粒含量大于 15%，不大于 50%	细粒为粘土	SC	粘土质砂
		细粒为粉土	SM	粉土质砂

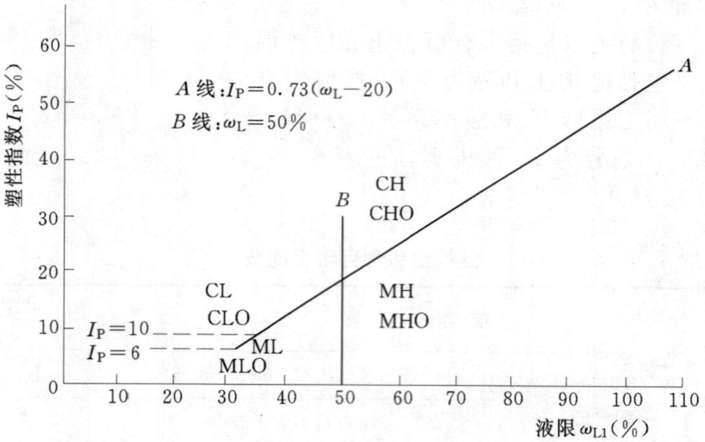

图 6-12　塑性图

细粒土应按塑性图中的位置确定土的类别，并按表 6-12 分类和定名 。

表 6-12　　细粒土的分类（17mm 液限）

土的塑性指标在塑性图中的位置		土代号	土　名　称
塑性指数 I_P	液限 ω_L（%）		
I_P≥0.73（ω_L−20）和 I_P≥10	ω_L≥50	CH	高液限粘土
	ω_L＜50	CL	低液限粘土
I_P＜0.73（ω_L−20）和 I_P＜10	ω_L≥50	MH	高液限粉土
	ω_L＜50	ML	低液限粉土

若细粒土内粗粒含量为25%～50%，则该土属于含粗粒的细粒土。这类土的分类仍按上述塑性图进行划分，并根据所含粗粒类型进行如下分类：

1）当粗粒中砾粒占优势，称为含砾细粒土，在细粒土符号后缀以符号G，例如含砾低液限粘土，符号为CLG。

2）当粗粒中砂占优势，称为含砂细粒土，在细粒土符号后缀以符号S，例如含砂高液限粘土，符号为CHS。

若细粒土内含有机质，则土名前加“有机质”，对有机质细粒土的符号后缀以符号O。例如低液限有机质粉土，符号MLO。

【例6-4】 从某无机土样的颗粒级配曲线上查得大于0.075mm的颗粒含量为97%，大于2mm的颗粒含量为63%，大于60mm的颗粒含量为7%，$d_{60}=3.55$mm，$d_{30}=1.65$mm，$d_{10}=0.30$mm。试按SL237—1999规范对土分类定名。

解 （1）因该土样的粗粒组含量为（粒径范围：60mm≥d>0.075mm）：97%－7%＝90%，大于50%，该土属粗粒类土。

（2）因该土样砾粒组含量为（粒径范围：60mm≥d>2.0mm）：63%－7%＝56%，大于50%，该土属砾类土。

（3）因该土样细粒组含量为（粒径范围：d≤0.075mm）：100%－97%＝3%，小于5%，查表6-10，该土属于砾，需根据级配情况进行细分。

（4）该土的不均匀系数 $C_u=\dfrac{d_{60}}{d_{10}}=\dfrac{3.55}{0.30}=11.8>5$

曲率系数 $C_c=\dfrac{d_{30}^2}{d_{60}d_{10}}=\dfrac{1.65^2}{3.55\times0.30}=2.56$，在1～3之间，故属级配良好。

因此该土定名为级配良好的砾，即GW。

【例6-5】 已知从某土样的颗粒级配曲线上查得：大于0.075mm的颗粒含量为64%，大于2mm的颗粒含量为8.5%，大于0.25的颗粒含量为38.5%，并测得该土样细粒部分的液限$\omega_L=38\%$，塑限$\omega_P=19\%$，试按《99规程》对土分类定名。

解 （1）因该土样粗粒含量为64%>50%，所以该土属粗粒类土。

（2）因该土样砾粒组含量为8.5%<50%，所以该土属砂类土。

（3）因该土样细粒含量为100%－64%＝36%，查表6-11，在15%～50%之间，所以该土为细粒土质砂，应根据塑性图进一步细分。

（4）因该土的塑性指数$I_p=38-19=19$，$\omega_L=38\%$，查塑性图（图6-12），坐标交点落在CL区，故该土的最后定名为粘土质砂，即SC。

【例6-6】 从某土样颗粒级配曲线上查得：大于0.075mm的颗粒含量为38%，大于2mm的颗粒含量为13%，并测得该土样细粒部分的液限$\omega_L=47\%$，塑限$\omega_P=24\%$，试按《99规范》对土分类定名。

解 （1）因该土样细粒组含量为100%－38%＝62%>50%，所以该土属细粒类土。

（2）因该土样粗粒组含量为38%，在25%～50%之间，故该土属含粗粒的细粒土，应先按塑性图定出细粒土的名称。

（3）土样的塑性指数$I_p=47-24=23$，$\omega_L=47\%$，查塑性图（见图6-11）坐标交点

落在 CH 区，再判断粗粒中是砾粒占优势还是砂粒占优势。

(4) 因该土样砾粒组含量为 13%，砂粒组含量为 38%－13%＝25%，故砂粒占优势，称含砂细粒土，应在细粒土符号后缀以符号 S。因此，该土的最后定名为含砂高液限粘土，即为 CHS。

复习思考题

6-1　什么叫土？土是怎样形成的？粗粒土和细粒土的组成有何不同？

6-2　何谓土的级配？土的级配曲线是怎样绘制的？为什么级配曲线用半对数坐标？

6-3　何谓土的结构？土的结构有哪几种类型？它们各有何特征？

6-4　土的级配曲线的特征可用哪几种系数来表示？它们的定义如何？

6-5　什么叫自由水？自由水又可分为哪两种？

6-6　什么叫土的物理性质指标？土的物理性质指标是怎样定义的？其中有哪三个基本指标？

6-7　什么叫砂土的相对密度？有何用途？

6-8　何谓粘性土的稠度？粘性土随着含水率的不同可分为几种状态？各有何特性？

6-9　何谓土的击实性？土击实的目的是什么？

6-10　土的击实性与哪些因素有关？何谓土的最大干密度和最优含水率？

6-11　土的工程分类的目的是什么？

6-12　什么叫粗粒土？什么叫细粒土？

习　　题

6-1　有 A、B 两个土样，通过室内试验测得其粒径与小于该粒径的土粒质量如附表 6-1、附表 6-2 所示，试绘制出它们的颗粒级配曲线并求出 C_u 与 C_c 值，同时判别级配的优劣。(答案：A 样土 $C_u=12.5$，$C_c=1.36$，良好级配；B 样土 $C_u=4.46$，$C_c=1.2$，级配不良)

附表 6-1　　A 土样试验资料（总质量 500g）

粒径 d (mm)	5	2	1	0.5	0.25	0.1	0.075
小于该粒径的质量 (g)	500	460	310	185	125	75	30

附表 6-2　　B 土样试验资料（总质量 30g）

粒径 d (mm)	0.075	0.05	0.02	0.01	0.005	0.002	0.001
小于该粒径的质量 (g)	30	28.8	26.7	23.1	15.9	5.7	2.1

6-2　用体积为 $60cm^3$ 环刀切取土样，测得其质量为 110g，烘干后质量为 93g，土样比重 2.70，求该土样的含水率、湿重度、饱和重度、干重度。(答案：$\omega=18.3\%$，$\gamma=$

17.9kN/m³，γ_{sat}=19.3kN/m³，γ_d=15.2kN/m³）

6-3　某原状土样，测得该土的γ=17.8kN/m³，ω=25%，G_3=2.65，试计算该土的干重度γ_d、孔隙比e、饱和重度γ_{sat}、浮重度γ'和饱和度S_r。（答案：γ_d=14.2kN/m³，e=0.82，γ_{sat}=18.7kN/m³，γ'=8.9kN/m³，S_r=80.4%）

6-4　有土样1000g，它的含水率为6.0%，若使它的含水率增加到16.0%。问需要加多少水？（答案：94.3g）

6-5　有一砂土层，测得其天然密度为1.77g/cm³，天然含水率为9.8%，土粒的比重为2.70，烘干后测得最小孔隙比为0.46，最大孔隙比为0.94，试求天然孔隙比e和相对密度D_r，并判别该砂土层处于何种密实状态。（答案：e=0.68，D_r=0.55，该砂土层处于中密状态）

6-6　今有两种土，其性质指标如附表6-3所示。试通过计算判断下列说法是否正确？

（1）土样A的密度比土样B的密度大；（答案：否）

（2）土样A的干密度比土样B的干密度大；（答案：否）

（3）土样A的孔隙比比土样B的孔隙比大；（答案：是）

附表6-3　　A、B土样的性质指标

性质指标＼土样	A	B	性质指标＼土样	A	B
含水率（%）	15.0	6.0	饱和度（%）	50.0	30.0
土粒比重	2.75	2.68			

6-7　一粘性土的击实试验成果如附表6-4所示，试绘制该土的击实曲线并确定其最优含水率和最大干密度。（答案：ω_{op}=16.5%；ρ_{dmax}=1.61g/cm³）

附表6-4　　某粘性土的击实试验成果表

含水率（%）	9.0	12.0	15.5	18.5	21.0
干密度（g/cm³）	1.55	1.58	1.60	1.60	1.59

6-8　某碾压土坝的土方量为2×10^5m³，设计填筑干密度为1.65g/cm³。料场土的含水率为12.0%，天然密度为1.70g/cm³，液限为32.0%，塑限为20.0%，土料比重为2.72。问：

（1）为满足填筑土坝需要，料场至少要有多少方土料？（答案：$V=2.17\times10^5$m³）

（2）如每日坝体的填筑量为3000m³，该土的最优含水率为塑限的95%，为达到最佳碾压效果，每天共需要加水多少？（答案：G=346.5t）

（3）土坝填筑后的饱和度是多少？（答案：S_r=79.5%）

6-9　有A、B、C三种土，它们的颗粒级配曲线如附图6-1所示。已知B土样的液限为38%，塑限为19%，C土的液限为47%，塑限为24%。试对这三种土进行分类。（答案：A良好级配砾GW，B粘质土砂SC，C含砂低液限粘土CLS）

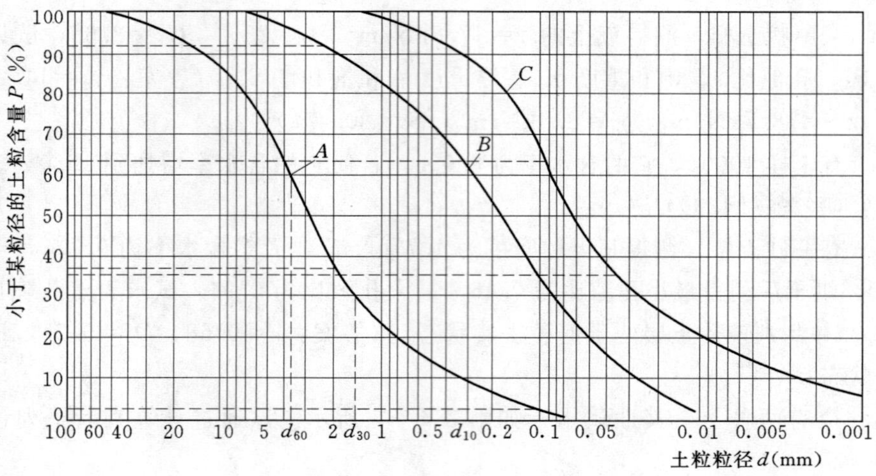

小于某粒径的土粒含量 P(%)
100
90
80
70
60
50
40
30
20
10
0
A
B
C
100 60 40 20 10 5 d_{60} 2 d_{30} 1 0.5 d_{10} 0.2 0.1 0.05 0.01 0.005 0.001
土粒粒径 d(mm)

附图 6-1　习题 6-9 图

第7章　土的渗透性

在水利工程建筑中，经常要修一些土坝和水闸，当土坝和水闸挡水后，上游的水就会通过坝体或闸基渗透到下游，在水头差作用下，水透过土体孔隙的现象称为渗透或渗流，而土体被水透过的性能称为土的渗透性。

水的渗透将引起渗漏和渗透变形两方面的问题。渗漏造成水量损失，影响闸坝蓄水的工程效益；渗透变形将引起土体内部应力状态发生变化，从而改变其稳定条件，甚至危及整个建筑物的安全。因此本章主要讨论水在土中渗透的基本规律、渗透性指标及土体的渗透变形问题。

7.1　达西定律及适用范围

7.1.1　渗流的概念

水在重力作用下，通过土中的孔隙发生流动的现象叫水的渗透。土体能被水透过的性质，叫土的渗透性，它是土的力学性能之一。流动的水叫渗流，如图7－1所示。土坝在挡水后，水在浸润线以下的坝体中产生渗流；水闸挡水后，在上下游水位差作用下，水从上游经过闸基渗透到下游。

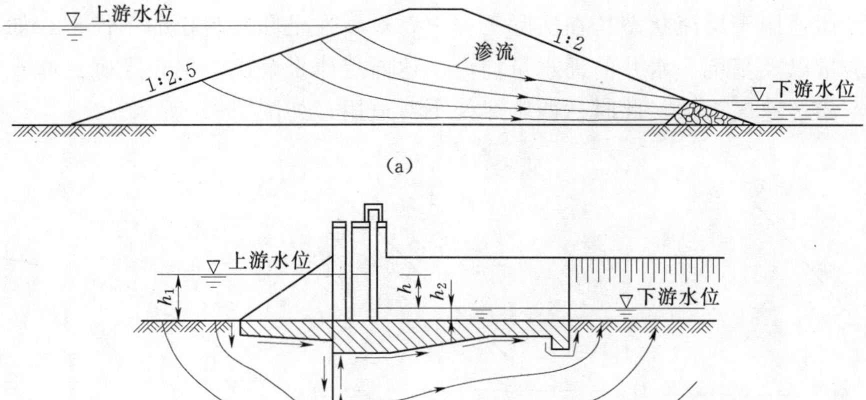

(a)

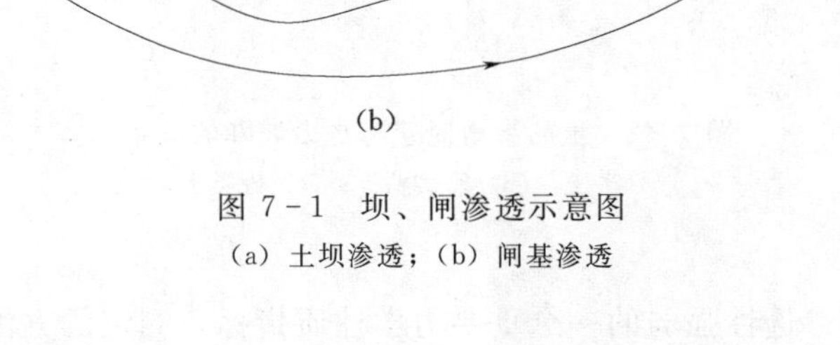

(b)

图7－1　坝、闸渗透示意图

(a) 土坝渗透；(b) 闸基渗透

7.1.2　达西定律

1856年，法国科学家达西对不同粒径砂土作试验时，发现水流在层流状态时，水的

渗透速度与水力坡度成正比。其表达式为

$$v = k\frac{h}{L} = ki \tag{7-1}$$

$$Q = kiA \tag{7-2}$$

式中　v——渗透速度，cm/s；

i——水力坡降，是水头差 h 与渗透路径 L 之比，即 $\frac{h}{L}$，无因次；

k——比例系数，即土的渗透系数，cm/s；

Q——渗透流量，cm^3/s；

A——垂直于渗透方向的土样截面面积，cm^2。

当 $i=1$ 时，$v=k$，表明渗透系数 k 是单位水力坡降时的渗透速度，单位为 cm/s。它是表示渗透性强弱的指标，其大小主要取决于土的种类和透水性质见表 7-1。

表 7-1　各种土的渗透系数参考值

土的类别	渗透系数 k		土的类别	渗透系数 k	
	m/d	cm/s		m/d	cm/s
粘　土	<0.005	$<6\times10^{-6}$	细　砂	1.0～5	$1\times10^{-3}\sim6\times10^{-3}$
粉质粘土	0.05～0.1	$6\times10^{-6}\sim1\times10^{-4}$	中　砂	5～20	$6\times10^{-3}\sim2\times10^{-2}$
粉　土	0.1～0.5	$1\times10^{-4}\sim6\times10^{-4}$	粗　砂	20～50	$2\times10^{-2}\sim6\times10^{-2}$
黄　土	0.25～0.5	$3\times10^{-4}\sim6\times10^{-4}$	圆　砾	50～100	$6\times10^{-2}\sim1\times10^{-1}$
粉　砂	0.5～1.0	$6\times10^{-4}\sim1\times10^{-3}$	卵　石	100～500	$1\times10^{-1}\sim6\times10^{-1}$

7.1.3　达西定律的适用范围

达西定律适用于层流状态。在实际工程中，对砂性土和较疏松的粘性土，如坝基和灌溉渠的渗透量以及基坑、水井的涌水量均可用达西定律来解决。但在大砾、卵石地基或填石坝体中，渗透速度很大。此时达西定律便不再适用，如图 7-2 所示。

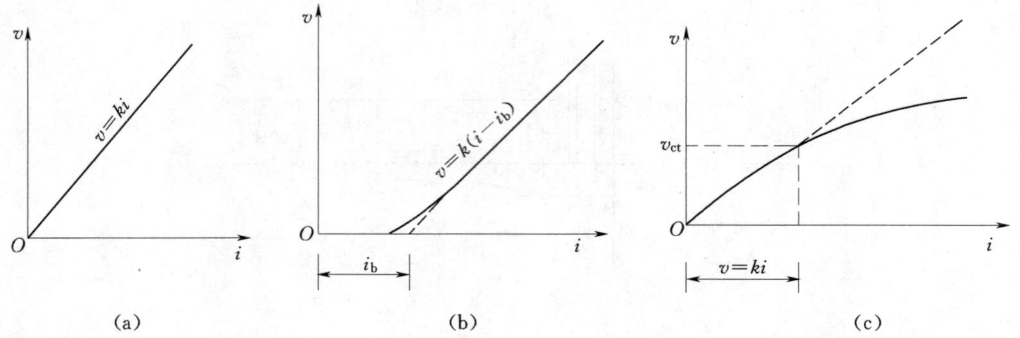

图 7-2　土的渗透流速与水力坡降的关系

(a) 砂土；(b) 密实粘土；(c) 砾类土

7.1.4　渗透系数

该值是衡量土体渗透性强弱的一个重要力学性质指标，测定的方法分为室内和现场试验测定。室内渗透试验按其原理，有常水头和变水头两种。常水头渗透试验适用于粗粒土

（砂质土），变水渗透试验适用于细粒土（粘性土和粉质土）。

1. 常水头试验法

常水头试验就是在试验过程中，水头保持为一常数（见图7-3）。计算公式为

$$k = \frac{QL}{Aht} \tag{7-3}$$

式中 k——土样的渗透系数，cm/s；

Q——时间 t 秒内流经土样的水量，cm^3；

L——土样厚度（即渗透路径），cm；

A——土样的横截面积，cm^2；

h——试验时的水头差，cm；

t——时间，s。

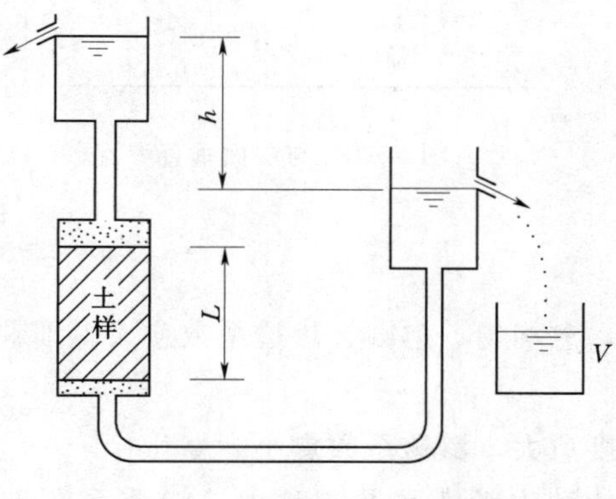

图7-3 常水头试验装置示意图

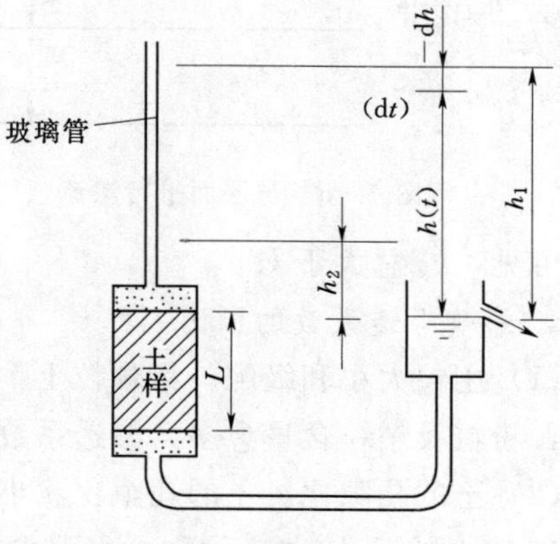

图7-4 变水头试验装置示意图

2. 变水头试验法

变水头试验就是在试验过程中，渗透水头随时间而变化的一种试验方法，如图7-4所示。

$$k = 2.3\frac{aL}{A(t_2 - t_1)}\lg\frac{h_1}{h_2} \tag{7-4}$$

式中 k——土样的渗透系数，cm/s；

a——变水头管截面积，cm^2；

L——渗径，等于试样高度，cm；

h_1——开始时水头，cm；

h_2——终止时水头，cm；

A——土样的横截面积，cm^2。

3. 成层土的渗透系数

（1）水平渗流时如图7-5所示。

$$k_x = \frac{1}{H}(k_1H_1 + k_2H_2 + \cdots + k_nH_n) \tag{7-5}$$

式中 k_x——与层面平行的平均渗透系数；

H——土层总厚度；

k_n、H_n——各层土的渗透系数和厚度。

（2）垂直渗流时如图 7-6 所示。

$$k_y = \frac{H}{\frac{H_1}{k_1}+\frac{H_2}{k_2}+\cdots+\frac{H_n}{k_n}} \tag{7-6}$$

式中　k_y——与层面垂直渗流的平均渗透系数。

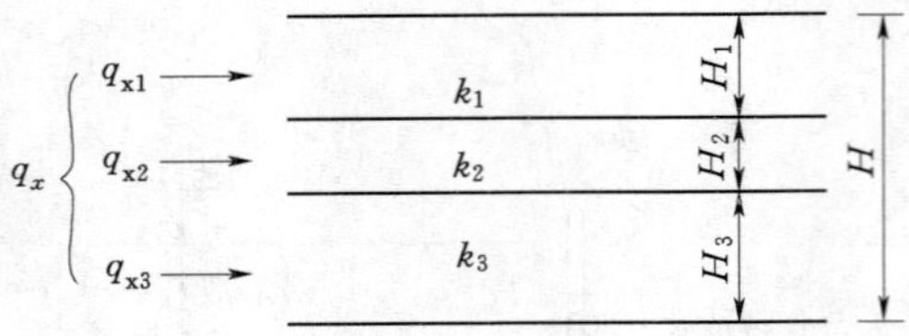

图 7-5　与层面平行渗流

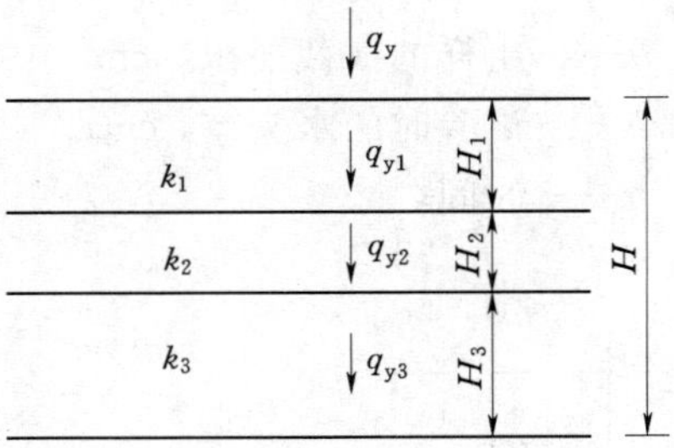

图 7-6　与层面垂直渗流

可见，k_x 总大于 k_y。

4. 影响渗透系数的原因

（1）土粒大小和级配。粗颗粒土颗粒愈粗，愈均匀、愈圆、渗透系数愈大。细颗粒土愈细，粉粒及粘粒含量愈多，渗透系数愈小。

（2）土的孔隙比。土的孔隙比愈小，密实度愈大，渗透系数愈小。

（3）水的动力粘滞系数。水温愈高，水的动力粘滞系数 η 愈小，渗透系数 k 值愈大，试验时某一温度下测定的渗透系数，应按下式换算为标准温度 20 ℃下的渗透系数。即

$$k_{20} = k_T \frac{\eta_T}{\eta_{20}} \tag{7-7}$$

式中　k_T、k_{20}——T ℃和20℃时土的渗透系数；

η_T、η_{20}——T ℃和 20℃时水的动力粘滞系数，见 SL237—1999《土工试验方法标准》。

（4）封闭气体含量。土中封闭气体含量愈多，会使土的渗透通路愈小，渗透系数减小。故试验时应充分饱和土样降低土中封闭气体的影响。

7.2　土的渗透力和渗透变形

7.2.1　渗透力

水流在渗透过程中会遇到土颗粒的阻力作用。根据牛顿第三定律，水对土颗粒必将产生一个相等的反作用力。我们将渗流作用在单位土体上的力称为单位渗透力，简称渗透力，以 j 表示，如图 7-7 所示。

则
$$j=\gamma_w \frac{h_1-h_2}{L}=\gamma_w \frac{h}{L}=\gamma_w i \tag{7-8}$$

式中 i——水力坡降；

γ_w——水的重度，kN/cm^3。

渗透力是一种体积力，其大小与水力坡降成正比。方向与渗流作用方向一致。图7-8表示渗流对闸基的作用。

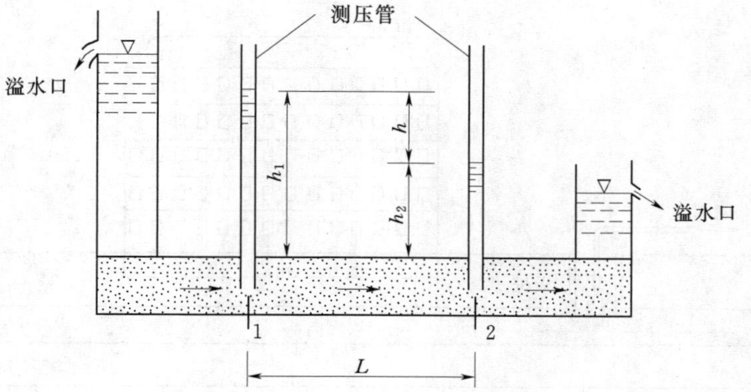

图 7-7 渗透力计算示意图

在渗流进口处 A 点，渗流自上而下，与土重方向一致，渗透力起增大重量作用，对土体稳定有利。在渗透近似水平的 B 点，渗透力与土的重力方向正交，使土粒产生向下游动的趋势，对土体稳定不太有利，在渗流的出逸点 C，渗流方向自下而上，与土重方向相反。渗透力起减轻土重作用。土体极可能失去稳定，发生渗透破坏，这就是引起渗透变形的根本原因，因此在闸坝地基、土坝和基坑开挖等稳定分析过程中，必须考虑渗透力的影响。

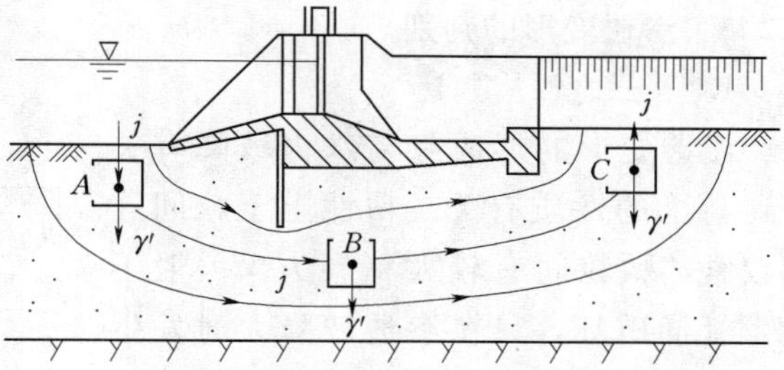

图 7-8 渗流对闸基土的作用

7.2.2 渗透变形

在渗流作用下，土体中的细颗粒被冲走或局部土体同时浮起而流失，导致土体变形破坏的现象叫渗透变形。

渗透变形的基本形式可分为流土和管涌两种基本类型。

(1) 流土。流土是指在渗流作用下，局部土体浮动或土粒团同时发生移动而流失的现象。流土一般发生在无保护的渗流逸出处，而不发生在土体内部。开挖渠道或基坑时常遇到的流砂现象，就属流土类型，如图 7-9 所示。

(2) 管涌。管涌指在渗流作用下，无粘性土体中的细小颗粒通过粗颗粒的孔隙移动或被带出土体的现象。它既发生于渗流逸出处，也可发生在土体的内部。是一种渐进性破坏过程。如图 7-10 所示。

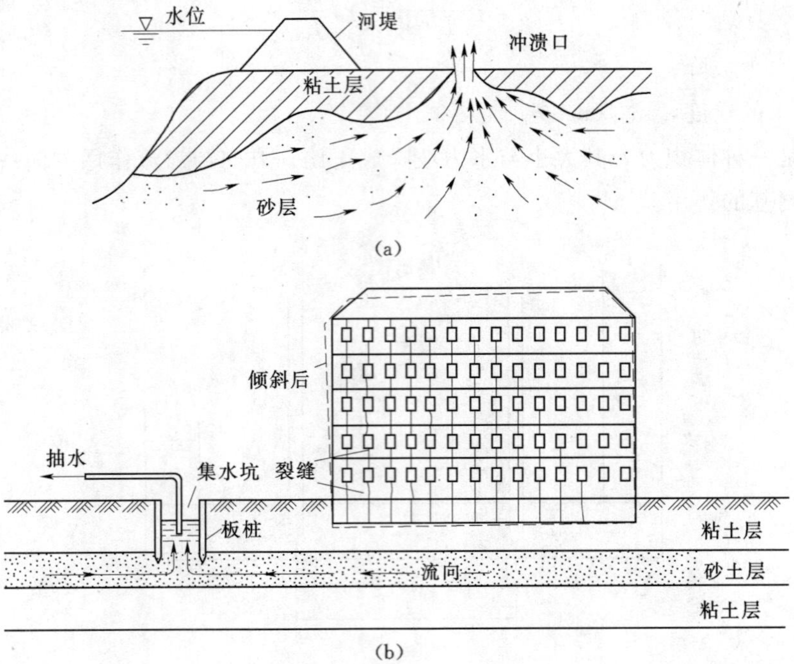

图 7-9　流土的危害

(a) 河堤覆盖层下流砂涌出现象；(b) 流砂涌向基坑引起房屋不均匀下沉的现象

7.2.3　渗透变形的判别

1. 用土的性质判定

渗透变形的形成除与水力坡降有关外还与土的性质有关。粘性土土粒间连结较紧，颗粒间有较大粘聚力。一般不发生管涌破坏，只在渗透坡降大时发生流土破坏。

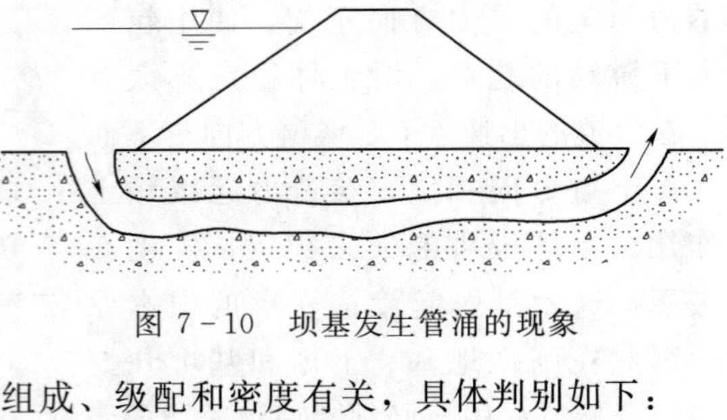

图 7-10　坝基发生管涌的现象

无粘性土的渗透变形的形式与土的颗粒组成、级配和密度有关，具体判别如下：

- 天然无粘性土
  - 较均匀土，$C_u \leqslant 10$　　流土
  - 不均匀土，$C_u > 10$
    - 级配不连续
      - $P > 35\%$　　流土
      - $P < 25\%$　　管涌
      - $P = 25\% \sim 35\%$　　过渡
    - 级配连续
      - $D_0 > d_3$　　流土
      - $D_0 < d_5$　　管涌
      - $D_0 < d_3 \sim d_5$　　过渡

上面　P——级配曲线上断点（断点：指级配曲线水平段下限）以下对应颗粒含量，即细料含量；

D_0——孔隙平均直径，可用 $D_0 = 0.25d_{20}$ 计算；

d_3、d_5、d_{20}——小于该粒径土粒含量为3%、5%、20%对应的粒径。

另外，无粘性土的渗透变形还与土的密度有关，有些土在较大密度下可能发生流土，而在小密度下则可能出现管涌。

2. 用临界水力坡降判定

一般的工程可用半经验公式判定，重要工程应尽可能结合实际条件通过试验确定。

(1) 流土的临界水力坡降

$$i_{cr}=\frac{\gamma'}{\gamma_w}=\frac{G_S-1}{1+e}=\frac{\gamma_{sat}-\gamma_w}{\gamma_w} \tag{7-9}$$

式中　i_{cr}——临界水力坡降，其他指标见前述。

流土往往发生在渗流的逸出处。工程中通常用渗流逸出处的水力坡降 i 与其临界水力坡降 i_{cr} 比较，即可判别流土的可能性。

若 $i<i_{cr}$——土体处于稳定状态不发生流土；

若 $i=i_{cr}$——土体处于临界状态；

若 $i>i_{cr}$——土体发生流土。

设计中要求将逸出处的水力坡降 i 控制在允许水力坡降 $[i]$ 之内。

即
$$i\leqslant[i]=i_{cr}/K$$

K——安全系数，一般取2～2.5。

(2) 管涌的临界水力坡降

$$i_{cr}=\frac{42d_3}{\sqrt{\frac{k}{n^3}}} \tag{7-10}$$

式中　d_3——小于该粒径颗粒含量为3%所对应粒径，cm；

n——孔隙率；

k——渗透系数，cm/s。

通常要求 $i\leqslant[i]$，方法同流土。

7.2.4　防止渗透变形的措施

根据渗透变形的机理可知，土体发生渗透破坏的原因有两个方面：一是渗流特征，即上下游水位差形成的水力坡降，二是土的类别及组成特性。即土的性质及颗粒级配。故防止渗透变形的工程措施基本归结为：延长渗径，减小下游逸出处水力坡降，降低渗透力；增强渗流逸出处土体抗渗能力。具体措施如下。

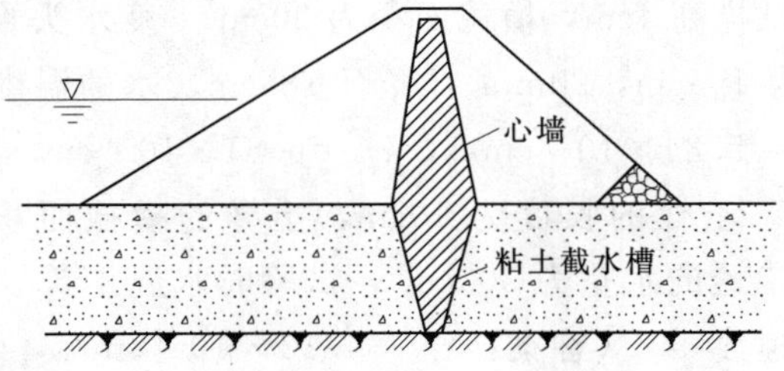

图7-11　心墙坝的粘土截水槽示意图

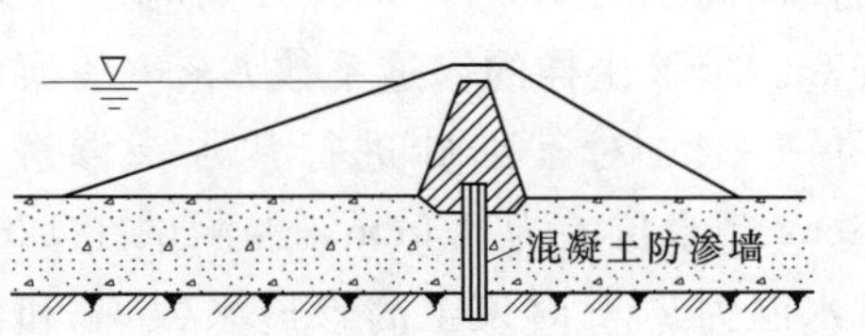

图7-12　心墙坝混凝土防渗墙示意图

(1) 上游设置垂直和水平防渗体，用以延长渗径，减小水力坡降。如图7－11、图7－12、图7－13所示。

(2) 下游设置反滤层、盖重或减压井，用以滤土排水，使渗流逸出，又防止细小颗粒被带走。如图7－14所示。

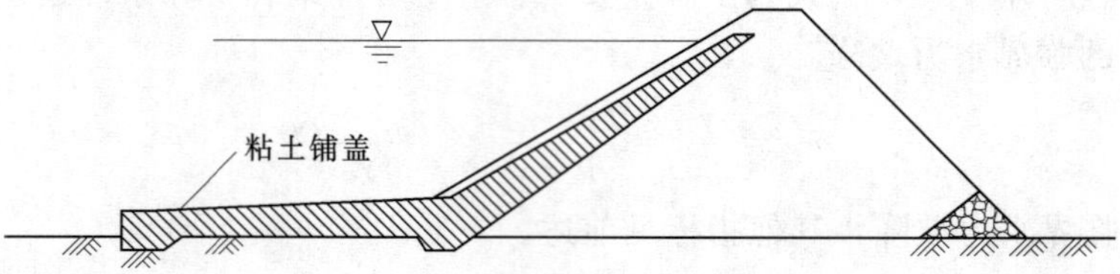

图7－13　水平粘土铺盖示意图

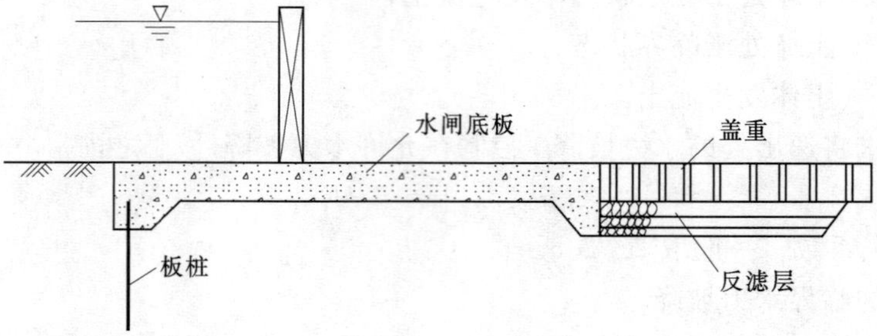

图7－14　水闸防渗示意图

复习思考题

7－1　何谓达西定律？其表达式如何？它的适用条件是什么？

7－2　什么是土的渗透系数？影响土的渗透系数的因素是什么？

7－3　常水头和变水头渗透试验方法有何区别？各适用于什么土？

7－4　什么是管涌、流土？引起流土和管涌破坏的原因是什么？

7－5　渗透变形的防治都有哪些工程措施？

7－6　什么叫渗透力？大小、方向如何确定？

习　题

7－1　对某原状土样进行变水头试验，试样高4cm，横截面积为30cm^2，变水头管的内截面面积为1cm^2，试验开始时总水头差为195cm，20min后降至185cm，水的温度为15℃。求该土样的渗透系数k_{20}。(答案：$k_{15}=5.84\times10^{-6}$cm/s，$k_{20}=6.61\times10^{-6}$cm/s)

7－2　对某细砂进行常水头渗透试验。土样的长度为10cm，土样的横截面积为86cm^2，水位差为8.0cm，经测试在120s内渗透的水量为300cm^3，试验时水温15℃。试求水温为20℃时该土的渗透系数k_{20}和渗透速度v。(答案：$k_{20}=4.12\times10^{-2}$cm/s，$v=3.30\times10^{-2}$cm/s)

7－3　某砂土基坑，其坑壁用板桩支撑，坑底有一排水用的集水池，如附图7－1所

示。现校核板桩打入土中 3m 长度是否够用？（答案：3m 长度够用，安全系数 $F_s=2.25$）

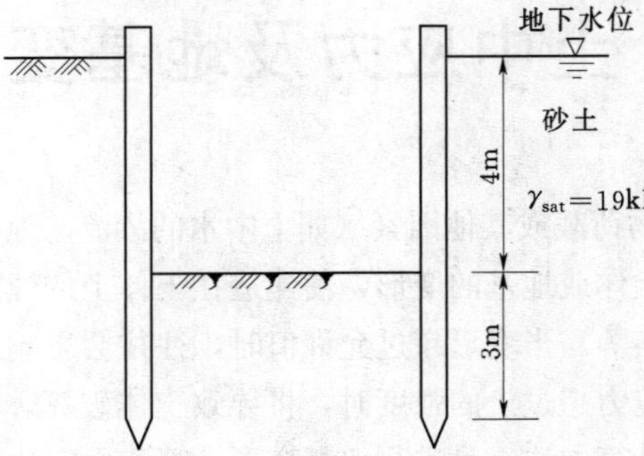

附图 7-1 习题 7-3 图

第 8 章　土中应力及地基变形计算

土体在自身重力、建筑物荷载或其他因素（如土中水的渗流、地震等）作用下，均可产生土中应力。土中应力将引起土体或地基的变形，使建造在土体上的建筑物（如土坝、路堤、房屋、桥梁等）发生下沉、倾斜等。当变形超过允许值时，往往会影响建筑物的正常使用，甚至使建筑物遭到破坏。当土中应力超过土的强度时，将导致土体破坏，使其失去稳定。因此，研究土中的应力分布规律及其计算方法，是进行地基变形计算和稳定分析的重要内容。

土中应力按其起因分为自重应力和附加应力，土中的自重应力是指土体由自身重力作用所产生的应力，一般情况下，地基土层在自重的长期作用下已压缩稳定，自重应力不再引起地基变形；土中的附加应力是指受外荷载（建筑物荷载、堤坝荷载、交通荷载等）作用下附加产生的应力增量。它是引起地基变形的主要原因，也是导致土体强度破坏和失稳的重要原因。

建筑物的荷载通过基础传给地基，使天然土层原有的应力状态发生变化，在附加三向应力分量作用下，地基中产生了竖向、侧向和剪切位移。地基表面的竖向变形称为地基沉降，或基础沉降，而地基沉降的大小与土体的压缩性高低直接相关。

本章将主要介绍土中应力计算、土的压缩性与地基沉降计算。

8.1　土的自重应力

8.1.1　均质土中的自重应力

在计算土体自重应力时，通常把土体（或地基）视为均质、连续、各向同性的半无限体。在半无限土体中，任意竖直面和水平面上剪应力均为零，土体内相同深度处各点的自重应力相等。如图 8－1（a）为均质天然地基，重度为 γ，在任意深度 z 处的水平面 a—a 上任取一单位面积的土柱进行分析。由土柱的静力平衡条件可知，z 深度处的竖向有效自重应力（简称自重应力）应等于单位面积上的上覆土柱的有效重力，即

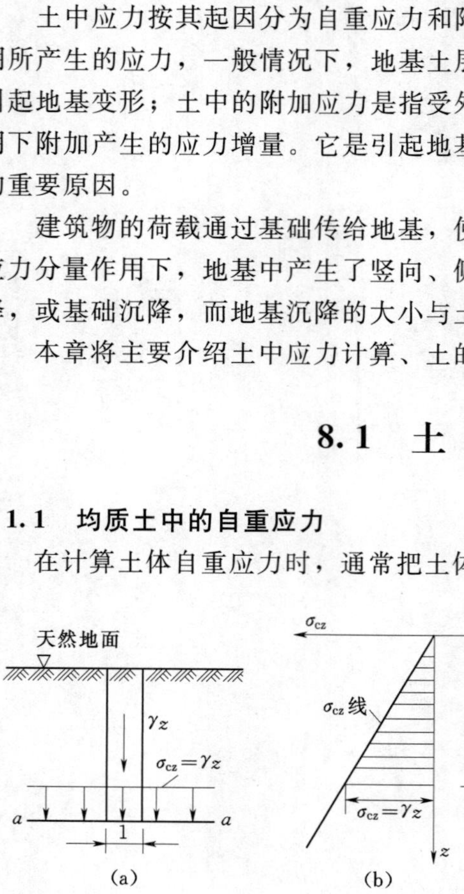

图 8－1　均质土中竖向自重应力

（a）任意水平面上的分布；（b）沿深度的分布

$$\sigma_{cz}=\gamma z \quad (\mathrm{kN/m^2}) \qquad (8-1)$$

σ_{cz}沿水平面均匀分布，且与 z 成正比，所以 σ_{cz}随深度 z 线性增加，呈三角分布，如图 8－1（b）所示。

8.1.2　成层土或有地下水时的自重应力

地基土往往是成层的，不同土层具有不同的重度，因此，自重应力需分层计算，即

$$\sigma_{cz}=\sum_{i=1}^{n}\gamma_i h_i \tag{8-2}$$

式中 σ_{cz}——天然地面下任意深度处的自重应力，kPa；

n——深度 z 范围内的土层总数；

h_i——第 i 层土的厚度，m；

γ_i——第 i 层土的天然重度，对地下水位以下的土层取浮重度 γ'_i，kN/m^3。

同时地基中往往又存在有地下水，在地下水位以下的透水层，因土粒受到水的浮力作用，应以浮重度计算自重应力；在地下水位以下的不透水层，例如，岩层或密实粘土，由于不透水层不存在水的浮力，因此，在其层面及层面以下的自重应力应按上覆土层的水、土总重计算，如图 8-2 所示。

【例 8-1】 试绘制图 8-3 所示地基剖面土的自重应力沿深度的分布图。

解 (1) 在地面处

$$\sigma_{cz}=0$$

(2) $z=1.8$m 处

$$\sigma_{cz}=\gamma_1 h_1=19\times1.8=34.2\ \text{kPa}$$

(3) $z=3.8$m 处

$$\sigma_{cz}=\gamma_1 h_1+\gamma_2 h_2=34.2+18\times2=70.2\ \text{kPa}$$

(4) $z=6.3$m

$$\sigma_{cz}=\gamma_1 h_1+\gamma_2 h_2+\gamma'_2 h_3=70.2+(19.8-9.8)\times2.5=95.2\ \text{kPa}$$

据此绘制自重应力分布曲线（见图 8-3）。

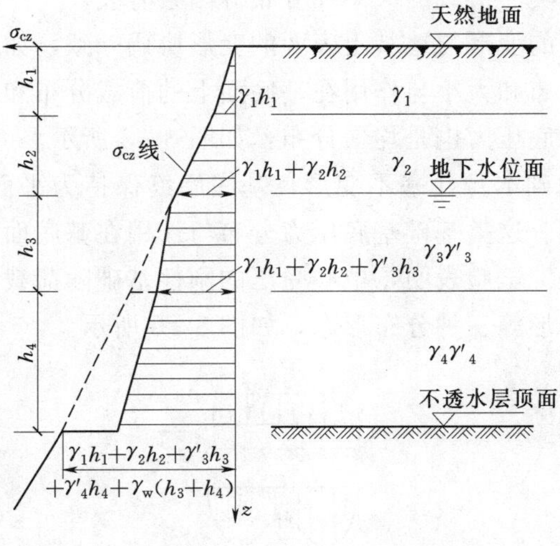

图 8-2 成层土中自重应力沿深度的分布

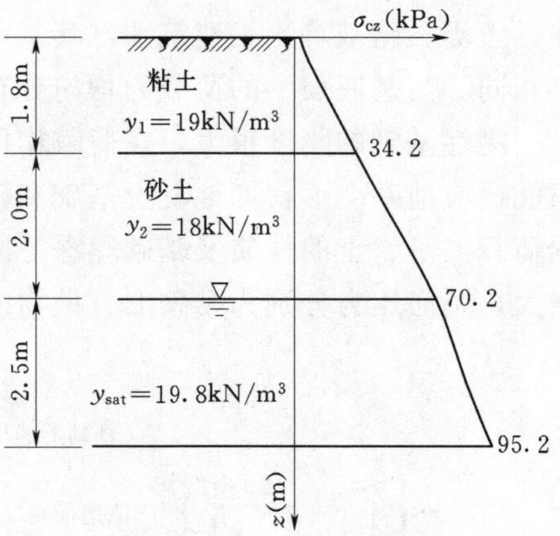

图 8-3 [例 8-1] 附图

8.1.3 地下水位升降时的土中自重应力

地下水升降，使地基土中自重应力也相应发生变化。图 8-4 (a) 为地下水位下降的情况，如在软土地区，因大量抽取地下水，以致地下水位长期大幅度下降，使地基中自重应力增加，从而引起地面大面积沉降的严重后果。图 8-4 (b) 为地下水位长期上升的情况，如在人工抬高蓄水水位地区（如筑坝蓄水）或工业废水大量渗入地下的地区。水位上升会引起地基承载力减小，湿陷性土的陷塌现象等，必须引起注意。

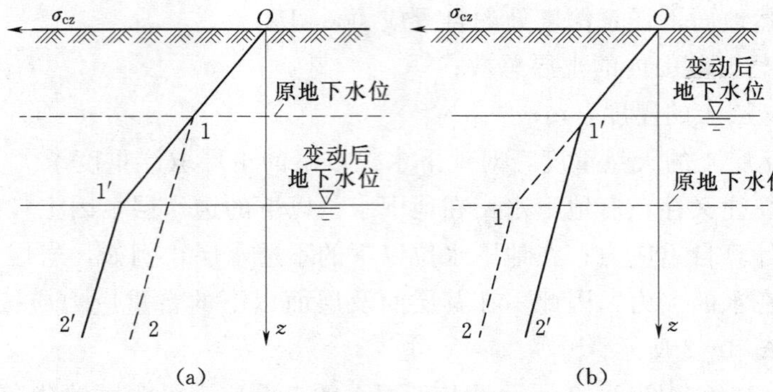

图 8-4　地下水升降对土中自重应力的影响

0—1—2 线—原来自重应力的分布；0—1′—2′线—地下水位变动后自重应力的分布

8.2　基　底　压　力

8.2.1　基本概念

建筑物的荷载是通过基础传给地基的。由基础底面传至地基单位面积上的压力，称为基底压力（或称为接触压力），地基对基础的作用力称为地基反力。在计算地基附加应力以及设计基础结构时，必须首先确定基底压力的大小和分布情况。

试验和理论都已证明，基底压力分布是比较复杂的，它不仅与基础的形状、尺寸、刚度和埋深等因素有关，而且也与土的性质、种类、荷载的大小和分布等因素有关。

柔性基础刚度很小，在荷载作用下，基础的变形与地基土表面的变形协调一致，如土坝、土堤、路基等土工建筑物，其基底压力分布和大小与作用在基底面上的荷载分布和大小相同。当基底面上的荷载为均匀分布时，基底压力也是均匀分布，如图 8-5 所示。

刚性基础的刚度很大，在荷载作用下，基础本身几乎不变形，基底始终保持为平面，不能适应地基变形，如混凝土基础和砖石基础。这类基础基底压力分布与作用在基底面上的荷载大小、土的性质及基础埋深等因素有关。试验表明，中心受压的刚性基础随荷载的增大，基底压力分别为马鞍形、抛物线形、钟形等三种分布形态，如图 8-6 所示。

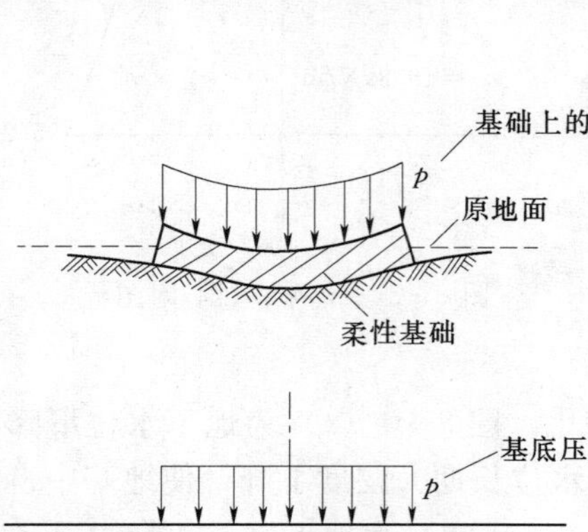

图 8-5　柔性基础基底压力分布

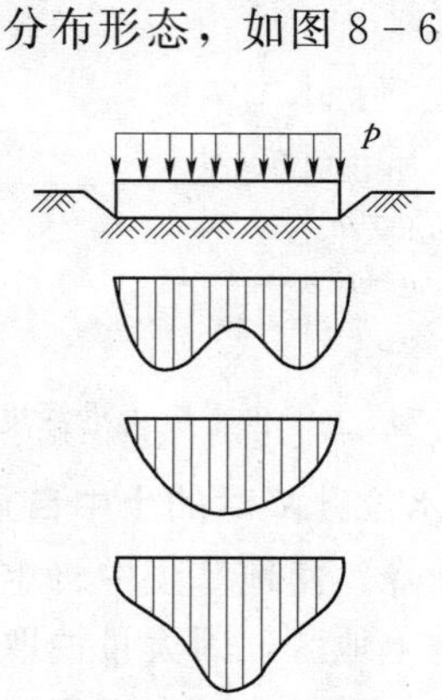

图 8-6　刚性基础基底压力分布

实际工程中作用在基础上的荷载，由于受地基承载力的限制，一般不会很大，且基础都有一定的埋深，其基底压力分布接近马鞍形，并趋向于直线分布，因此，常假定基底压力为直线变化，按材料力学公式计算基底压力。

8.2.2 基底压力的简化计算

1. 中心荷载下的基底压力

受竖向中心荷载作用的基础，其荷载的合力通过基底形心，基底压力为均匀分布。

$$p=\frac{F+G}{A} \tag{8-3}$$

式中 p——基底压力，kPa；

F——上部结构传至基础顶面的竖向力，kN；

A——基础底面积，m^2；

G——基础自重及其上回填土重，kN，$G=\gamma_G Ad$，其中 γ_G 为基础及回填土的平均重度，一般取 $20kN/m^3$，地下水位以下应取有效重度，d 必须从设计地面或室内、外平均地面算起。

对于条形基础可沿长度方向取一单位长度进行基底压力计算。

2. 偏心荷载下的基底压力

基础承受单向偏心竖向荷载作用，如图 8-7 所示的矩形基础，为了抵抗荷载的偏心作用，通常取基础长边 l 与偏心方向一致。假定基底压力为直线分布，基底两端最大压力 p_{max} 与最小压力 p_{min}，对于工程中常见的，偏心距 $e \leqslant l/6$ 时，其值可按下式计算，即

$$P_{\substack{max\\min}}=\frac{F+G}{A}\left(1\pm\frac{6e}{l}\right) \tag{8-4}$$

式中，$e=M/(F+G)$，M 为作用于基础底面的力矩，kN·m。

由式（8-4）可见，当 $e<l/6$ 时，$p_{min}>0$，基底压力为梯形分布，如图 8-7（a）所示；当 $e=l/6$ 时，$p_{min}=0$，基底压力为三角形分布，如图 8-7（b）所示。当 $e>l/6$ 时，$p_{min}<0$，基底出现拉应力，而基础与地基之间是不能承受拉力，此时基础与地基之间发生局部脱开，使其基底压力重新分布，p_{max} 将增加很多，所以在工程设计中一般不允许 $e>l/6$，以便充分发挥地基承载力。

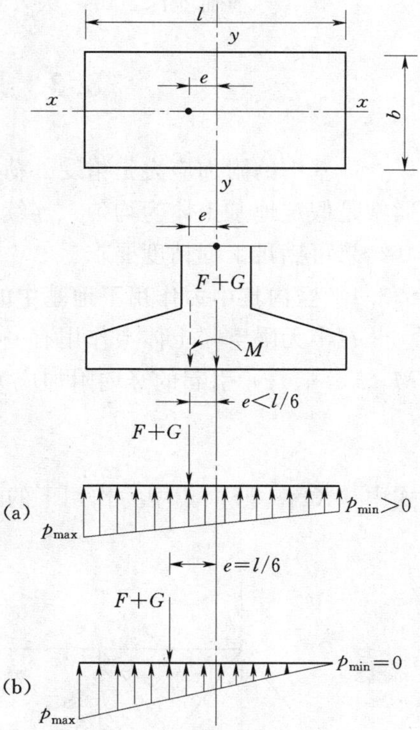

图 8-7 单向偏心荷载下矩形基础基底压力分布

对于条形基础，仍沿长边方向取 1m 进行计算，偏心方向与基础宽度一致，基底压力分别为：

$$p_{\substack{max\\min}}=\frac{F+G}{b}\left(1\pm\frac{6e}{b}\right) \tag{8-5}$$

另外，水工建筑物的基础往往承受有水平荷载 P_H，其引起的水平基底压力 p_h，常假

定为沿基础底面均匀分布，即

$$p_h = \frac{P_H}{A} \tag{8-6}$$

8.2.3　基底附加压力

建筑物修建前地基土的自重应力早已存在，并且一般地基在自重作用下的变形已经完成，只有建筑物荷载引起的地基应力，才能导致地基产生新的变形。建筑物基础一般都有埋深，建筑物修建时进行的基坑开挖，减小了地基原有的自重应力，相当于加了一个负荷载。因此，在计算地基附加应力时，应该在基底压力中扣除基底处原有的自重应力，剩余的部分称为基底附加压力。显然，在基底压力相同时，基础埋深越大，其附加压力越小，越有利于减小地基的沉降。根据该原理可以进行地基基础的补偿性设计。

对于基底压力为均布的情况，其基底附加压力为

$$p_0 = p - \gamma_0 d \tag{8-7}$$

对于偏心荷载作用下梯形分布的基底压力，其基底附加压力为

$$p_{0\substack{\max\\ \min}} = p_{\substack{\max\\ \min}} - \gamma_0 d \tag{8-8}$$

式中　γ_0——基础底面以上土的加权平均重度，kN/m^3；

d——基础埋深，m，从天然地面算起，对于新填土地区则从老地面算起。

8.3　地基中的附加应力

地基中的附加应力是指受外荷载作用下附加产生的应力增量。目前附加应力的计算，通常是假定地基土体为均匀、连续、各向同性的半无限空间弹性体，按照弹性理论计算，其结果可满足工程精度要求。

8.3.1　竖向集中力作用下地基中的附加应力

在半无限空间土体上作用有一竖向集中力 P，如图 8-8 所示，该力在土体内任一点 M（x、y、z）引起的竖向附加应力 σ_z（kPa）可用下式计算，即

$$\sigma_z = K\frac{P}{z^2} \tag{8-9}$$

式中　K——竖向集中力作用下的地基竖向附加应力数，可由 r/z 的值查表 8-1。

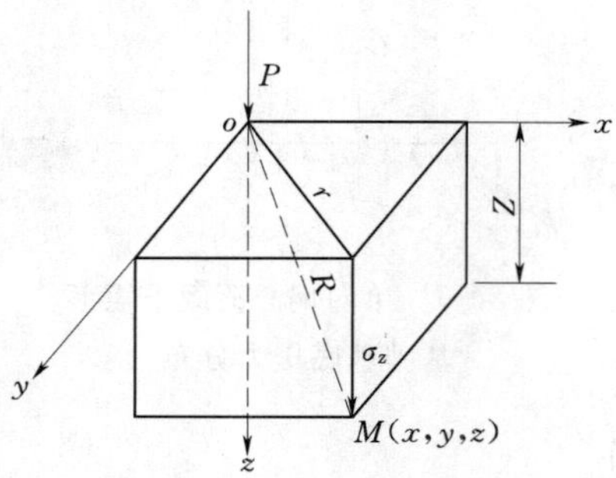

图 8-8　竖向集中力下的 σ_z

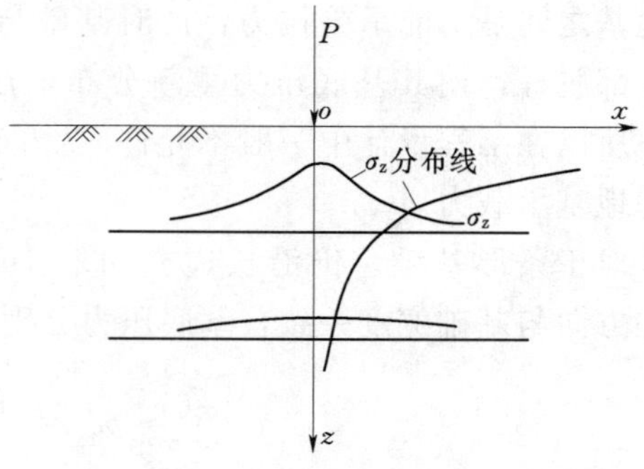

图 8-9　竖向集中力下的 σ_z 分布

由式（8－9）计算所得的附加应力 σ_z 的分布，如图 8－9 所示。

从图 8－9 中可以看出，在某深度的水平面上，距集中力的作用线愈远，σ_z 愈小，σ_z 沿水平面向外衰减；在集中力作用线上深度愈大，σ_z 愈小，σ_z 沿深度向下衰减，这是因为应力分布面积随深度而增大所致。这种现象称为附加应力的扩散现象。

表 8－1　　竖向集中力作用下的地基竖向附加应力系数 K

$\frac{r}{Z}$	K	$\frac{r}{Z}$	K	$\frac{r}{Z}$	K	$\frac{r}{Z}$	K	$\frac{r}{Z}$	K
0	0.4775	0.5	0.2733	1.0	0.0844	1.5	0.0251	2.0	0.0085
0.1	0.4657	0.6	0.2214	1.1	0.0658	1.6	0.0200	2.5	0.0035
0.2	0.4329	0.7	0.1762	1.2	0.0513	1.7	0.0160	3.0	0.0015
0.3	0.3849	0.8	0.1386	1.3	0.0402	1.8	0.0129	4.0	0.0004
0.4	0.3294	0.9	0.1083	1.4	0.0317	1.9	0.0105	5.0	0.0001

如果地基上有多个相邻竖向集中力 P_1、P_2、P_3…作用时，如图 8－10 所示。它们在地基中任一点 M 产生的附加应力，可根据叠加原理，利用式（8－9）计算，即

$$\sigma_z = K_1 \frac{P_1}{z^2} + K_2 \frac{P_2}{z^2} + K_3 \frac{P_3}{z^2} + \cdots \tag{8-10}$$

在相邻多个集中力作用下，各个集中力都向土中产生应力扩散，结果将使地基中的 σ_z 增大，这种现象称为附加应力积聚现象，如图 8－11 所示。

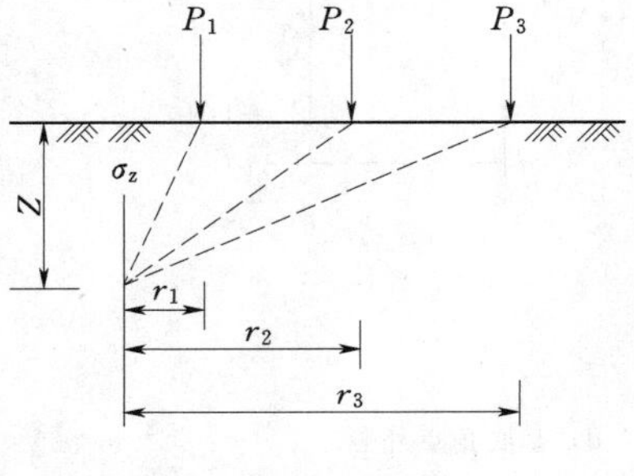

图 8－10　多个集中力引起的 σ_{cz}

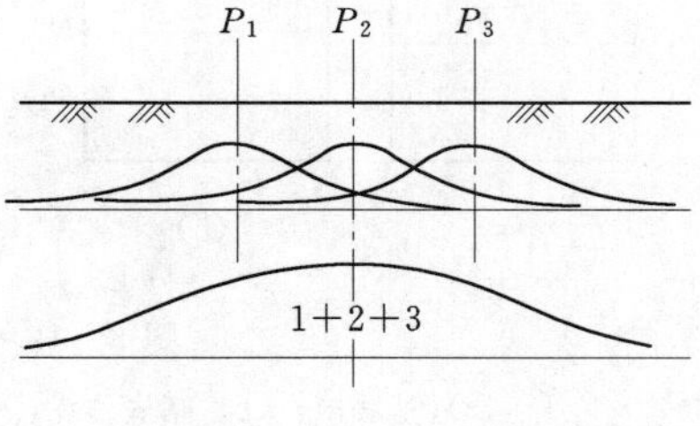

图 8－11　σ_{cz} 的积聚现象

在工程中，由于附加应力的扩散与积聚作用，邻近基础将互相影响，引起附加沉降，这在软土地基中尤为明显。例如，新建筑物可能使旧建筑物发生倾斜或产生裂缝；水闸岸墙建成后，往往引起闸底板开裂等。

8.3.2　矩形基础地基中的附加应力

矩形基础通常是指 $l/b<10$（水利工程 $l/b<5$）的基础，矩形基础下地基中任一点的附加应力与该点对 x、y、z 三轴的位置有关，故属空间问题。

1. 均布竖向荷载情况

设矩形基础的长度为 l，宽度为 b，作用于地基上的均布竖向荷载为 p_0，如图 8－12 所示。在基础角点下任意深度处产生的竖向附加应力 σ_z（kPa），可用下式求得，即

$$\sigma_z = K_c p_0 \tag{8-11}$$

式中　K_c——矩形基础受均布竖向荷载作用时角点下的附加应力系数，可由 l/b 与 z/b 的

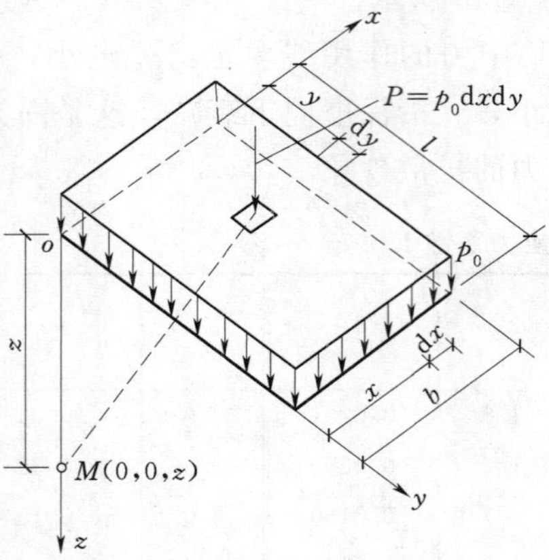

图 8-12　均布竖向荷载角点下的 σ_{cz}

值查表 8-2。

若附加应力计算点不位于角点下，可将荷载作用面积划分为几个部分，每一部分都是矩形，且使要求得应力之点位于划分的几个矩形的公共角点下面，利用式（8-11）分别计算各部分荷载产生的 σ_z，最后利用叠加原理计算出全部的 σ_z，这种方法称为角点法，如图 8-13 所示。

（1）计算点 N 在基底面内，如图 8-13（a）所示，则

$$\sigma_z=(K_{c1}+K_{c2}+K_{c3}+K_{c4})p_0$$

（2）计算点 N 在基底边缘下，如图 8-13（b）所示，则

$$\sigma_z=(K_{c1}+K_{c2})p_0$$

（3）计算点 N 在基底边缘外侧，如图 8-13（c）所示，则

$$\sigma_z=(K_{c1}+K_{c2}-K_{c3}-K_{c4})p_0$$

其中，下标 1、2、3、4 分别为矩形 $Neag$、$Ngbf$、$Nedh$ 和 $Nhcf$ 的编号。

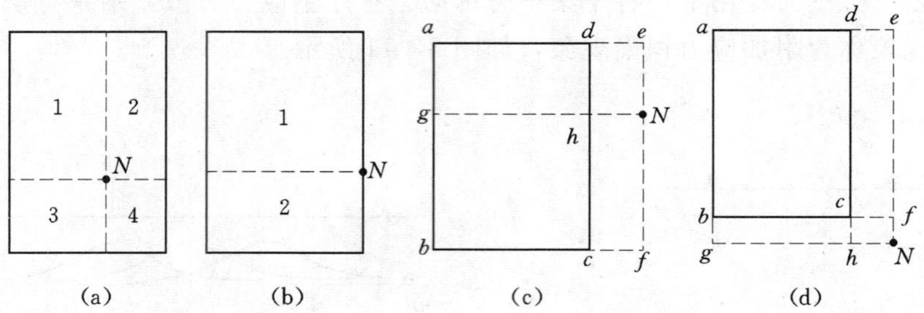

图 8-13　用角点法计算 σ_z

(a) 基底内；(b) 基底边缘；(c) 基底边缘外侧；(d) 基底角点外侧

（4）计算点 N 在基底角点外侧，如图 8-13（d）所示，则

$$\sigma_z=(K_{c1}-K_{c2}-K_{c3}+K_{c4})p_0$$

其中，下标 1、2、3、4 分别为矩形 $Neag$、$Nfbg$、$Nedh$ 和 $Nfch$ 的编号。

需要指出，矩形基础受竖向均布荷载作用情况下，在应用角点法计算附加应力，确定每个矩形荷载的 K_c 值时，l 始终为矩形基底的长度，b 始终为基底的短边。

【例 8-2】　某矩形基础，基底面积为 4m×6m，如图 8-14 所示，其上作用有均布荷载 $p_0=200\text{kPa}$，求 B、C、D、E 各点下 2m 处的竖向附加应力。

解　（1）B 点。通过 B 点将基础底面划分成四个相等矩形，由 $l_1/b_1=3/2=1.5$，$z/b_1=2/2=1.0$ 查表 8-2 得 $K_{c1}=0.1933$，则

$$\sigma_z=4K_{c1}p_0=4\times0.1933\times200=154.6(\text{kPa})$$

（2）C 点。通过 C 点将基础底面划分成四个小矩形。$l_1=l_2=2\text{m}$，$b_1=b_2=1\text{m}$，$l_3=l_4=5\text{m}$，$b_3=b_4=2\text{m}$。由 $l_1/b_1=2/1=2.0$，$z/b_1=2/1=2.0$，查得 $K_{c1}=0.1202$；

由 $l_3/b_3=5/2=2.5$，$z/b_3=2/2=1.0$，查得 $K_{c3}=0.2017$，则

$$\sigma_z=2\times(K_{c1}+K_{c3})\times p_0=2\times(0.1202+0.2017)\times 200=128.8(\text{kPa})$$

(3) D 点。通过 D 点将基础划分为两个相等的矩形，由 $l_1/b_1=6/2=3.0$，$z/b_1=2/2=1.0$ 查得 $K_{c1}=0.2034$，则

$$\sigma_z=2K_{c1}p_0=2\times 0.2034\times 200=81.4(\text{kPa})$$

(4) E 点。由 $l/b=6/4=1.5$，$z/b=2/4=0.5$，查得 $K_c=0.2370$；则

$$\sigma_z=K_c p_0=0.2370\times 200=47.4(\text{kPa})$$

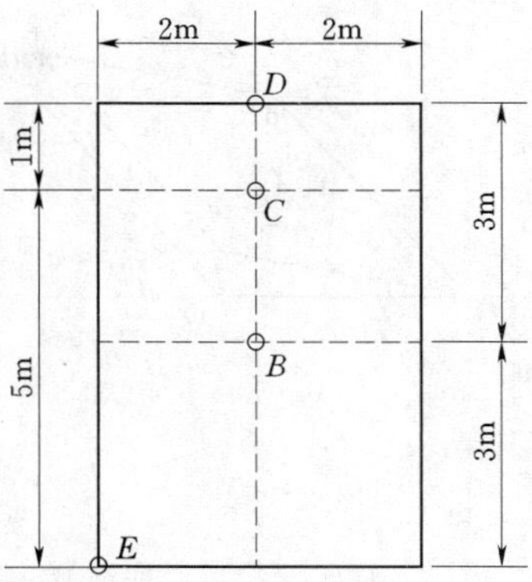

图 8-14 [例 8-2] 附图

表 8-2 矩形基础受均布竖向荷载作用时角点下附加应力系数 K_c 值

$n=z/b$	$m=l/b$										
	1.0	1.2	1.4	1.6	1.8	2.0	3.0	4.0	5.0	6.0	10.0
0.0	0.2500	0.2500	0.2500	0.2500	0.2500	0.2500	0.2500	0.2500	0.2500	0.2500	0.2500
0.2	0.2486	0.2489	0.2490	0.2491	0.2491	0.2491	0.2492	0.2492	0.2492	0.2492	0.2492
0.4	0.2401	0.2420	0.2429	0.2434	0.2437	0.2439	0.2442	0.2443	0.2443	0.2443	0.2443
0.6	0.2229	0.2275	0.2300	0.2315	0.2324	0.2329	0.2339	0.2341	0.2342	0.2342	0.2342
0.8	0.1999	0.2075	0.2120	0.2147	0.2165	0.2176	0.2196	0.2200	0.2202	0.2202	0.2202
1.0	0.1752	0.1851	0.1911	0.1955	0.1981	0.1999	0.2034	0.2042	0.2044	0.2045	0.2046
1.2	0.1516	0.1626	0.1705	0.1758	0.1793	0.1818	0.1870	0.1882	0.1885	0.1887	0.1888
1.4	0.1308	0.1423	0.1508	0.1569	0.1613	0.1644	0.1712	0.1730	0.1735	0.1738	0.1740
1.6	0.1123	0.1241	0.1329	0.1436	0.1445	0.1482	0.1567	0.1590	0.1598	0.1601	0.1604
1.8	0.0969	0.1083	0.1172	0.1241	0.1294	0.1334	0.1434	0.1463	0.1474	0.1478	0.1482
2.0	0.0840	0.0947	0.1034	0.1103	0.1158	0.1202	0.1314	0.1350	0.1363	0.1368	0.1374
2.2	0.0732	0.0832	0.0917	0.0984	0.1039	0.1084	0.1205	0.1248	0.1264	0.1271	0.1277
2.4	0.0642	0.0734	0.0812	0.0879	0.0934	0.0979	0.1108	0.1156	0.1175	0.1184	0.1192
2.6	0.0566	0.0651	0.0725	0.0788	0.0842	0.0887	0.1020	0.1073	0.1095	0.1106	0.1116
2.8	0.0502	0.0580	0.0649	0.0709	0.0761	0.0805	0.0942	0.0999	0.1024	0.1036	0.1048
3.0	0.0447	0.0519	0.0583	0.0640	0.0690	0.0732	0.0870	0.0931	0.0959	0.0973	0.0987
3.2	0.0401	0.0467	0.0526	0.0580	0.0627	0.0668	0.0806	0.0870	0.0900	0.0916	0.0933
3.4	0.0361	0.0421	0.0477	0.0527	0.0571	0.0611	0.0747	0.0814	0.0847	0.0864	0.0882
3.6	0.0326	0.0382	0.0433	0.0480	0.0523	0.0561	0.0694	0.0763	0.0799	0.0816	0.0837
3.8	0.0296	0.0348	0.0395	0.0439	0.0479	0.0516	0.0645	0.0717	0.0753	0.0773	0.0796
4.0	0.0270	0.0318	0.0362	0.0403	0.0441	0.0474	0.0603	0.0674	0.0712	0.0733	0.0758
4.2	0.0247	0.0291	0.0333	0.0371	0.0407	0.0439	0.0563	0.0634	0.0674	0.0696	0.0724
4.4	0.0227	0.0268	0.0306	0.0343	0.0376	0.0407	0.0527	0.0597	0.0639	0.0662	0.0692
4.6	0.0209	0.0247	0.0283	0.0317	0.0348	0.0378	0.0493	0.0564	0.0606	0.0630	0.0663
4.8	0.0193	0.0229	0.0262	0.0294	0.0324	0.0352	0.0463	0.0533	0.0576	0.0601	0.0635
5.0	0.0179	0.0212	0.0243	0.0274	0.0302	0.0328	0.0435	0.0504	0.0547	0.0573	0.0610
6.0	0.0127	0.0151	0.0174	0.0196	0.0218	0.0238	0.0325	0.0388	0.0431	0.0460	0.0506
7.0	0.0094	0.0112	0.0130	0.0147	0.0164	0.0180	0.0251	0.0306	0.0346	0.0376	0.0428
8.0	0.0073	0.0087	0.0101	0.0114	0.0127	0.0140	0.0198	0.0246	0.0283	0.0311	0.0367
9.0	0.0058	0.0069	0.0080	0.0091	0.0102	0.0112	0.0161	0.0202	0.0235	0.0262	0.0319
10.0	0.0047	0.0056	0.0065	0.0074	0.0083	0.0092	0.0132	0.0167	0.0198	0.0222	0.0280

2. 三角形分布竖向荷载情况

设矩形基础上作用的竖向荷载沿宽度 b 方向呈三角形分布（沿 l 方向的荷载不变），

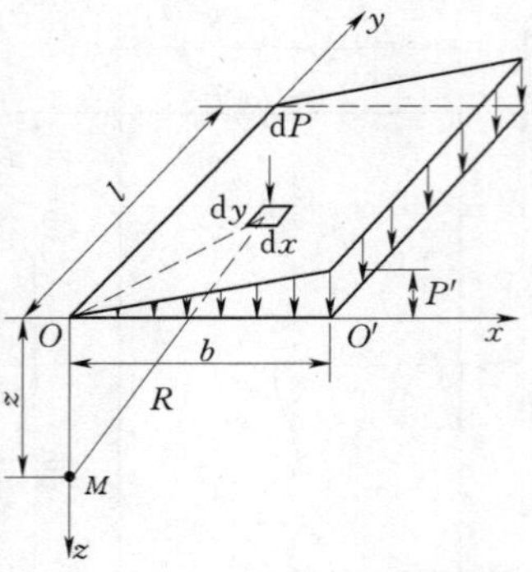

图 8-15　三角形竖向荷载角点下的 σ_z

最大荷载强度为 p_t，如图 8-15 所示。对于零角点下任意深度处的 σ_z（kPa），可用下式求得，即

$$\sigma_z = K_t p_t \tag{8-12}$$

式中　K_t——矩形基础受三角形分布竖向荷载作用时零荷载角点下的附加应力系数，可由 l/b 与 z/b 的值查表 8-3。查表时 b 始终为沿荷载变化方向的基底边长，另一边为 l。

对于荷载最大值角点下的 σ_z，可利用均布荷载和三角形荷载叠加而得，即

$$\sigma_z = (K_c - K_t) p_t$$

对于矩形基底内、外各点下任意深度处的附加应力，仍可用角点法进行计算。

表 8-3　矩形基础受三角形分布竖向荷载作用零角点下附加应力系数 K_t 值

$n=z/b$	$m=l/b$													
	0.2	0.4	0.6	0.8	1.0	1.2	1.4	1.6	1.8	2.0	4.0	6.0	8.0	10.0
0.0														
0.2	0.0223	0.0280	0.0296	0.0301	0.0304	0.0305	0.0305	0.0306	0.0306	0.0306	0.0306	0.0306	0.0306	0.0306
0.4	0.0269	0.0420	0.0487	0.0517	0.0531	0.0539	0.0543	0.0545	0.0546	0.0547	0.0549	0.0549	0.0549	0.0549
0.6	0.0259	0.0448	0.0560	0.0621	0.0654	0.0673	0.0684	0.0690	0.0694	0.0696	0.0702	0.0702	0.0702	0.0702
0.8	0.0232	0.0421	0.0553	0.0637	0.0688	0.0720	0.0739	0.0751	0.0759	0.0764	0.0776	0.0776	0.0776	0.0776
1.0	0.0201	0.0375	0.0508	0.0602	0.0666	0.0708	0.0735	0.0753	0.0766	0.0774	0.0794	0.0795	0.0796	0.0796
1.2	0.0171	0.0324	0.0450	0.0546	0.0615	0.0664	0.0698	0.0721	0.0738	0.0749	0.0779	0.0782	0.0783	0.0783
1.4	0.0145	0.0278	0.0392	0.0483	0.0554	0.0606	0.0644	0.0672	0.0692	0.0707	0.0748	0.0752	0.0752	0.0753
1.6	0.0123	0.0238	0.0339	0.0424	0.0492	0.0545	0.0586	0.0616	0.0639	0.0656	0.0708	0.0714	0.0715	0.0715
1.8	0.0105	0.0204	0.0294	0.0371	0.0435	0.0487	0.0528	0.0560	0.0585	0.0604	0.0666	0.0673	0.0675	0.0675
2.0	0.0090	0.0176	0.0255	0.0324	0.0384	0.0434	0.0474	0.0507	0.0533	0.0553	0.0624	0.0634	0.0636	0.0636
2.5	0.0063	0.0125	0.0183	0.0236	0.0284	0.0326	0.0362	0.0393	0.0419	0.0440	0.0529	0.0543	0.0547	0.0548
3.0	0.0046	0.0092	0.0135	0.0176	0.0214	0.0249	0.0280	0.0307	0.0331	0.0352	0.0449	0.0469	0.0474	0.0476
5.0	0.0018	0.0036	0.0054	0.0071	0.0088	0.0104	0.0120	0.0135	0.0148	0.0161	0.0248	0.0283	0.0296	0.0301
7.0	0.0009	0.0019	0.0028	0.0038	0.0047	0.0056	0.0064	0.0073	0.0081	0.0089	0.0152	0.0186	0.0204	0.0212
10.0	0.0005	0.0009	0.0014	0.0019	0.0023	0.0028	0.0033	0.0037	0.0041	0.0046	0.0084	0.0111	0.0218	0.0139

3. 均布水平荷载情况

矩形基础受水平均布荷载作用，如图 8-16 所示。在基础角点下的 σ_z，可用下式计算，即

$$\sigma_z = \mp K_h p_h \tag{8-13}$$

式中　K_h——矩形基础受水平均布荷载作用时角点下的附加应力系数，可由 l/b 与 z/b 的值查表 8-4。查表时 b 始终为平行于水平荷载方向的基底边长，另一边为 l。

表 8-4　　矩形基础受水平均布荷载作用角点下竖向附加应力系数 K_h 值

$n=z/b$	$m=l/b$										
	1.0	1.2	1.4	1.6	1.8	2.0	3.0	4.0	6.0	8.0	10.0
0.0	0.1592	0.1592	0.1592	0.1592	0.1592	0.1592	0.1592	0.1592	0.1592	0.1592	0.1592
0.2	0.1518	0.1523	0.1526	0.1528	0.1529	0.1529	0.1530	0.1530	0.1530	0.1530	0.1530
0.4	0.1328	0.1347	0.1356	0.1362	0.1365	0.1367	0.1371	0.1372	0.1372	0.1372	0.1372
0.6	0.1091	0.1121	0.1139	0.1150	0.1156	0.1160	0.1168	0.1169	0.1170	0.1170	0.1170
0.8	0.0861	0.0900	0.0924	0.0939	0.0948	0.0955	0.0967	0.0969	0.0970	0.0970	0.0970
1.0	0.0666	0.0708	0.0735	0.0753	0.0766	0.0774	0.0790	0.0794	0.0795	0.0796	0.0796
1.2	0.0512	0.0553	0.0582	0.0601	0.0615	0.0624	0.0645	0.0650	0.0652	0.0652	0.0652
1.4	0.0395	0.0433	0.0460	0.0480	0.0494	0.0505	0.0528	0.0534	0.0537	0.0537	0.0538
1.6	0.0308	0.0341	0.0366	0.0385	0.0400	0.0410	0.0436	0.0443	0.0446	0.0447	0.0447
1.8	0.0242	0.0270	0.0293	0.0311	0.0325	0.0336	0.0362	0.0370	0.0374	0.0375	0.0375
2.0	0.0192	0.0217	0.0237	0.0253	0.0266	0.0277	0.0303	0.0312	0.0317	0.0318	0.0318
2.5	0.0113	0.0130	0.0145	0.0157	0.0167	0.0176	0.0202	0.0211	0.0217	0.0219	0.0219
3.0	0.0070	0.0083	0.0093	0.0102	0.0110	0.0117	0.0140	0.0150	0.0156	0.0158	0.0159
5.0	0.0018	0.0021	0.0024	0.0027	0.0030	0.0032	0.0043	0.0050	0.0057	0.0059	0.0060
7.0	0.0007	0.0008	0.0009	0.0010	0.0012	0.0013	0.0018	0.0022	0.0027	0.0029	0.0030
10.0	0.0002	0.0003	0.0003	0.0004	0.0004	0.0005	0.0007	0.0008	0.0011	0.0013	0.0014

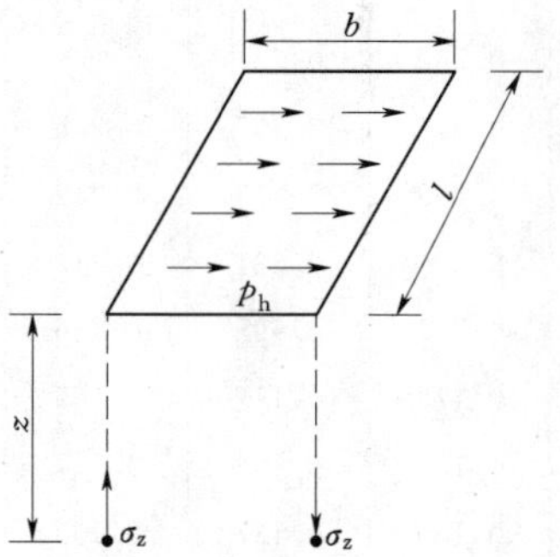

图 8-16　水平均布荷载下的 σ_z

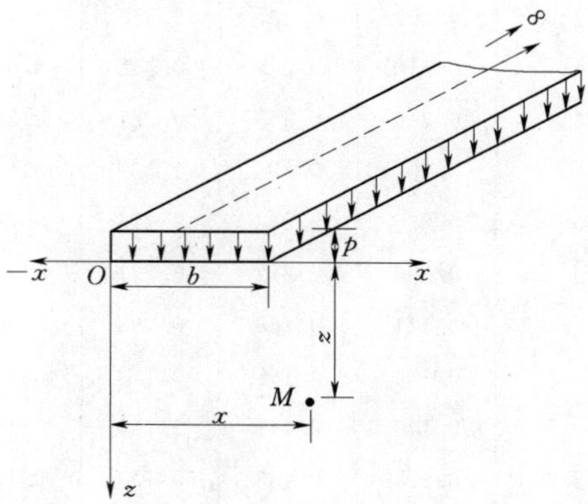

图 8-17　条形基础受均布竖向荷载下的 σ_z

4. 梯形竖向荷载及均布水平荷载情况

矩形基础受梯形竖向荷载及均布水平荷载作用，这种情况在水利工程中经常遇到。可将荷载分为均布竖向荷载、三角形分布竖向荷载及均布水平荷载，分别按前述的三种情况计算附加应力，然后叠加，即可得出地基内任意点的附加应力。

8.3.3 条形基础地基中的附加应力

当基础的长宽比 $l/b=\infty$ 时，其上作用的荷载沿长度方向分布相同，则地基中在垂直于长度方向，各个截面的附加应力分布规律均相同，与长度无关，此种情况地基中的应力状态属于平面问题。在实际工程中，当基础的长宽比 $l/b \geqslant 10$（水利工程中 $l/b \geqslant 5$）时，可按条形基础计算地基中的附加应力。

1. 均布竖向荷载情况

如图 8－17 所示，宽度为 b 的条形基础底面上，作用有均布竖向荷载 p_0，将坐标原点 O 取在基础一侧的端点上，荷载作用的一侧为 x 正方向，则地基中任意点 M 的竖向附加应力 σ_z，可用下式求得，即

$$\sigma_z = K_z^s p_0 \tag{8-14}$$

式中　K_z^s——条形基础受均布竖向荷载作用下的附加应力系数，可由 x/b 与 z/b 的值查表 8－5。

表 8－5　　条形基础受均布竖向荷载作用下的竖向附加应力系数 K_z^s 值

$n=z/b$	$m=x/b$								
	−0.5	−0.25	0	0.25	0.5	0.75	1.00	1.25	1.50
0.01	0.001	0.000	0.500	0.999	0.999	0.999	0.500	0.000	0.001
0.1	0.002	0.011	0.499	0.988	0.997	0.988	0.499	0.011	0.002
0.2	0.011	0.091	0.498	0.936	0.978	0.936	0.498	0.091	0.011
0.4	0.056	0.174	0.489	0.797	0.881	0.797	0.489	0.174	0.056
0.6	0.111	0.243	0.468	0.679	0.756	0.679	0.468	0.243	0.111
0.8	0.155	0.276	0.440	0.586	0.642	0.586	0.440	0.276	0.155
1.0	0.186	0.288	0.409	0.511	0.549	0.511	0.409	0.288	0.186
1.2	0.202	0.287	0.375	0.450	0.478	0.450	0.375	0.287	0.202
1.4	0.210	0.279	0.348	0.400	0.420	0.400	0.348	0.279	0.210
1.6	0.212	0.268	0.321	0.360	0.374	0.360	0.321	0.268	0.212
1.8	0.209	0.255	0.297	0.326	0.337	0.326	0.297	0.255	0.209
2.0	0.205	0.242	0.275	0.298	0.306	0.298	0.275	0.242	0.205
2.5	0.188	0.212	0.231	0.244	0.248	0.244	0.231	0.212	0.188
3.0	0.171	0.186	0.198	0.206	0.208	0.206	0.198	0.186	0.171
3.5	0.154	0.165	0.173	0.178	0.179	0.178	0.173	0.165	0.154
4.0	0.140	0.147	0.153	0.156	0.158	0.156	0.153	0.147	0.140
4.5	0.128	0.133	0.137	0.139	0.140	0.139	0.137	0.133	0.128
5.0	0.117	0.121	0.124	0.126	0.126	0.126	0.124	0.121	0.117

2. 三角形分布竖向荷载情况

如图 8－18 所示，宽度为 b 的条形基础底面上，作用有三角形分布的竖向荷载，其荷载最大值为 p_t。现将坐标原点 O 取在荷载强度为零侧的端点上，以荷载强度增大方向为 x 正方向，则地基中任意点 M 的竖向附加应力 σ_z，可用下式求得，即

$$\sigma_z = K_z^t p_t \tag{8-15}$$

式中　K_z^t——条形基础受三角形分布竖向荷载作用下的附加应力系数，可由 x/b 与 z/b 的值查表 8－6。

表 8-6 条形基础受三角形分布竖向荷载作用下的附加应力系数 K_z^t 值

$n=z/b$	$m=x/b$								
	−0.5	−0.25	0.00	0.25	0.50	0.75	1.00	1.25	1.50
0.01	0.000	0.000	0.003	0.249	0.500	0.750	0.497	0.000	0.000
0.1	0.000	0.002	0.032	0.251	0.498	0.737	0.468	0.010	0.002
0.2	0.003	0.009	0.061	0.255	0.489	0.682	0.437	0.050	0.009
0.4	0.010	0.036	0.110	0.263	0.441	0.534	0.379	0.137	0.043
0.6	0.030	0.066	0.140	0.258	0.378	0.421	0.328	0.177	0.080
0.8	0.050	0.089	0.155	0.243	0.321	0.343	0.285	0.188	0.106
1.0	0.065	0.104	0.159	0.224	0.275	0.286	0.250	0.184	0.121
1.2	0.070	0.111	0.154	0.204	0.239	0.246	0.221	0.176	0.126
1.4	0.083	0.114	0.151	0.186	0.210	0.215	0.198	0.165	0.127
1.6	0.087	0.114	0.143	0.170	0.187	0.190	0.178	0.154	0.124
1.8	0.089	0.112	0.135	0.155	0.168	0.171	0.161	0.143	0.120
2.0	0.090	0.108	0.127	0.143	0.153	0.155	0.147	0.134	0.115
2.5	0.086	0.098	0.110	0.119	0.124	0.125	0.121	0.113	0.103
3.0	0.080	0.088	0.095	0.101	0.104	0.105	0.102	0.098	0.091
3.5	0.073	0.079	0.084	0.088	0.090	0.090	0.089	0.086	0.081
4.0	0.067	0.071	0.075	0.077	0.079	0.079	0.078	0.076	0.073
4.5	0.062	0.065	0.067	0.069	0.070	0.070	0.070	0.068	0.066
5.0	0.057	0.059	0.061	0.063	0.063	0.063	0.063	0.062	0.060

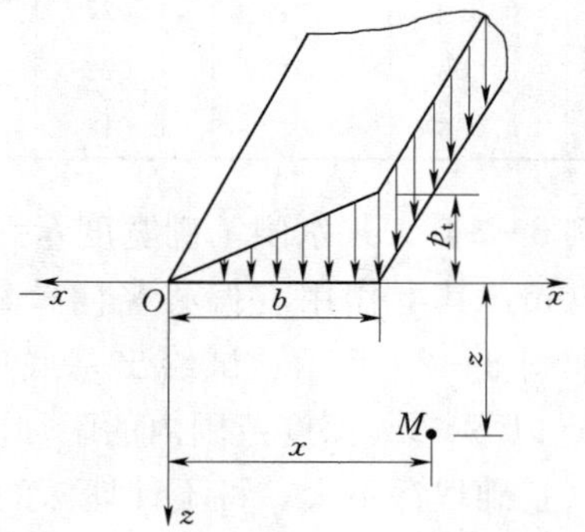

图 8-18 条形基础三角形分布竖向荷载下的 σ_z

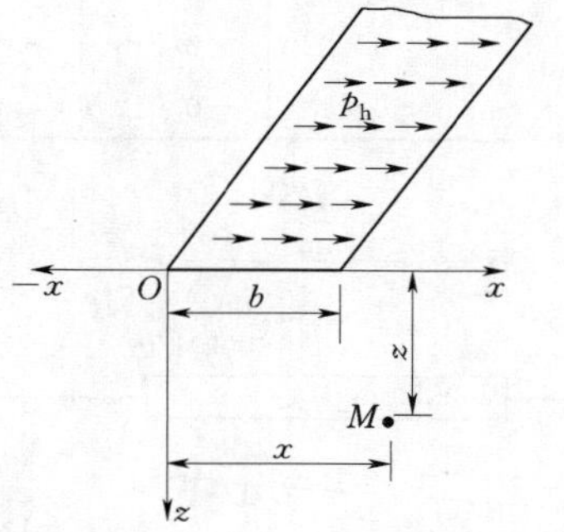

图 8-19 条形基础水平均布荷载下的 σ_z

3. 水平均布荷载情况

图 8-19 为条形基础受水平均布荷载（p_h）作用的情况，将坐标原点 O 取在水平荷载起始端点侧，以水平荷载作用方向为 x 正方向，则地基中任意点 M 的竖向附加应力 σ_z，可用下式求得，即

$$\sigma_z = K_z^h p_h \tag{8-16}$$

式中 K_z^h——条形基础受水平均布荷载作用下的附加应力系数，可由 x/b 与 z/b 的值查表 8-7。

4. 梯形竖向荷载及均布水平荷载情况

条形基础受梯形竖向荷载及均布水平荷载作用，这种情况在水利工程中经常遇到。可将荷载分为均布竖向荷载、三角形分布竖向荷载及均布水平荷载，分别按前述的三种情况计算附加应力，然后进行叠加即可。

表 8-7　　条形基础受水平均布荷载作用下竖向附加应力系数 K_z^h 值

$n=z/b$	$m=x/b$							
	−0.25	0	0.25	0.50	0.75	1.00	1.25	1.50
0.01	−0.001	−0.318	−0.001	0	0.001	0.318	0.001	0.001
0.1	−0.042	−0.315	−0.039	0	0.039	0.315	0.042	0.011
0.2	−0.116	−0.306	−0.103	0	0.103	0.306	0.116	0.038
0.4	−0.199	−0.274	−0.159	0	0.159	0.274	0.199	0.103
0.6	−0.212	−0.234	−0.147	0	0.147	0.234	0.212	0.144
0.8	−0.197	−0.194	−0.121	0	0.121	0.194	0.197	0.158
1.0	−0.175	−0.159	−0.096	0	0.096	0.159	0.175	0.157
1.2	−0.153	−0.131	−0.078	0	0.078	0.131	0.153	0.147
1.4	−0.132	−0.108	−0.061	0	0.061	0.108	0.132	0.133
1.6	−0.113	−0.089	−0.050	0	0.050	0.089	0.113	0.121
1.8	−0.098	−0.075	−0.041	0	0.041	0.075	0.098	0.108
2.0	−0.085	−0.064	−0.034	0	0.034	0.064	0.085	0.096
2.5	−0.061	−0.044	−0.023	0	0.023	0.044	0.061	0.072
3.0	−0.045	−0.032	−0.017	0	0.017	0.032	0.045	0.055
3.5	−0.034	−0.024	−0.012	0	0.012	0.024	0.034	0.043
4.0	−0.027	−0.019	−0.010	0	0.010	0.019	0.027	0.034
4.5	−0.022	−0.015	−0.008	0	0.008	0.015	0.022	0.028
5.0	−0.018	−0.012	−0.006	0	0.006	0.012	0.018	0.023

【例 8-3】　某水闸基础宽度 $b=15$m，长度 $l=150$m，其上作用有偏心竖向荷载与水平荷载，如图 8-20 所示。试绘出基底中心点 O 以及 A 点以下 30m 深度范围内的附加应力的分布曲线（基础埋深不大，可不计埋深的影响）。

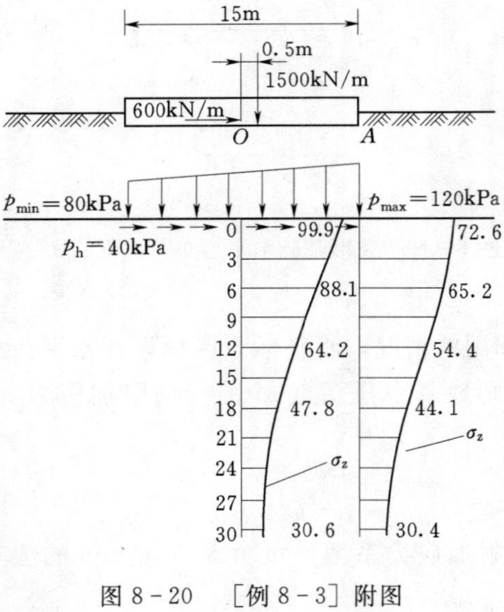

图 8-20　[例 8-3] 附图

解　1. 基底压力的计算

因 $l/b=150/15=10$，故属条形基础。

（1）竖向基底压力

$$p_{\substack{\max\\\min}}=\frac{F+G}{b}\left(1\pm\frac{6e}{b}\right)=\frac{1500}{15}\times\left(1\pm\frac{6\times0.5}{15}\right)$$

$$=\frac{120}{80}(\text{kPa})$$

（2）水平基底压力

$$p_h=\frac{P_H}{b}=\frac{600}{15}=40(\text{kPa})$$

2. 基础中心 O 点下的竖向附加应力

在计算时，应用叠加原理，将梯形分布的竖向荷载分解成两部分，即均布竖向荷载 $p=80\text{kPa}$ 和三角形分布竖向荷载 $p_t=40\text{kPa}$，另有水平均布荷载 $p_h=40\text{kPa}$，即

$$\sigma_z = pK_z^s + p_t K_z^t + p_h K_z^h$$

O 点下不同深度的附加应力计算结果见表 8-8。根据计算结果绘出 O 点下的 σ_z 沿深度分布曲线，见图 8-20。

3. 基底 A 点下的竖向附加应力

计算过程同上，σ_z 的计算结果见表 8-9，σ_z 分布曲线见图 8-20。

表 8-8　基础中心 O 点下的附加应力计算

基底以下深度 z (m)	$\frac{z}{b}$	均布荷载 $p=80\text{kPa}$ $x/b=7.5/15=0.5$		三角形荷载 $p_t=40\text{kPa}$ $x/b=7.5/15=0.5$		水平均布荷载 $p_h=40\text{kPa}$ $x/b=7.5/15=0.5$		总附加应力 $\Sigma\sigma_z$ (kPa)
		K_z^s	σ_z	K_z^t	σ_z	K_z^h	σ_z	
0.15	0.01	0.999	79.92	0.500	20.00	0	0	99.9
1.5	0.1	0.997	79.76	0.498	19.92	0	0	99.7
3.0	0.2	0.978	78.24	0.489	19.56	0	0	97.8
6.0	0.4	0.881	70.48	0.441	17.64	0	0	88.1
9.0	0.6	0.756	60.48	0.378	15.12	0	0	75.6
12.0	0.8	0.642	51.36	0.321	12.84	0	0	64.2
15.0	1.0	0.549	43.92	0.275	11.00	0	0	54.9
18.0	1.2	0.478	38.24	0.239	9.56	0	0	47.8
21.0	1.4	0.420	33.60	0.210	8.40	0	0	42.0
30.0	2.0	0.306	24.48	0.153	6.12	0	0	30.6

表 8-9　基底 A 点下的附加应力计算

基底以下深度 z (m)	$\frac{z}{b}$	均布荷载 $p=80\text{kPa}$ $x/b=7.5/15=1.0$		三角形荷载 $p_t=40\text{kPa}$ $x/b=15/15=1.0$		水平均布荷载 $p_h=40\text{kPa}$ $x/b=15/15=1.0$		总附加应力 $\Sigma\sigma_z$ (kPa)
		K_z^s	σ_z	K_z^t	σ_z	K_z^h	σ_z	
0.15	0.01	0.500	40.00	0.497	19.88	0.318	12.72	72.6
1.5	0.1	0.499	39.92	0.468	18.72	0.315	12.60	71.2
3.0	0.2	0.498	39.84	0.437	17.48	0.306	12.24	69.6
6.0	0.4	0.489	39.12	0.379	15.16	0.274	10.96	65.2
9.0	0.6	0.468	37.44	0.328	13.12	0.234	9.36	59.9
12.0	0.8	0.440	35.20	0.285	11.40	0.194	7.76	54.4
15.0	1.0	0.409	32.72	0.250	10.00	0.159	6.36	49.1
18.0	1.2	0.375	30.00	0.221	8.84	0.131	5.24	44.1
21.0	1.4	0.348	27.84	0.198	7.92	0.108	4.32	40.1
30.0	2.0	0.275	22.00	0.147	5.88	0.064	2.56	30.4

8.4 土的压缩性

8.4.1 基本概念

地基土在压力作用下体积减小的特性称为土的压缩性。土体产生压缩变形的原因有以下三个方面：一是土粒本身的压缩变形；二是孔隙中水和空气的压缩变形；三是孔隙中部分水和空气被挤出，土粒互相靠拢，孔隙体积变小。试验研究表明，在工程实践中所遇到的压力（约 100～600kPa）作用下，土粒和孔隙中水的压缩量很小，可以忽略不计。因此，土的压缩变形主要是由于孔隙减小的缘故，可以用压力与孔隙体积之间的变化来说明土的压缩性，并用于计算地基沉降量。

对于饱和土，土的压缩主要是孔隙水逐渐向外排出，孔隙体积减小所引起的。饱和砂土，由于透水性强，在一定压力作用下土中水易于排出，压缩过程能较快地完成。而饱和粘性土，由于透水性弱，土中水不能迅速排出，压缩过程常需相当长的时间才能完成。这种土的压缩随时间而增长的过程，称为土的固结。关于土的固结理论将在本章第 6 节中讨论。

8.4.2 侧限压缩试验与压缩性指标

1. 侧限压缩试验

室内压缩试验是用压缩仪（或称固结仪）进行的，如图 8－21 所示。试验时用环刀切取土样，装在刚性护环内，通过加压上盖逐级施加压力。在每级压力下，待土样压缩稳定后，由百分表测出变形量，然后再加下一级压力。土样中的孔隙水通过透水石排出。土样由于受到环刀和刚性护环的限制，只能在竖直方向产生压缩变形，不能产生侧向膨胀，故称为侧限压缩试验。

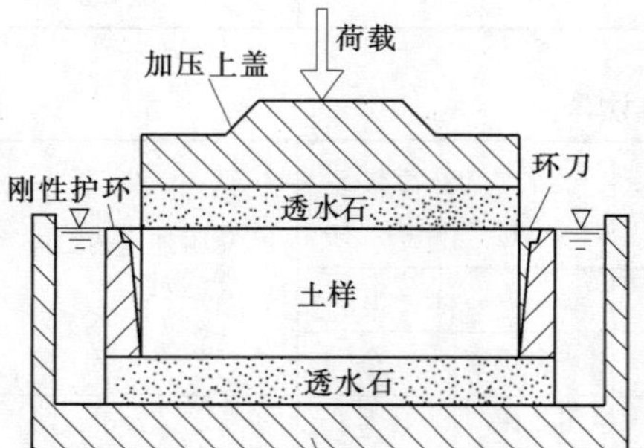

图 8－21　侧限压缩试验示意图

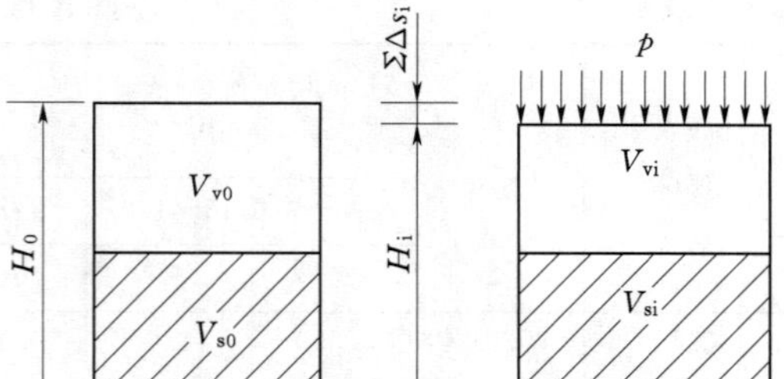

图 8－22　压缩试验土样变形示意图

在压缩试验中，土粒体积可认为不变，因此，土样在各级压力 p_i 作用下的变形，常用孔隙比 e 的变化来表示，如图 8－22 所示。设土样的截面积为 A，令 $V_{s0}=V_s=1$。在加压前，则有

$$V_v = e_0 \qquad V = 1 + e_0$$

$$\frac{V_s}{V} = \frac{1}{1+e_o} \qquad V_s = \frac{V}{1+e_o} = \frac{AH_0}{1+e_o}$$

在压力 p_i 作用下，土样的稳定变形量为$\sum\Delta s_i$，土样的高度 $H_i=H_0-\sum\Delta s_i$，此时土样的孔隙比为 e_i，则

$$V_{si}=\frac{AH_i}{1+e_i}=\frac{A(H_0-\sum\Delta s_i)}{1+e_i}$$

由于加前后土样的截面积不变，且 $V_{s0}=V_{si}=V_s$，即

$$e_i=e_0-(1+e_0)\frac{\sum\Delta s_i}{H_0} \tag{8-17}$$

式中
$$e_0=\frac{G_s\rho_w(1+\omega)}{\rho}-1$$

根据每级压力下的变形量$\sum\Delta s_i$按式（8-17）即可求出相应的孔隙比 e_i。然后以横坐标表示压力 p，纵坐标表示孔隙比 e，可绘出 $e\sim p$ 曲线，如图 8-23 所示；或以横坐标表示 $\lg p$，纵坐标表示孔隙比 e，绘出 $e\sim\lg p$ 曲线，如图 8-24 所示。

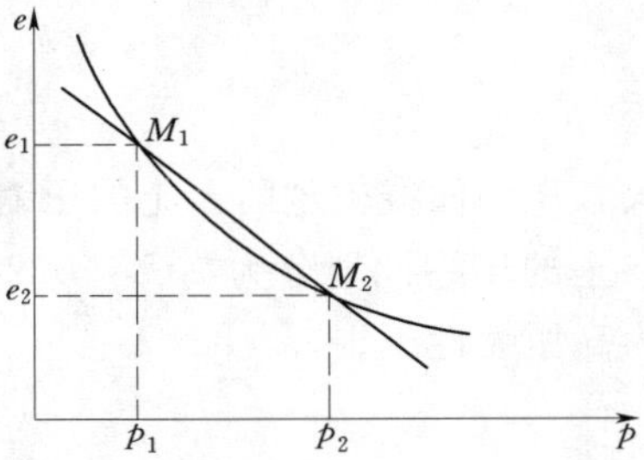

图 8-23　$e\sim p$ 曲线

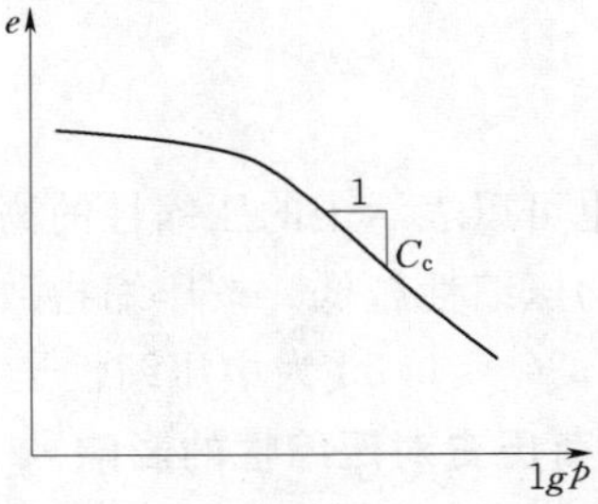

图 8-24　$e\sim\lg p$ 曲线

2. 压缩性指标

(1) 压缩系数 a。$e\sim p$ 曲线可反映土的压缩性的高低，压缩曲线越陡，说明随着压力的增加，土的孔隙比减小越多，则土的压缩性越高；若曲线越平缓，则土的压缩性越低。在工程上，当压力 p 的变化范围不大时，如图 8-23 中从 p_1 到 p_2，压缩曲线上相应的 M_1M_2 段可近似地看成直线，即用割线 M_1M_2 代替曲线，土在此段的压缩性可用该割线的斜率来反映，则直线 M_1M_2 的斜率称为土体在该段的压缩系数，即

$$a=\frac{e_1-e_2}{p_2-p_1} \tag{8-18}$$

式中　a——土的压缩系数，kPa^{-1}或 MPa^{-1}；
p_1——增压前的压力，kPa；
p_2——增压后的压力，kPa；
e_1、e_2——增压前、后土体在 p_1 和 p_2 作用下压缩稳定后的孔隙比。

由式（8-18）可知，a 越大，说明压缩曲线越陡，表明土的压缩性越高；a 越小，则曲线越平缓，表明土的压缩性越低。但必须注意，由于压缩曲线并非直线，故同一种土的压缩系数并非常数，它取决于压力间隔（p_2-p_1）及起始压力 p_1 的大小。从对土评价的一致性出发，GB50007—2002《建筑地基基础设计规范》中规定，取压力 $p_1=100$kPa、

p_2＝200kPa 对应的压缩系数 a_{1-2} 作为判别土压缩性的标准。按照 a_{1-2} 的大小将土的压缩性划分如下：

$a_{1-2}<0.1\text{MPa}^{-1}$ 属低压缩性土；$0.1\text{MPa}^{-1}\leqslant a_{1-2}<0.5\text{MPa}^{-1}$ 属中压缩性土；$a_{1-2}\geqslant 0.5\text{MPa}^{-1}$ 属高压缩性土。

(2) 压缩模量 E_s。根据 $e\sim p$ 曲线可求出另一个压缩性指标，即压缩模量。它是指土在侧限压缩的条件下，竖向压力增量 Δp（p_2-p_1）与相应的应变变化量的比值，其单位为 kPa 或 MPa，表达式为：

$$E_s=\frac{\Delta p}{\sum \Delta s/H_1}=\frac{p_2-p_1}{(e_1-e_2)/(1+e_1)}=\frac{1+e_1}{a} \tag{8-19}$$

E_s 越大，表示土的压缩性越低；反之 E_s 越小，则表示土的压缩性越高。一般 $E_s<$ 4MPa 属高压缩性土，$E_s=4\sim15$MPa 属中压缩性土，$E_s>15$MPa 属低压缩性土。

(3) 压缩指数 C_c。由图 8-24 中的 $e\sim\lg p$ 曲线可以看出，此曲线开始一段呈曲线，其后很长一段为直线，此直线段的斜率称为土的压缩指数 C_c，即

$$C_c=\frac{e_1-e_2}{\lg p_2-\lg p_1} \tag{8-20}$$

压缩指数也可以表示土的压缩性的高低，其值越大，压缩曲线也越陡，土的压缩性越高；反之，土的压缩性越低。按压缩指数的大小同样将土的压缩性划分为：$C_c<0.2$ 为低压缩性土，$0.2\leqslant C_c\leqslant0.35$ 为中压缩性土，$C_c>0.35$ 为高压缩性土。

8.4.3　土的受荷历史对压缩性的影响

在做压缩试验时，如加压到某一级荷载达到压缩稳定后，逐级卸荷，可以看到土的一部分变形可以恢复（即弹性变形），而另一部分变形不能恢复（即残余变形）。如果卸荷后又逐级加荷便可得到再加压曲线，再加压曲线比原压缩曲线平缓得多，如图 8-25 所示。这说明，土在历史上若受过大于现在所受的压力，其压缩性将大大降低。为了考虑受荷历史对地基土压缩性的影响，需知道土的前期固结压力 p_c。

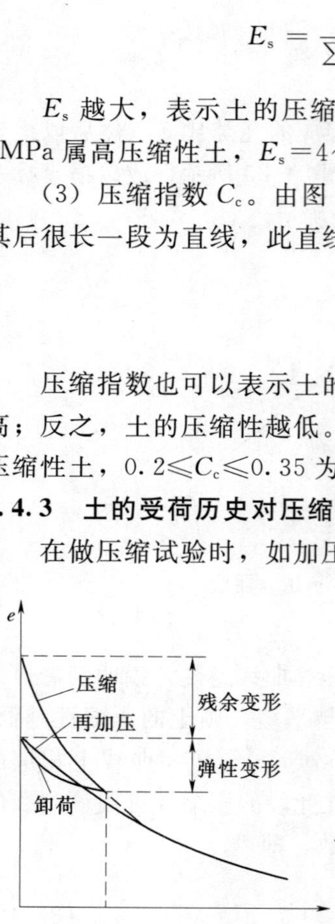

图 8-25　土的压缩、卸荷、再加压曲线

土的前期固结压力是指土层形成后的历史上所经受过的最大固结压力。将土层所受的前期固结压力 p_c 与土层现在所受的自重应力 σ_{cz} 的比值称为超固结比，以 OCR 表示。根据 OCR 可将天然土层分为三种固结状态。

1. 正常固结土（$OCR=1$）

一般土体的固结是在自重应力的作用下伴随土的沉积过程逐渐达到的。当土体达到固结稳定后，土层的应力未发生明显变化，即前期固结压力等于目前土层的自重应力，这种状态的土称为正常固结的土。如图 8-26 (a) 所示，工程中多数建筑物地基均为正常固结土。

2. 超固结土（$OCR>1$）

当土层在历史上经受过较大的固结压力作用而达到固结稳定后，由于受到强烈的侵

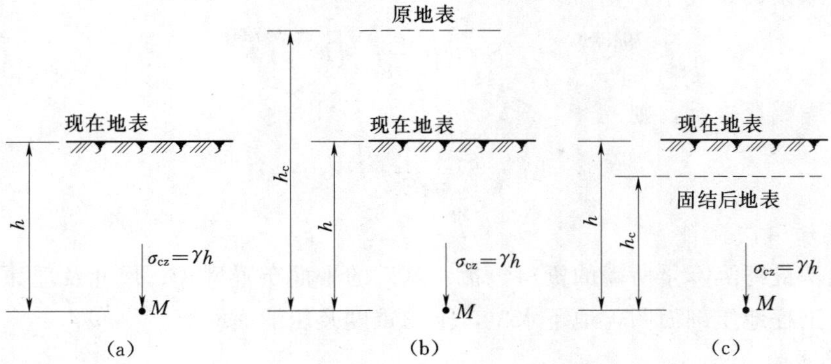

图 8-26 天然土层的三种固结状态

(a) 正常固结土；(b) 超固结土；(c) 欠固结土

蚀、冲刷等原因，使其目前的自重应力小于前期固结压力，这种状态的土称为超固结土，如图 8-26（b）所示。

3. 欠固结土（$OCR<1$）

土层沉积历史短，在自重应力作用下尚未达到固结稳定，这种状态的土称为欠固结土，如图 8-26（c）所示。

前期固结压力 p_c 可用卡萨格兰德的经验作图法确定，如图 8-27 所示。在 $e\sim\lg p$ 曲线上找出曲率半径最小的一点 A，过 A 点作水平线 $A1$ 和切线 $A2$，作$\angle 1A2$ 的平分线 $A3$ 并与 $e\sim\lg p$ 曲线中直线段的延长线相交于 B 点，B 点所对应的压力就是前期固结压力。

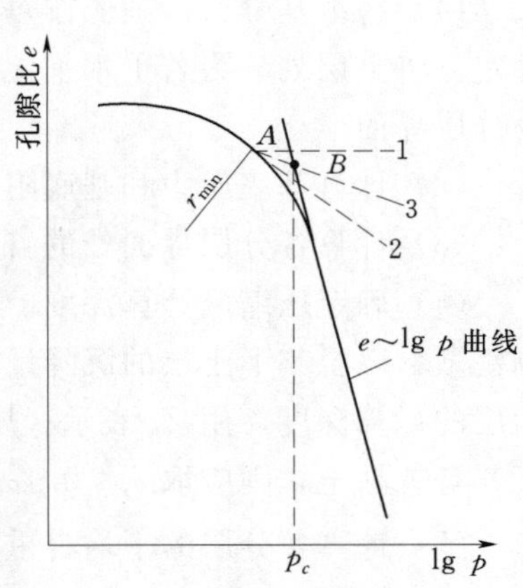

图 8-27 卡萨格兰德法确定 p_c

8.5 地基最终沉降量的计算

地基最终沉降量是指在荷载作用下地基土层被压缩达到相对稳定时的沉降量。其计算方法很多，目前工程中应用最多的是分层总和法。

8.5.1 分层总和法计算地基最终沉降量

1. 基本假设与公式

分层总和法通常假设地基压缩时不允许侧向变形，即采用侧限条件下的压缩试验成果进行计算。为了弥补这样的沉降量偏小的缺点，通常采用基础中心点下的附加应力 σ_z 进行计算。假定地基土层的厚度为 H，地基土层在建筑物施工前的初始应力（即土的自重应力 σ_{cz}）为 p_1，其相应的孔隙比为 e_1。建筑物施工后在地基中引起了附加应力 σ_z，则总应力 $p_2=p_1+\sigma_z$，其相应的孔隙比为 e_2。即单一土层的地基最终沉降量 S 则由公式（8-17）可得

$$S=\frac{e_1-e_2}{1+e_1}H \tag{8-21}$$

若以压缩系数 a 表示，则

$$S=\frac{a}{1+e_1}\sigma_z H \tag{8-22}$$

若以压缩模量表示，则

$$S=\frac{1}{E_s}\sigma_z H \tag{8-23}$$

2. 计算所需的资料

计算地基最终沉降量所需的资料包括：基础的平面布置型式、尺寸及埋深，荷载的大小与分布，工程地质剖面图，地下水位，土的重度及压缩曲线等。

3. 计算步骤

首先根据地基的土质条件、基础类型、基底面积、荷载大小及分布等情况，在基底范围内选定几个沉降计算点，分别按下列步骤计算出各点的沉降量。

(1) 将地基分层。一般按每层厚度 $H_i \leqslant 0.4b$（b 为基础宽度），水闸地基 $H_i \leqslant 0.25b$ 确定。将土层划分为若干水平土层，但当有不同性质土层的界面和地下水位时，则必须作为分层界面。

(2) 计算基底压力和基底附加压力。

(3) 计算各分层界面处的自重应力 σ_{cz} 和附加应力 σ_z，并绘出它们的分布曲线。

(4) 确定压缩层计算深度。考虑到基底下一定深度处，附加应力对地基的压缩变形影响甚微，以至其下土层的沉降量可以忽略不计。因此，工程中常以基底至这个深度作为压缩层的计算深度，用 Z_n 表示。压缩层计算深度的下限，一般取 $\sigma_z \leqslant 0.2\sigma_{cz}$ 处，在该深度以下若有软粘土，则应取 $\sigma_z \leqslant 0.1\sigma_{cz}$ 处。

(5) 计算各分层的平均自重应力 $\bar{\sigma}_{czi}$ 和平均附加应力 $\bar{\sigma}_{zi}$。平均应力取上、下分层面应力的算术平均值，即：$\bar{\sigma}_{czi}=(\sigma_{czi-1}+\sigma_{czi})/2$，$\bar{\sigma}_{zi}=(\sigma_{zi-1}+\sigma_{zi})/2$。

(6) 在 $e \sim p$ 曲线上由 $p_{1i}=\bar{\sigma}_{czi}$ 和 $p_{2i}=(\bar{\sigma}_{czi}+\bar{\sigma}_{zi})$ 查出相应的孔隙比 e_{1i} 和 e_{2i}。

(7) 计算各土层的沉降量 S_i 及总沉降 S。

$$S_i=\frac{e_{1i}-e_{2i}}{1+e_{1i}}H_i \qquad S=\sum_{i=1}^{n}S_i$$

【例 8-4】　一水闸基础宽度 $b=20$m，长度 $l=200$m，作用在基底上的荷载如图 8-28 (a) 所示，沿宽度方向的竖向偏心荷载 $P=360000$kN（偏心距 $e=0.5$m），水平荷载 $P_H=30000$kN。地基分两层，上层为软粘土，湿重度 $\gamma=19.62$kN/m^3，浮重度 $\gamma'=9.81$kN/m^3，下层为中密砂，地下水位在基底以下 3m 处。在基底以下 0～3m、3～8m、8～15m 范围内软粘土的压缩曲线如图 8-29 中的Ⅰ、Ⅱ、Ⅲ所示，试计算基础中心点（点 2）和两侧边点（点 1、点 3）的最终沉降量。

解　1. 地基分层

共分 4 层，其中：$H_1=3$m、$H_2=5$m、$H_3=3.5$m、$H_4=3.5$m，最大分层厚度为 5m $=0.25b$，符合水闸地基分层要求，如图 8-28 (b) 所示。

2. 计算基底压力和基底附加压力

因 $l/b=200/20=10>5$，可按条形基础计算。基础每米长度上所受的竖向荷载（$F+$

G）$=360000/200=1800\text{kN/m}$，所受水平荷载 $P_H=30000/200=150\text{kN/m}$，即竖向基底压力为

$$p_{\substack{max\\min}}=\frac{F+G}{b}\left(1\pm\frac{6e}{b}\right)=\frac{1800}{20}\times\left(1\pm\frac{6\times0.5}{20}\right)=\begin{matrix}103.5\\76.5\end{matrix}\quad(\text{kPa})$$

基底附加压力为

$$p_{0\substack{max\\min}}=p_{\substack{max\\min}}-\gamma_0 d=\begin{matrix}103.5\\76.5\end{matrix}-19.62\times3=\begin{matrix}44.64\\17.64\end{matrix}\quad(\text{kPa})$$

水平基底压力为

$$p_h=\frac{P_H}{b}=\frac{150}{20}=7.5\quad(\text{kPa})$$

基底压力及基底附加压力分布如图 8-28（b）所示。

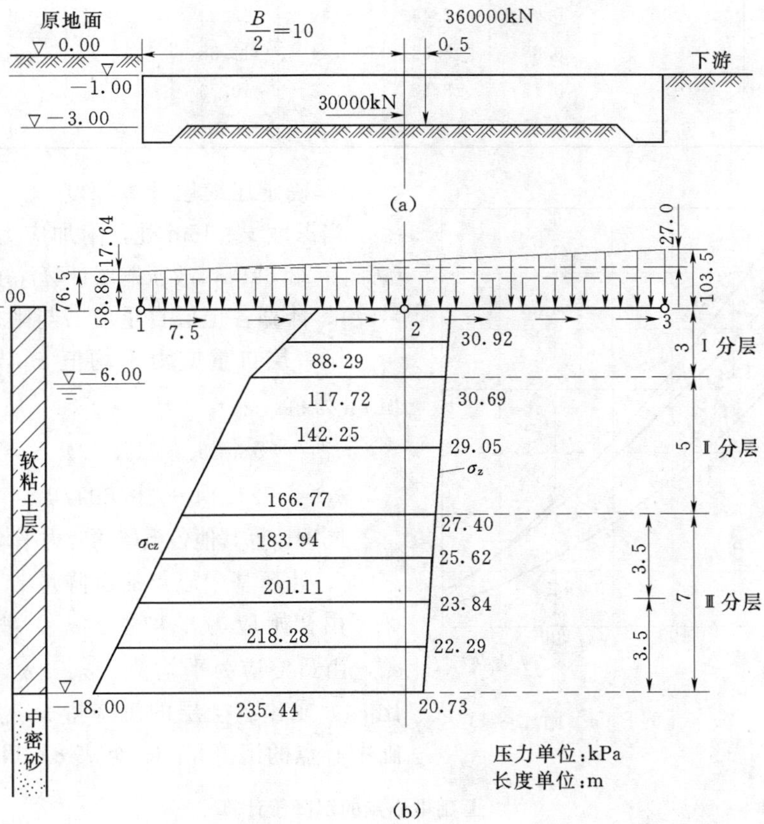

图 8-28 ［例 8-4］附图 1

3. 计算各分层面处的自重应力

基底处（$z=0$）　$\sigma_{c0}=\gamma_0 d=19.62\times3=58.86$（kPa）

地下水位处（$z=3\text{m}$）　$\sigma_{c3}=19.63\times(3+3)=117.72$（kPa）

基底以下 8m 处（$z=8\text{m}$）　$\sigma_{c8}=117.72+9.81\times5=166.77$（kPa）

基底以下 11.5m 处（$z=11.5\text{m}$）　$\sigma_{c11.5}=166.77+9.81\times3.5=201.11$（kPa）

中密砂层顶面处（z=15m）　　　σ_{c15}=201.11+9.81×3.5=235.44（kPa）

自重应力 σ_{cz} 分布如图 8-28（b）所示。

4. 各分层面处的附加应力计算

以基础中心点为例，将竖向基底附加压力分为均布荷载和三角形荷载，其中均布竖向荷载 p_0=17.64kPa，三角形竖向荷载 p_t=44.64－17.64=27kPa。此外，水平荷载 p_h=7.5kPa，各荷载在地基中引起的附加应力计算见表 8-10，附加应力分布见图 8-28（b）。

表 8-10　　基础中心点（点 2）下的附加应力计算

z (m)	z/b	b=20m　x/b=0.5						$\sum\sigma_z$ (kPa)
		p_0=17.64kPa		p_t=27.00kPa		p_h=7.5kPa		
		K_z^s	σ_z	K_z^t	σ_z	K_z^h	σ_z	
0	0	1.00	17.64	0.50	13.50	0	0	31.14
3	0.15	0.99	17.46	0.49	13.23	0	0	30.69
8	0.40	0.88	15.52	0.44	11.88	0	0	27.40
11.5	0.58	0.77	13.58	0.38	10.26	0	0	23.84
15	0.75	0.67	11.82	0.33	8.91	0	0	20.73

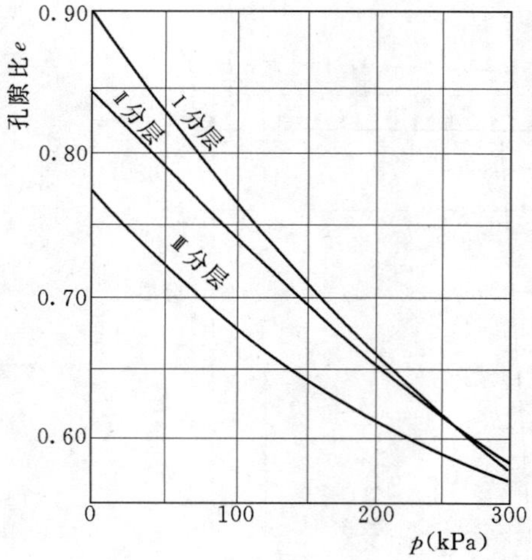

图 8-29　［例 8-4］附图 2

5. 确定压缩层计算深度

当深度 z=15m 处，附加应力 σ_z=20.73kPa<$0.1\sigma_{cz}$=23.5kPa，故压缩层计算深度 Z_n 可取 15m。

6. 计算各土层自重应力与附加应力的平均值

第一层自重应力平均值 $\bar{\sigma}_{cz1}$ 与附加应力平均值 $\bar{\sigma}_{z1}$ 为：

$$\bar{\sigma}_{cz1} = (58.85 + 117.72)/2 = 88.29(\text{kPa})$$

$$\bar{\sigma}_{z1} = (31.14 + 30.69)/2 = 30.92(\text{kPa})$$

同理计算其他各土层的应力平均值，见表 8-11。

7. 计算基中心点的沉降量

由初始应力平均值（$\bar{\sigma}_{czi}$）查出初始孔隙比 e_{1i}，由最终应力平均值（$\bar{\sigma}_{czi}+\bar{\sigma}_{zi}$）查出最终孔隙比 e_{2i}，求出各土层的沉降量 s_i，然后求和得到基础中心点的沉降量 S。见表 8-11。

表 8-11　　基础中心点的沉降量计算

分层编号	分层厚度 (cm)	初始应力平均值 (kPa)	附加应力平均值 (kPa)	最终应力平均值 (kPa)	e_{1i}	e_{2i}	$\frac{e_{1i}-e_{2i}}{1+e_{1i}}$	$s_i=\frac{e_{1i}-e_{2i}}{1+e_{1i}}h_i$ (cm)
Ⅰ	300	88.29	30.92	119.21	0.783	0.745	0.0213	6.4
Ⅱ	500	142.25	29.05	171.30	0.695	0.665	0.0177	8.9
$Ⅲ_1$	350	183.94	25.62	209.56	0.619	0.604	0.0093	3.2
$Ⅲ_2$	350	218.28	22.29	240.57	0.602	0.590	0.0075	2.6
$s=\sum s_i$=21.1（cm）								

按上述同样方法可以计算出点 1 和点 3 的沉降量分别为 4.3cm 和 7.2cm。

8.5.2 “规范法”计算地基最终沉降量

现行 GB50007—2002《建筑地基基础设计规范》所推荐的地基最终沉降量计算方法是修正形式的分层总和法。它也采用侧限条件的压缩性指标，但运用了地基平均附加应力系数计算；还规定了地基沉降计算深度的新标准以及提出地基沉降计算经验系数，使得计算成果接近于实测值。

地基平均附加应力系数 $\bar{\alpha}$ 的定义：从基底至地基任意深度 z 范围内的附加应力分布图面积 A 对基底附加压力与地基深度的乘积 $p_0 z$ 之比值，$\bar{\alpha}=A/p_0 z$，也就是 $A=p_0 z\bar{\alpha}$。假设地基土是均质的，在侧限条件下的压缩模量 E_s 不随深度而变，则从基底至任意深度 z 范围内的压缩量 s' 为

$$s' = \int_0^z \varepsilon \mathrm{d}z = \frac{1}{E_s}\int_0^z \sigma_z \mathrm{d}z = \frac{p_0}{E_s}\int_0^z K\mathrm{d}z = \frac{A}{E_s} = \frac{p_0 z\bar{\alpha}}{E_s} \tag{8-24}$$

成层土地基中第 i 层的沉降量 s_i 为

$$s_i = p_0(z_i\bar{\alpha}_i - z_{i-1}\bar{\alpha}_{i-1})/E_{si} \tag{8-25}$$

则按分层总和法计算地基沉降量的公式为

$$s' = \sum s'_i = \sum p_0(z_i\bar{\alpha}_i - z_{i-1}\bar{\alpha}_{i-1})/E_{si} \tag{8-26}$$

以上式中 z_{i-1}、z_i——分别为第 i 层的上层面与下层面至基础底面的距离，m；

$\bar{\alpha}_{i-1}$、$\bar{\alpha}_i$——z_{i-1} 和 z_i 范围内竖向平均附加应力系数；

E_{si}——第 i 层土的压缩模量，MPa 或 kPa；

$p_0 z_{i-1}\bar{\alpha}_{i-1}$、$p_0 z_i\bar{\alpha}_i$——$z_{i-1}$ 和 z_i 范围内竖向附加应力面积 A_{i-1} 和 A_i，kPa・m；

ε——土的压缩应变，$\varepsilon=\sigma_z/E_s$。

地基沉降计算深度 Z_n 应满足下列条件：由该深度处向上取按表 8-12 规定的计算厚度 Δz（见图 8-30）所得的计算沉降量 s'_n 应满足下式要求（包括考虑相邻荷载的影响）：

$$s'_n \leqslant 0.025s' \tag{8-27}$$

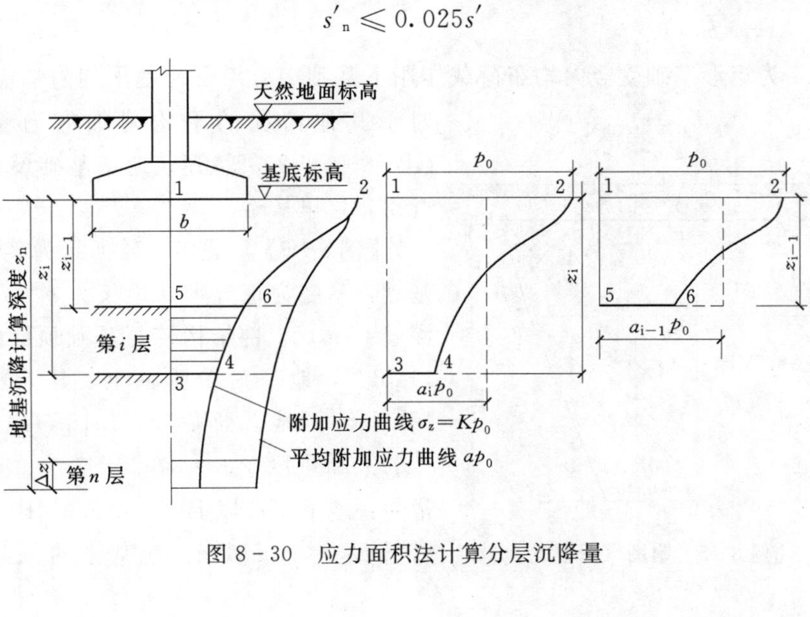

图 8-30 应力面积法计算分层沉降量

表 8-12　　计算厚度 **Δz** 值

b (m)	$b\leqslant 2$	$2<b\leqslant 4$	$4<b\leqslant 8$	$8<b$
Δz (m)	0.3	0.6	0.8	1.0

按上式所确定的沉降计算深度下如有较软弱土层时，尚应向下继续计算，直至软弱土层中所取规定厚度 Δz 的计算沉降量满足上式为止。当无相邻荷载影响，基础宽度 b 在 1～30m 范围内时，基础中心点的地基沉降计算深度，也可按下式简化计算，即

$$Z_n = b(2.5 - 0.4\ln b) \tag{8-28}$$

为了提高计算的准确度，地基沉降计算深度范围内的计算沉降量 s' 尚需乘以一个沉降计算经验系数 ψ_s，即

$$s = \psi_s s' = \psi_s \sum \frac{p_0}{E_{si}}(z_i\bar{\alpha}_i - z_{i-1}\bar{\alpha}_{i-1}) \tag{8-29}$$

式中　ψ_s——沉降计算经验系数，根据地区沉降观测资料及经验确定，也可采用表 8-13 的数值（表中 f_{ak} 为地基承载力特征值）；

E_{si}——基础底面下第 i 层土的压缩模量，按实际应力段取值，kPa。

表 8-13　　沉降计算经验系数 **ψ_s**

基底附加压力	$\bar{E}_s$				
	2.5	4.0	7.0	15.0	20.0
$p_0\geqslant f_{ak}$	1.4	1.3	1.0	0.4	0.2
$p_0\leqslant 0.75f_{ak}$	1.1	1.0	0.7	0.4	0.2

表中 $\bar{E}_s$ 为沉降计算深度范围内压缩模量当量值，应按下式计算：

$$E_s = \sum \Delta A_i / \sum (\Delta A_i / E_{si}) \tag{8-30}$$

式中　ΔA_i——第 i 层土附加应力系数沿土层厚度的积分值，$\Delta A_i = A_i - A_{i-1} = p_0$ $(z_i\bar{\alpha}_i - z_{i-1}\bar{\alpha}_{i-1})$。

表 8-14 为矩形基础受竖向均布荷载作用下基础中心点下地基平均附加应力系数 $\bar{\alpha}_i$。对于其他情况的平均附加应力系数，可由 GB 50007—2002《建筑地基基础设计规范》中查得，这里从略。

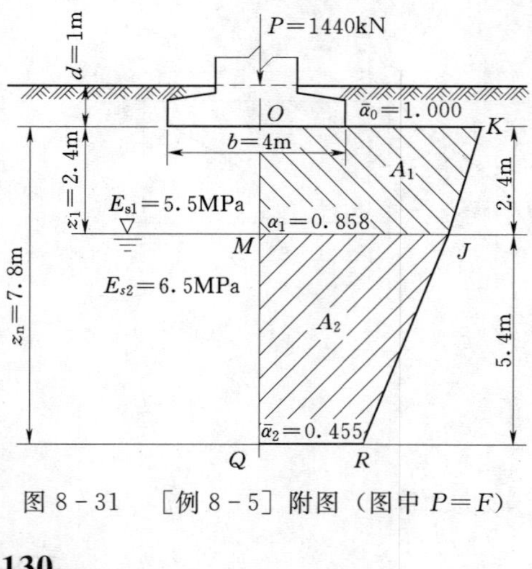

图 8-31　[例 8-5] 附图（图中 $P=F$）

【例 8-5】　图 8-31 所示为某建筑物的柱基础，基底为正方形，边长为 $b=4$m，基础埋深 $d=1$m，上部结构传至基础顶面的荷载 $F=1440$kN，地基为粉质粘土，其天然重度 $\gamma=16$kN/m^3，地下水位埋深 3.4m，地下水位以下土的饱和重度 $\gamma_{sat}=18.2$kN/m^3。土层压缩模量为：地下水位以上 $E_{s1}=5.5$MPa，地下水位以下 $E_{s2}=6.5$MPa。地基土的承载力特征值

f_{ak}=94kPa，试用“规范法”计算柱基中心点的沉降量。

解 1. 按公式（8-28）地基沉降计算深度 Z_n

$$Z_n = b(2.5 - 0.4\ln b) = 4 \times (2.5 - 0.4\ln 4) = 7.8 \text{ (m)}$$

2. 计算基底附加压力 p_0

$$p_0 = F/(lb) + \gamma_G d - \gamma_0 d = 1440/(4 \times 4) + 20 \times 1 - 16 \times 1 = 94.0 \text{ (kPa)}$$

3. 确定平均附加应力系数 $\overline{\alpha}_i$

由 l/b=1，z/b=0、0.6、1.95 分别查表 8-14 得：$\overline{\alpha}_0$=1.0、$\overline{\alpha}_1$=0.858、$\overline{\alpha}_2$=0.455

4. 确定沉降计算经验系数 ψ_s

第 1 层土附加应力沿土层厚度的积分值 ΔA_1=0.858×2.4=2.06，第 2 层土 ΔA_2=0.455×7.8 − 2.06 = 1.49，故压缩模量当量值为

$$\overline{E}_s = \frac{2.06 + 1.49}{2.06/5.5 + 1.49/6.5} = 5.88 \text{(MPa)}$$

由 $p_0 = f_{ak}$ 和 $\overline{E}_s$=5.88MPa 查表 8-14 得：ψ_s=1.11。

5. 计算柱基中心点的沉降量

$$s = \psi_s s' = \psi_s \sum \frac{p_0}{E_{si}} (z_i \overline{\alpha}_i - z_{i-1} \overline{\alpha}_{i-1})$$

由图 8-31 可知 z_0=0，z_1=2400mm，z_2=7800mm，即

$$s = 1.11 \times 94 \times [0.858 \times 2400/5500 + (0.455 \times 7800 - 0.858 \times 2400)/6500]$$
$$= 63\text{mm}$$

表 8-14 矩形基础受均布荷载作用下基础中心点下地基平均附加应力系数值 $\overline{\alpha}_i$

z/b	l/b												
	1.0	1.2	1.4	1.6	1.8	2.0	2.4	2.8	3.2	3.6	4.0	5.0	>10
0.0	1.000	1.000	1.000	1.000	1.000	1.000	1.000	1.000	1.000	1.000	1.000	1.000	1.000
0.2	0.987	0.990	0.991	0.992	0.992	0.992	0.993	0.993	0.993	0.993	0.993	0.993	0.993
0.4	0.936	0.947	0.953	0.956	0.958	0.960	0.961	0.962	0.962	0.963	0.963	0.963	0.963
0.6	0.858	0.878	0.890	0.898	0.903	0.906	0.910	0.912	0.913	0.914	0.914	0.915	0.915
0.8	0.775	0.801	0.810	0.831	0.839	0.844	0.851	0.855	0.857	0.858	0.859	0.860	0.860
1.0	0.689	0.738	0.749	0.764	0.775	0.783	0.792	0.798	0.801	0.803	0.804	0.806	0.807
1.2	0.631	0.663	0.686	0.703	0.715	0.725	0.737	0.744	0.749	0.752	0.754	0.756	0.758
1.4	0.573	0.605	0.629	0.648	0.661	0.672	0.687	0.696	0.701	0.705	0.708	0.711	0.714
1.6	0.524	0.556	0.580	0.599	0.613	0.625	0.614	0.651	0.658	0.663	0.666	0.670	0.675
1.8	0.482	0.513	0.537	0.556	0.571	0.583	0.600	0.611	0.619	0.624	0.629	0.633	0.638
2.0	0.446	0.475	0.499	0.518	0.533	0.545	0.563	0.575	0.584	0.590	0.594	0.600	0.606
2.2	0.414	0.443	0.466	0.484	0.499	0.511	0.530	0.543	0.552	0.558	0.563	0.570	0.577
2.4	0.387	0.414	0.436	0.454	0.469	0.481	0.500	0.513	0.523	0.530	0.535	0.543	0.551
2.6	0.362	0.389	0.410	0.428	0.442	0.455	0.473	0.487	0.496	0.504	0.509	0.518	0.528
2.8	0.341	0.366	0.387	0.404	0.418	0.430	0.449	0.463	0.472	0.480	0.486	0.495	0.506
3.0	0.322	0.346	0.366	0.383	0.397	0.409	0.427	0.441	0.451	0.459	0.465	0.477	0.487
3.2	0.305	0.328	0.348	0.364	0.377	0.389	0.407	0.420	0.431	0.439	0.445	0.455	0.468

续表

z/b	l/b												
	1.0	1.2	1.4	1.6	1.8	2.0	2.4	2.8	3.2	3.6	4.0	5.0	>10
3.4	0.289	0.312	0.331	0.346	0.359	0.371	0.388	0.402	0.412	0.420	0.427	0.437	0.452
3.6	0.276	0.297	0.315	0.330	0.343	0.353	0.372	0.385	0.395	0.403	0.410	0.421	0.436
3.8	0.263	0.284	0.301	0.316	0.328	0.339	0.356	0.369	0.379	0.388	0.394	0.405	0.422
4.0	0.251	0.271	0.288	0.302	0.314	0.325	0.342	0.355	0.365	0.373	0.379	0.391	0.408
4.2	0.241	0.260	0.276	0.290	0.300	0.312	0.328	0.341	0.352	0.359	0.366	0.377	0.396
4.4	0.231	0.250	0.265	0.278	0.290	0.300	0.316	0.329	0.339	0.347	0.353	0.365	0.384
4.6	0.222	0.240	0.255	0.268	0.279	0.289	0.305	0.317	0.327	0.335	0.341	0.353	0.373
4.8	0.214	0.231	0.245	0.258	0.269	0.279	0.294	0.300	0.316	0.324	0.330	0.342	0.362
5.0	0.206	0.223	0.237	0.249	0.260	0.269	0.284	0.296	0.306	0.313	0.320	0.332	0.352

注　l、b 为矩形的长边与短边，z 为基底以下的深度。

8.6　地基变形与时间的关系

从第 8.4 节我们知道，土的压缩随时间而增长的过程，称为土的固结。对于饱和土在荷载作用下，土粒互相挤紧，孔隙水逐渐排出，引起孔隙体积减小直到压缩稳定，需要一定的时间过程，这一过程的快慢，取决于土的渗透性，故称饱和土体的固结为渗透固结。地基的固结，也就是地基沉降的过程。对于无粘性土地基，由于渗透性强，压缩性低，地基沉降的过程时间短，一般在施工完成时，地基沉降可基本完成。而粘性土地基，特别是饱和粘土地基，由于渗透性弱，压缩性高，地基沉降的时间过程长，地基沉降往往延续至完工后数年，甚至数十年才能达到稳定。因此，对于建造在粘土地基上的重要建筑物，常常需要了解地基沉降与时间的关系，以便考虑建筑物有关部分的净空、连接方式、施工顺序和速度。关于地基沉降与时间的关系常以饱和土体单向渗透固结理论为基础。下面介绍饱和土体单向渗透固结理论，根据此理论分析地基沉降与时间关系的计算方法及应用。

8.6.1　饱和土的单向渗透固结模型

对于饱和土来说，如果在荷载作用下，孔隙水只能沿着竖直方向渗流，土体的压缩也只能在竖直方向产生，那么，这种压缩过程就称为单向渗透固结。

饱和土是由土粒构成的土骨架和充满于孔隙中的孔隙水两部分组成，显然，外荷载在土中引起的附加应力 σ_z 是由孔隙水和土骨架来分担的，由孔隙水承担的压力，即附加应力作用在孔隙水中引起的应力称为孔隙水压力，用 u 表示，它高于原来承受的静水压力，故又称超静水压力。孔隙水压力和静水压力一样，是各个方向都相等的中性压力，不会使土骨架发生变形。由土骨架承担的压力，即附加应力在土骨架引起的应力称为有效应力，用 σ' 表示，它能使土粒彼此挤紧，引起土的变形。在固结过程中，这两部分应力的比例不断变化，而这一过程中任一时刻 t，根据平衡条件，有效应力 σ' 和孔隙水压力 u 之和总是等于作用在土中的附加应力 σ_z，即 $\sigma_z=u+\sigma'$。

为了说明饱和土的单向渗透固结过程，可用图 8-32 所示的弹簧活塞模型来说明。模型是将饱和土体表示为一个有弹簧、活塞的充满水的容器。弹簧代表土骨架，容器内的水

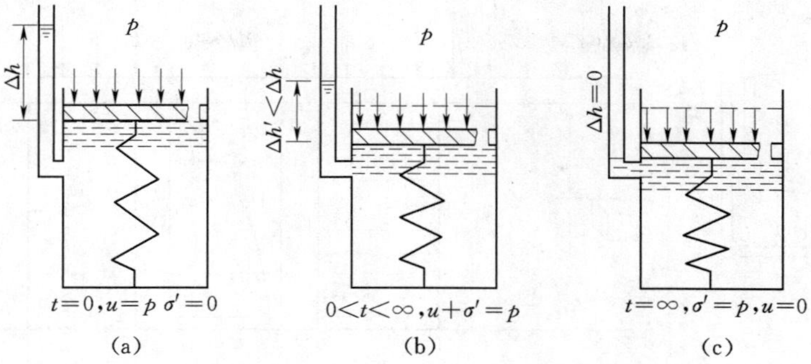

图 8-32 饱和土的单向渗透固结模型（图中 $p=\sigma_z$）

表示土中孔隙水，由容器中水承担的压力相当于孔隙水压力 u，由弹簧承担的压力相当于有效应力 σ'。在荷载刚施加的瞬间（$t=0$），孔隙水来不及排出，此时 $u=\sigma_z$，$\sigma'=0$。其后（$0<t<\infty$）水从活塞小孔逐渐排出，u 逐渐降低并转化为 σ'，此时，$\sigma_z=\sigma'+u$。最后（$t=\infty$），由于水的停止排出，孔隙水压力 u 等于 0，压力 σ_z 全部转移给弹簧即 $\sigma_z=\sigma'$，渗透固结完成。

由此可见，饱和土的固结就是孔隙水压力 u 消散和有效应力 σ' 相应增长的过程。

8.6.2 饱和土体的单向渗透固结理论

1. 基本假设

饱和土体单向渗透固结理论的基本假设如下：

(1) 地基土为均质、各向同性和完全饱和的。

(2) 土的压缩完全是由于孔隙体积的减小而引起，土粒和孔隙水均不可压缩。

(3) 土的压缩与排水仅在竖直方向发生，侧向既不变形，也不排水。

(4) 土中水的渗透符合达西定律，土的固结快慢取决于渗透系数的大小。

(5) 在整个固结过程中，假定孔隙比 e、压缩系数 a 和渗透系数 k 为常量。

(6) 荷载是连续均布的，并且是一次瞬时施加的。

2. 公式

饱和土体的固结过程就是孔隙水压力向有效应力转化的过程。图 8-33 表示一厚度为 H 的饱和粘性土层，顶面透水，底面不透水，孔隙水只能由下向上单向单面排出，土层顶面作用有连续均布荷载 p，属于单向渗透固结情况。

由于荷载 p 是连续均布，土层中的附加应力 σ_z 将沿深度 H 均匀分布，且 $\sigma_z=p$，当刚加压的瞬间（$t=0$），粘性土层中来不及排水，整个土层中 $u=\sigma_z$，$\sigma'=0$。经瞬间以后（$0<t<\infty$），粘性土层顶面的孔隙水先排出，u 下降并转化为 σ'，接着土层深处的孔隙水随着时间的增长而逐渐排出，u 也就逐渐向 σ' 转化，此时土层中 $u+\sigma'=\sigma_z$，直到最后（$t=\infty$），在荷载 p 作用下，应被排出的孔隙水全部排出了，整个土层中 $u=0$，$\sigma'=\sigma_z$，达到固结稳定。

根据公式推导可得到某一时刻 t，深度 z 处的孔隙水压力表达式如下：

$$u=\frac{4}{\pi}\sigma_z\sum_{m=1}^{\infty}\frac{1}{m}\sin\left(\frac{m\pi z}{2H'}\right)e^{\frac{-m^2\pi^2}{4}T_V} \tag{8-31}$$

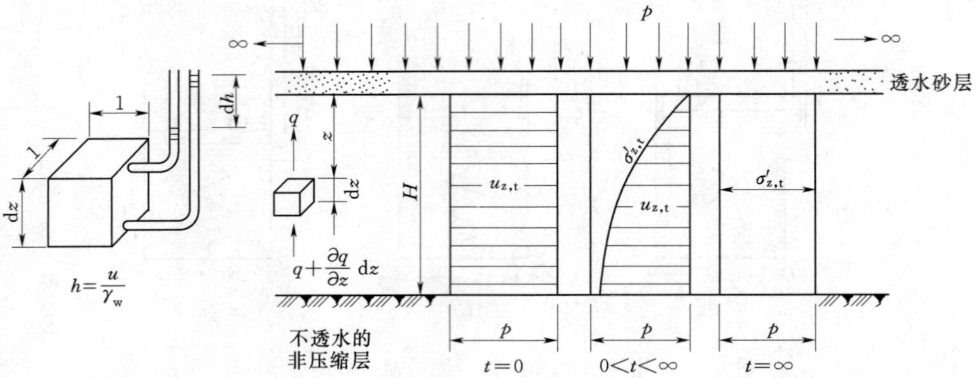

图 8-33　饱和土的固结过程

式中　m——正整奇数（1，3，5，…）；

e——自然对数的底；

H'——土层最大排水距离，单面排水为土层厚度 H，双面排水取 $H/2$；

T_V——时间因数，$T_V=C_V t/H'^2$；

C_V——固结系数，$C_V=k(1+e_1)/(a\gamma_w)$，m^2/a；

k——土的渗透系数，m/a；

a——土的压缩系数，MPa^{-1}；

e_1——土层固结前的初始孔隙比；

γ_w——水的重度，$9.8kN/m^3$。

3. 地基变形与时间关系

根据式（8-31）所示的孔隙水压力 u 随时间 t 和深度 z 变化的函数解，即可求得地基在任一时间的固结度。地基在固结过程中任一时刻 t 的固结沉降量 S_t 与其最终沉量 S 之比，称为地基在 t 时的固结度，用 U_t 表示，即

$$U_t = S_t/S \tag{8-32}$$

由于土体的压缩变形是由有效应力 σ' 引起的，因此，地基中任一深度 z 处，历时 t 后的固结度亦可表达为：

$$U_t = \frac{\sigma'}{\sigma_z} = \frac{\sigma_z - u}{\sigma} = 1 - \frac{u}{\sigma_z} \tag{8-33}$$

因为地基中各点应力不等，所以各点的固结度也不同，实用上用平均固结度 U_t 表示，即

$$U_t = 1 - \frac{\int_0^H u\mathrm{d}z}{\int_0^H \sigma_z \mathrm{d}z} \tag{8-34}$$

对于图 8-33 所示的单面排水，附加应力均布的情况，地基的平均固结度经过公式推导可得：

$$U_t = 1 - \frac{8}{\pi^2}\left(e^{-\frac{\pi^2}{4}T_V} + \frac{1}{9}e^{-\frac{9\pi^2}{4}T_V} + \cdots\right) \tag{8-35}$$

上式括号内的级数收敛很快，实用上取第一项，即

$$U_t = 1 - \frac{8}{\pi^2} e^{-\frac{\pi^2}{4} T_V} \tag{8-36}$$

由上式可知，平均固结度 U_t 是时间因数 T_V 的函数，它与土中的附加应力分布情况有关，式（8-35）适用于附加应力均匀分布的情况，也适用于双面排水情况。对于地基为单面排水，且上、下附加应力不相等的情况，可由 $\alpha=\sigma'_z/\sigma''_z$（$\sigma'_z$ 为透水面处的附加应力，σ''_z 为不透水面处的附加应力，对于双面排水 $\alpha=1$）值，查图 8-34 相应的曲线，得出固结度 U_t。

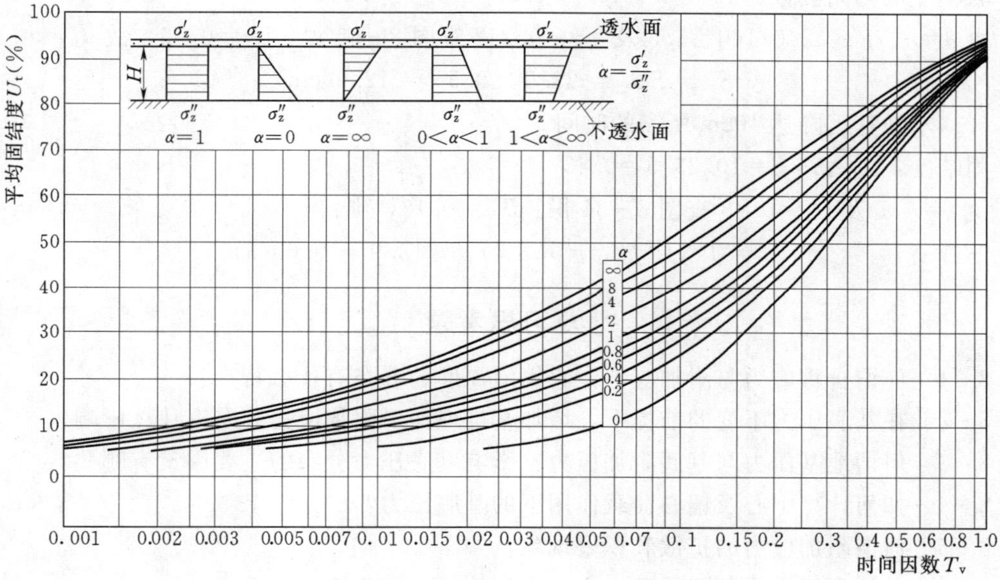

图 8-34 平均固结度 U_t 与时间因数 T_V 的关系

由时间因数 T_V 与平均固结度 U_t 的关系曲线（见图 8-34）可解决以下两个问题：

（1）计算加荷后历时 t 的地基沉降量 S_t。对于此类问题，可先求出地基的最终沉降量 S，然后根据已知条件计算出土层的固结系数 C_V 和时间因数 T_V，由 $\alpha=\sigma'_z/\sigma''_z$ 及 T_V 查出固结度 U_t，最后用式（8-32）求出 S_t。

（2）计算地基沉降量达 S_t 时所需的时间 t。对于此类问题，也可先求出地基的最终沉降量 S，再由式（8-32）求出固结度 U_t，最后由 $\alpha=\sigma'_z/\sigma''_z$ 及 U_t 查出时间因数 T_V 并求出所需时间 t。

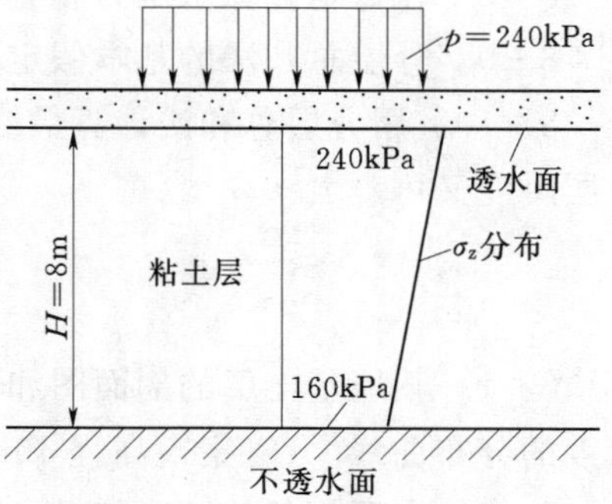

图 8-35 例 8-6 附图

【例 8-6】 某地基压缩土层为厚 8m 的饱和软粘土层，上部为透水的砂层，下部为不透水层。软粘土加荷之前的孔隙比 $e_1=0.7$，渗透系数 $k=2.0\text{cm/a}$，压缩系数 $a=0.25\text{MPa}^{-1}$，附加应力分布如图 8-35 所示。求：

(1) 加荷一年后地基沉降量为多少？

(2) 地基沉降达 10cm 所需的时间？

解　(1) 求加荷一年后的地基沉降 S_t。

软粘土层的平均附加应力：$\bar{\sigma}_z=(240+160)/2=200\ (\text{kPa})$

地基最终沉降量：$S=\dfrac{a}{1+e_1}\bar{\sigma}_z H=\dfrac{0.25\times10^{-3}}{1+0.7}\times200\times800=23.5\ (\text{cm})$

软粘土的固结系数：$C_V=\dfrac{k(1+e_1)}{a\gamma_w}=\dfrac{2\times10^{-2}\times(1+0.7)}{0.25\times9.8\times10^{-3}}=13.9\ (\text{m}^2/\text{a})$

软粘土的时间因数：$T_V=C_V t/H'^2=13.9\times1/8^2=0.217$

由 $\alpha=\sigma'_z/\sigma''_z=240/160=1.5$ 及 $T_V=0.217$ 查图 8-34 得：$U_t=0.55$，故

$$S_t = SU_t = 23.5\times0.55 = 12.9(\text{cm})$$

(2) 求地基沉降达 10cm 所需的时间 t。

固结度：$U_t=S_t/S=10/23.5=0.43$

由 $\alpha=1.5$ 及 $U_t=0.43$ 查图 8-34 得：$T_V=0.13$，则：

$$t = T_V H'^2/C_V = 0.13\times8^2/13.9 = 0.60(\text{a})$$

复习思考题

8-1　何谓自重应力与附加应力，它们沿深度的分布有什么特点？

8-2　在基底压力不变的前提下，增加基础埋深对附加应力分布有什么影响？

8-3　何谓地基压力与基底附加压力？影响基底压力分布的主要因素有哪些？

8-4　如何计算中心及偏心荷载作用下的基底压力？

8-5　何谓附加应力的扩散和积聚现象？

8-6　土体在压力作用下体积变小产生压缩的主要原因是什么？

8-7　比较土的压缩系数、压缩模量、压缩指数的区别、单位和相互关系。

8-8　什么是孔隙水压力和有效应力？在固结过程中两者是怎样转化的？

8-9　分层总和法的基本假定是什么？

8-10　用分层总和法计算最终沉降量时，为何分层厚度不可太大？而基础宽度愈大分层厚度又可愈大？

习　　题

8-1　某地基土层的剖面图和资料如附图 8-1 所示。试计算并绘制竖向自重应力沿深度的分布曲线。(答案：高程 40m、35m 处，$\delta_{cz}=92.0$kPa，$\sigma_{cz}=141.0$kPa)

8-2　有两相邻的矩形基础 A 和 B，其尺寸、相对位置及荷载分布如附图 8-2 所示。考虑相邻基础的影响，试求基础 A 中心点下 $z=2$m 处的竖向附加应力。(答案：$\sigma_z=69.9$kPa)

8-3　如附图 8-3 所示，矩形基础受竖向梯形分布荷载作用，试计算基础中心点下深度 $z=2$m 处的附加应力 σ_z。(答案：$\sigma_z=78.1$ kPa)

8-4　如附图 8-4 所示，宽度 $b=10$m 的条形基础受偏心竖向荷载及水平荷载作用，

试计算基础中心点 O 及 O_1 点下 20m 深度范围内的附加应力 σ_z，并绘出 σ_z 的分布曲线。(答案：O 点下 20m 处 σ_z＝36.7kPa，O_1 点下 20m 处 σ_z＝33.5kPa)

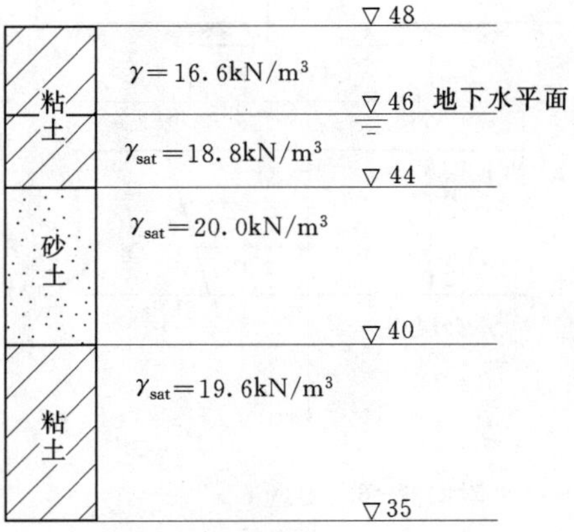

附图 8－1　习题 8－1 图

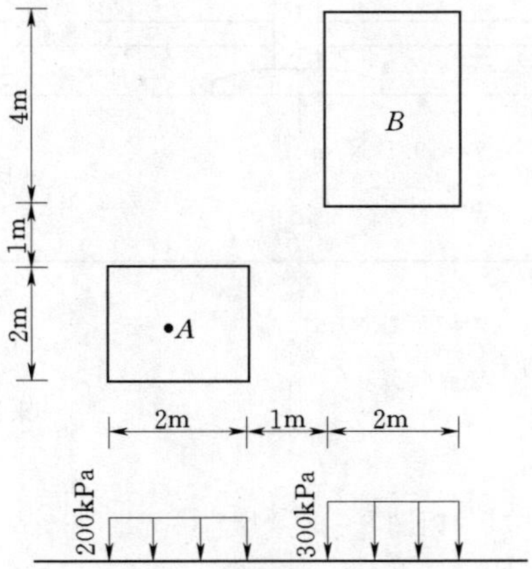

附图 8－2　习题 8－2 图

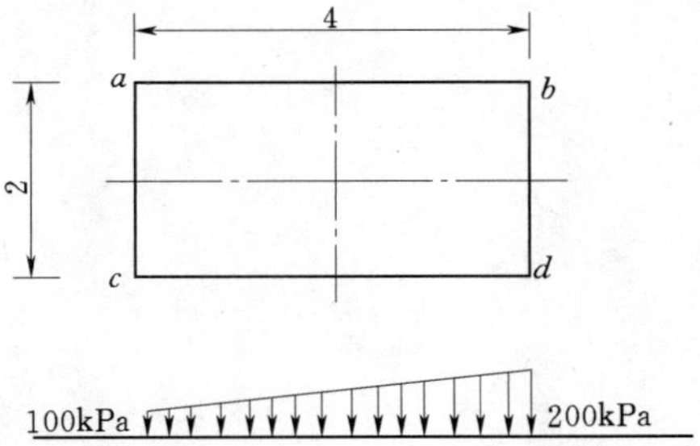

附图 8－3　习题 8－3 图

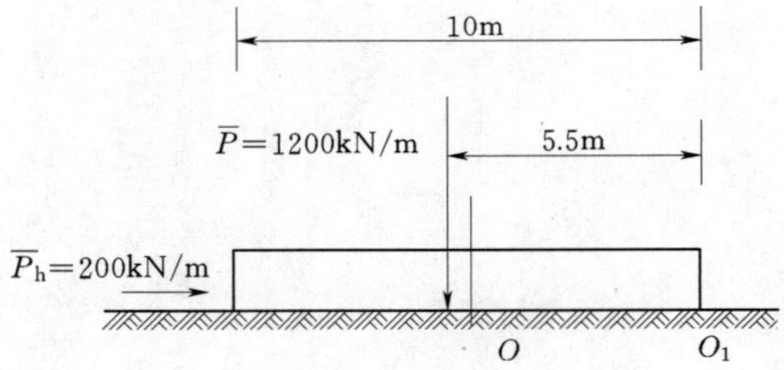

附图 8－4　习题 8－4 图

(图中 $\overline{P}=F+G$，$\overline{P}_h=P_H$)

8－5　某工程 3 号钻孔土样 3－1 粉质粘土和土样 3－2 淤泥质粘土的压缩试验数据列于附表 8－1，试绘制 $e\sim p$ 曲线，并计算 a_{1-2} 和评价其压缩性。(答案：土样 3－1，α_{1-2}＝0.34MPa^{-1}，土样 3－2，α_{1-2}＝0.85MPa^{-1})。

附表 8－1　　　　**试　验　数　据**

垂直压力 (kPa)		0	50	100	200	300	400
孔隙比	土样 3－1	0.866	0.799	0.770	0.736	0.721	0.714
	土样 3－2	1.085	0.960	0.890	0.803	0.748	0.707

8－6　某矩形基础的底面尺寸为 4m×2.5m，天然地面下基础埋深为 1m，设计地面高出天然地面 0.4m，计算资料见附图 8－5（压缩曲线用练习题 8－5 的）。试按分层总和法计算基础中心点的沉降量。(参考答案：S＝14.8cm)

8－7　某基础压缩层为饱和粘土层，层厚为 10m，上下为砂层。由基底附加压力在粘土层中引起的附加应力 σ_z 分布如附图 8－6 所示。已知粘土层的物理力学指标为：a＝0.25MPa^{-1}，e_1＝0.8，k＝2cm/a，试求：(1) 加荷一年后地基的沉降量；(2) 地基沉降

量达 25cm 时所需的时间。(参考答案：$S_t=22.5$cm，$t=1.5$a)

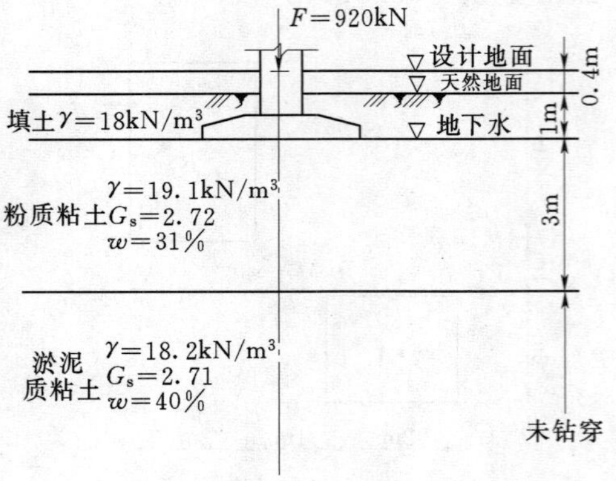

附图 8-5　习题 8-6 图

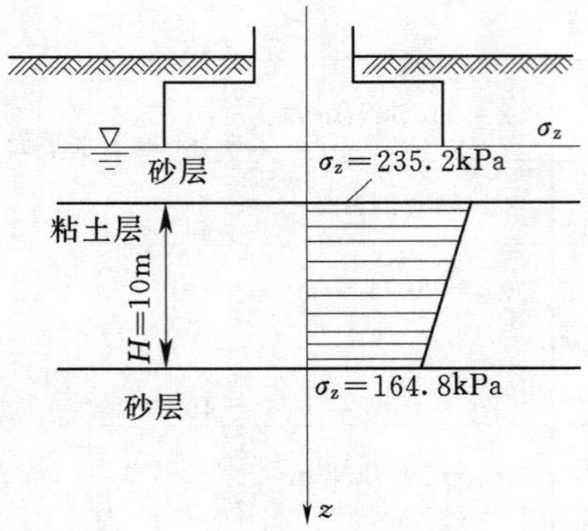

附图 8-6　习题 8-7 图

第 9 章　土的抗剪强度与地基承载力

在第 8 章中我们了解了地基变形问题，本章将研究土的强度问题，或称为地基稳定问题。土是一种材料，土的抗剪强度是指土体对于外荷载所产生的剪应力的极限抵抗能力。在外荷载的作用下，地基中产生剪应力，局部范围内剪应力超过土的抗剪强度时，将发生一部分土体沿着另一部分土体滑动，从而造成剪切破坏，这种现象称为地基丧失稳定性。在工程实践中与土的抗剪强度有关的工程问题，主要有以下三类，如图 9-1 所示。第一类是土质边坡，如土坝、路堤等填方边坡以及天然土坡的稳定性问题，如图 9-1（a）所示；第二类是土对工程构筑物的侧向压力，即土压力问题，如挡土墙、地下结构等所受的土压力，它受土强度的影响，如图 9-1（b）所示；第三类是建筑物地基的承载力问题，如果基础下的地基产生整体滑动或因局部剪切破坏而导致过大的地基变形，都会造成上部结构的破坏或影响其正常使用的事故，如图 9-1（c）所示。因此，为了正确估算地基承载力，评价地基稳定性，计算堤坝边坡稳定性以及挡土墙土压力等，都需要认真研究土的抗剪强度。

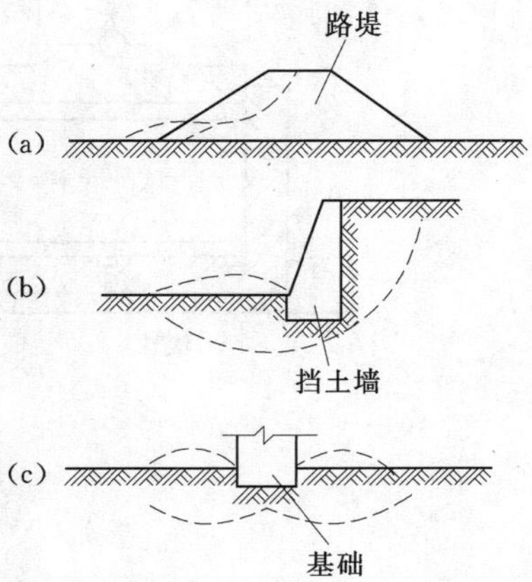

图 9-1　工程中土的强度问题

9.1　土的抗剪强度与直接剪切试验

土的抗剪强度是土的重要力学性质之一，它表征了土体抵抗剪切滑移的能力，其大小等于一部分土体沿着另一部分土体刚要产生滑动时，滑动面上的剪应力值。

土体在外荷载作用下，将出现附加正应力与剪应力，附加正应力使土体产生压缩变形。而剪应力的存在并不导致土中会出现明显的剪切变形，只有当剪应力增大到土的抗剪强度时，才会可能出现这种变形。所以在设计堤坝、建筑物地基及进行挡土墙侧压力计算时，为了保证它们有足够的稳定性，必须了解土的抗剪强度。如果对土的抗剪强度估计过高，可能导致出现工程事故，若估计过低，则又可能使建筑物设计保守而造成浪费。所以正确确定土的抗剪强度，十分重要。

9.1.1　土的抗剪强度的基本定律

直接剪切试验是室内测定土的抗剪强度的基本方法。试验的主要仪器是直接剪切仪，它分为应力控制式和应变控制式两种，试验中通常采用应变控制式直剪仪，它主要由剪力盒、垂直和水平加载系统及测量系统等部分组成。其主要结构如图 9-2 所示。剪力盒分上盒、下盒，试验时对齐上、下盒，将土样放于盒内，并在土样上、下各放一块透水石，在加压板上施加垂直压力 P，使土样受到垂直压力 $\sigma=P/A$（A 为土样面积）。随后在下盒施加水平力（均匀旋转手轮），使土样沿上、下盒的分界面处受剪，当水平力增至 T 时，土样发生剪切破坏，此时的极限剪应力 $\tau=T/A$，即是土样在垂直压力 σ 作用下的抗剪强度 τ_f。为了了解土的抗剪强度随垂直压力的变化规律，试验时可取 4 个相同土样，在不同的垂直压力下剪切，这样，对应于不同的垂直压力 σ_1、σ_2、σ_3、σ_4，可以得到相应的抗剪强度 τ_{f1}、τ_{f2}、τ_{f3}、τ_{f4}。将试验结果绘制成 σ—τ_f 关系曲线，该曲线即为抗剪强度线，如图 9-3 所示。

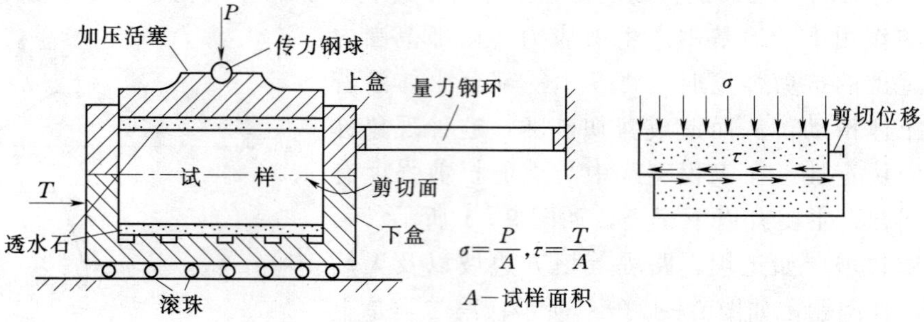

图 9-2　直接剪切仪示意图

(a) 直剪仪简图；(b) 试样受剪情况

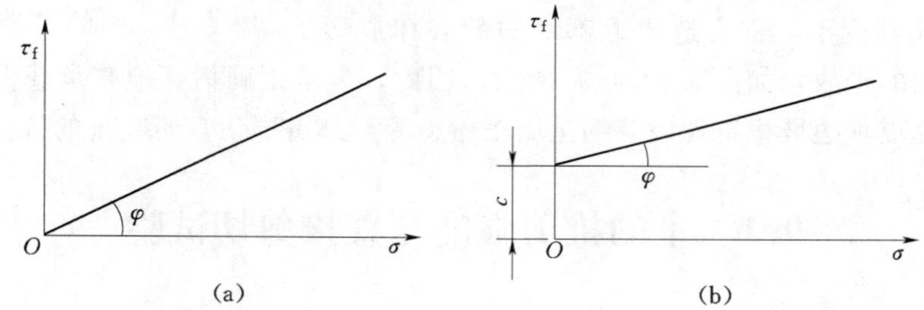

图 9-3　抗剪强度与垂直压力的关系曲线

(a) 无粘性土；(b) 粘性土

τ_f—σ 关系曲线称抗剪强度线，其表达式为

砂土　$$\tau_f=\sigma \mathrm{tg}\varphi \tag{9-1}$$

粘性土　$$\tau_f=\sigma \mathrm{tg}\varphi + c$$

式中　$\mathrm{tg}\varphi$——抗剪强度线的斜率，称土的内摩擦系数；

φ——抗剪强度线与水平线的夹角，称土的内摩擦角，一般砂土 $\varphi=26°\sim40°$，粘性土 $\varphi=13°\sim28°$；

c——粘性土抗剪强度线的纵截距，称土的粘聚力，一般 $c=20\sim100$kPa。式(9-1)由法国学者库伦（1733 年）提出，故称为库伦定律。

由此可见，土的抗剪强度由土的内摩擦力 $\sigma \mathrm{tg}\varphi$ 和粘聚力 c 两部分组成，φ 和 c 是土的抗剪强度指标，砂土一般无粘聚力，只有内摩擦力。砂土的颗粒较粗，砂粒之间的摩擦和咬合作用构成砂土的摩擦力。因此，砂土的内摩擦角 φ 与它的颗粒级配、密实度及含水率等因素有关。粘性土的粘聚力主要来源是土粒间的分子引力和土粒间化合物胶结。前者称为原始粘聚力，后者称固化粘聚力，原始粘聚力随土的压密，土粒间的距离减小而增大，固化粘聚力随胶结物的结晶和硬化而增强，但当土的结构破坏，固化粘聚力即消失，且不能恢复，故在地基施工开挖时，应尽可能不要扰动地基土的天然结构。

抗剪强度指标 φ、c 不仅与土的性质有关，而且与测定方法有关。同一种土体在不同条件下测出的强度指标也有所不同，但同一种土用同一方法测定的强度指标基本是相同的，因此，谈及强度指标 φ、c 时，应注明它的试验条件。

9.1.2 直接剪切试验的三种方法

在第 8 章中，我们了解了有效应力与孔隙水压力的概念，实际上只有有效应力 σ'才对抗剪强度起作用，而 σ'大小与土的固结度有关。即在总压力相同的情况下，固结度大时，土中有效应力相应增大，土的抗剪强度就大。所以，土的抗剪强度用有效应力表达更为合理。

$$\tau_f = c' + \sigma' \mathrm{tg}\varphi' = c' + (\sigma - u)\mathrm{tg}\varphi' \tag{9-2}$$

式中 c'、φ'——有效应力指标。

为了考虑固结程度和排水条件对土抗剪强度的影响，使室内试验条件更符合土体的实际受力情况，一般把直剪试验方法分为快剪、固结快剪和慢剪三种，以供按土的性质、建筑物施工和使用等实际情况，从中选作一种，使试验条件尽量符合或接近土体的受力情况。

1. 快剪试验

GB/T50123—1999《土工试验方法标准》规定，快剪试验适用于渗透系数小于 10^{-6} cm/s 的细粒土，试验时在试样施加垂直压力后，拔去固定销钉，立即进行快速剪切，一般控制在 3～5min 内将试样剪坏，即在土样还没有固结时，就进行快速剪切。其特点是土样在不允许孔隙水排除的前提下受压、受剪，所以试验时的含水率接近于试验前的含水率。该试验所得强度称为快剪强度，相应的指标称为快剪强度指标，以 c_q、φ_q 表示。

当地基土透水性较差、排水不良，工程施工进度又快，土体未固结时承受荷载，可采用此法。

2. 固结快剪试验

固结快剪试验也适用于渗透系数小于 10^{-6}cm/s 的细粒土。试验时对试样施加垂直压力后，每小时测读垂直变形一次，直至固结变形稳定。变形稳定标准为变形量每小时不大于 0.005mm，再拔去固定销，剪切过程同快剪试验。该试验所得强度称为固结快剪强度，相应的指标称为固结快剪强度指标，以 c_{cq}、φ_{cq}表示。

当建筑物在施工期间或以后，地基已充分固结，但完工后可能突然增加的荷载作用时，可采用此法。

3. 慢剪试验

慢剪试验是对试样施加垂直压力后，待固结稳定后，再拔去固定销，以小于 0.02mm/min 剪切速度使试样在充分排水的条件下进行剪切，这样得到的强度称为慢剪强度，其相应的指标称为慢剪强度指标，以 c_s、φ_s 表示。

当地基土（如砂土或砂土中夹薄层粘土）排水条件较好，地基易在较短时间内固结，且施工进度慢，可采用此法。

对于同一种土，由于试验时排水条件不同，所得的强度指标将不一样。试验表明，快剪所获得的 φ 值最小，慢剪 φ 值最大，固结快剪介于两者之间。而粘聚力 c 值基本上相差不大（快剪略大，慢剪略小）。

事实上，上述试验方法对粘性土是有意义的。至于砂土，由于透水性大，排水快，通常只采用一种速率进行。

直接剪切试验的设备简单，试样的制备和安装方便，且操作容易掌握，至今仍为工程单位广泛采用。直接剪切试验存在的缺点有以下几点：

(1) 剪切破坏面固定为上下盒之间的水平面不符合实际情况，因为该面不一定是土样的最薄弱的面。

(2) 试验中试样的排水程度靠试验速度的"快"、"慢"来控制的，无法做到严格的排水或不排水，这一点对透水性强的土来说尤为突出。

(3) 由于上下盒的错动，剪切过程中试样的有效面积逐渐减小，使试样中的应力分布不均匀，主应力方向发生变化，当剪切变形较大时这一缺陷表现得更为突出。

为了克服直接剪切试验存在的问题，对重大工程及一些科学研究，应采用更为完善的三轴压缩试验。三轴压缩仪是目前测定土抗剪强度较为完善的仪器。

9.2　土的极限平衡条件与三轴压缩试验

9.2.1　土的极限平衡条件

当土体中某一点在任意平面上的剪应力达到土的抗剪强度时，称该点处于极限平衡状态。

在土体中取一单元体，该单元体作用有大主应力 σ_1 和小主应力 σ_3 时，由材料力学可知，则其任意斜面上的正应力与剪应力的大小可用莫尔应力圆表示（见图 9-4），其关系式为

$$\left.\begin{aligned}\sigma &= \frac{\sigma_1+\sigma_2}{2}+\frac{\sigma_1-\sigma_2}{2}\cos2\alpha\\ \tau &= \frac{\sigma_1-\sigma_2}{2}\sin2\alpha\end{aligned}\right\}\qquad(9-3)$$

由莫尔应力圆可知，圆周上的 A 点表示与水平线成 α 角的斜截面，A 点的坐标表示该斜截面上的剪应力 τ 和正应力 σ。将图 9-3 的抗剪强度直线与图 9-4 的莫尔应力圆绘于同一直角坐标系上，可出现三种情况（见图 9-5）：

(1) 应力圆与库伦直线相离（Ⅰ），说明应力圆代表的单元体上各截面的剪应力均小于抗剪强度，即各截面都不破坏，所以，该点也处于稳定状态。

(2) 应力圆与库伦直线相割（Ⅲ），说明库伦直线上方的一段弧所代表的各截面的剪应力均大于抗剪强度，即该点已有破坏面产生，事实上这种应力状态是不可能存在的。

(3) 应力圆与库伦直线相切（Ⅱ），说明单元体上有一个截面的剪应力刚好等于抗剪

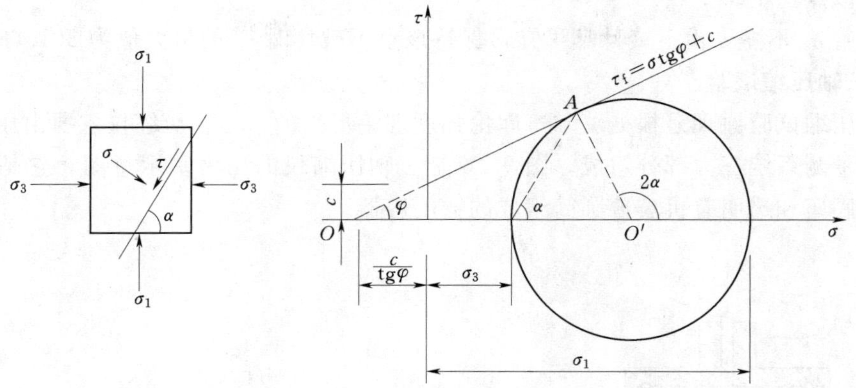

图 9-4 土中一点达极限平衡时的莫尔应力圆

强度，而处于极限平衡状态，其余所有的截面都有 $\tau<\tau_f$，因此，该点处于极限平衡状态。所以圆（Ⅱ）称为极限应力圆。

根据极限应力圆与抗剪强度线之间的几何关系，可求得抗剪强度指标 c、φ 和主应力 σ_1、σ_3 之间的关系。由图 9-4 可知：

$$AO'=\frac{\sigma_1-\sigma_3}{2};\ OO'=\frac{\sigma_1+\sigma_3}{2}+c\cdot ctg\varphi$$

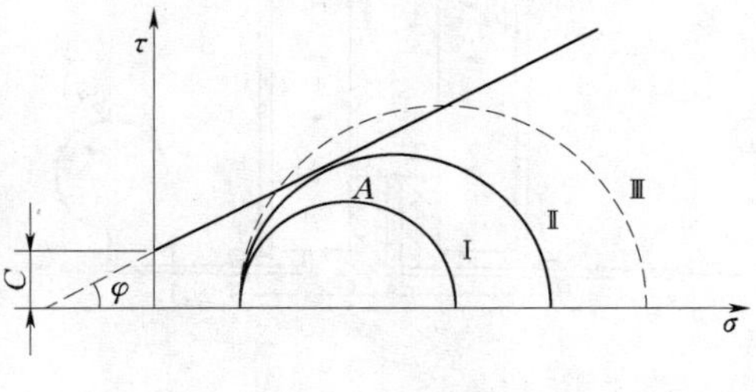

图 9-5 莫尔应力圆与抗剪强度之间的关系

由几何条件可以得出下列关系式：

$$\sin\varphi=\frac{\sigma_1-\sigma_3}{\sigma_1+\sigma_3+2c\cdot ctg\varphi} \tag{9-4}$$

上式经三角变换后，得如下极限平衡条件式：

$$\sigma_1=\sigma_3 tg^2\left(45^\circ+\frac{\varphi}{2}\right)+2c\cdot tg\left(45^\circ+\frac{\varphi}{2}\right) \tag{9-5}$$

或

$$\sigma_3=\sigma_1 tg^2\left(45^\circ-\frac{\varphi}{2}\right)-2c\cdot tg\left(45-\frac{\varphi}{2}\right) \tag{9-6}$$

由图 9-4 中的几何关系可知，土体的破坏面（剪破面）与大主应力作用面的夹角 α 为

$$2\alpha=90^\circ+\varphi，即\ \alpha=45^\circ+\frac{\varphi}{2} \tag{9-7}$$

式（9-4）、式（9-5）、式（9-6）是验算土体中某点是否达到极限平衡状态的判断式，也是表示 c、φ、σ_1、σ_3 之间的关系式，在地基稳定计算和土压力计算中都要用到。

【例 9-1】 某土层的抗剪强度指标 $\varphi=20^\circ$，$c=20$kPa，其中某一点的大主应力 $\sigma_1=300$kPa，小主应力 $\sigma_3=120$kPa。(1) 问该点是否破坏？(2) 若保持小主应力 σ_3 不变，该点不破坏的 σ_1 最大为多少？

解 (1) 用 σ_1 判别

将 $\sigma_3=120$kPa，$\varphi=20^\circ$，$c=20$kPa 代入式（9-5）得：

$$\sigma_{1f}=120tg^2\left(45^\circ+\frac{20^\circ}{2}\right)+2\times 20tg\left(45^\circ+\frac{20^\circ}{2}\right)=301.88\ (kPa)>\sigma_1=300\ kPa$$

因此该点稳定。

(2) 若 σ_3 不变，由上式计算可知，保持该点不破坏时 σ_1 的最大值为 301.88kPa。

9.2.2　三轴压缩试验

三轴压缩试验原理是根据莫尔—库伦强度理论得出的。三轴压缩仪主要由压力室、加压系统和量测系统三大部分组成，图 9-6 是三轴压缩仪的压力室示意图，它是一个由金属顶盖、底座和透明有机玻璃圆筒组成的密闭容器。

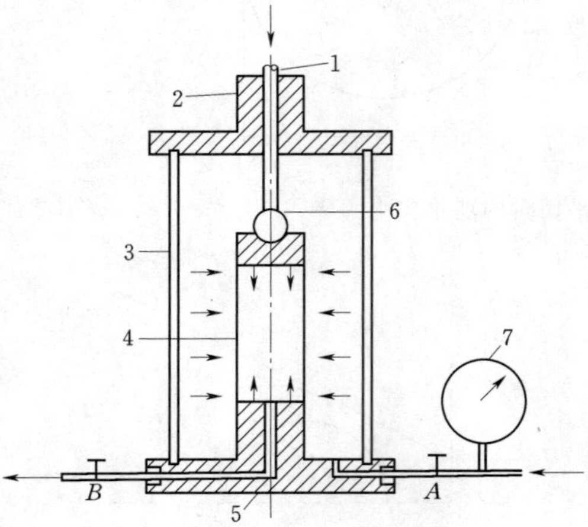

图 9-6　三轴剪切仪压力室示意图

1—竖向加荷活塞；2—顶盖；3—有机玻璃圆筒；4—乳胶膜；5—底座；6—活塞座；7—压力表

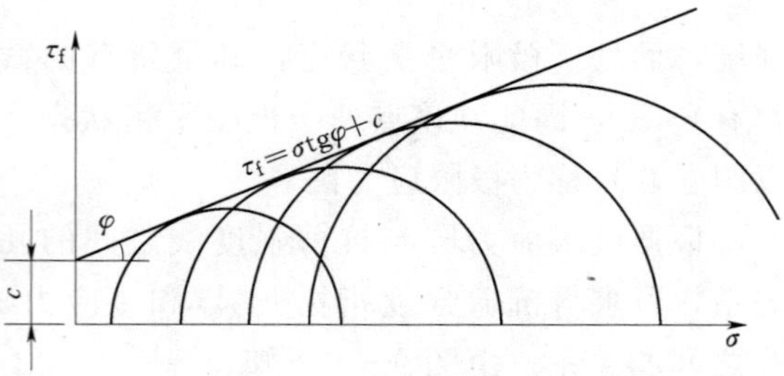

图 9-7　三轴剪切试验成果

试验时，先将圆柱形土样套在乳胶膜内，将它放入透明、密闭压力室内，然后通过底座中的阀门 A，向压力室内压入水，使试样三个轴向受到相同压力 σ_3，此时土样没有剪应力，再通过活塞座施加竖向压力 q，使土样中产生剪应力。在固定 σ_3 作用下，不断增大 q，直至土样剪破。根据最大主应力 $\sigma_1=\sigma_3+q$ 和最小主应力 σ_3，可绘出一个极限应力圆。取 3～5 个相同土样，在不同的周围压力 σ_3 下进行剪切破坏，可得到相应的 σ_1，便可绘出几个极限应力圆，这些极限应力圆的公切线，即为该土样的抗剪强度线（见图 9-7）。由此得出 c、φ 值。

根据试验排水条件的不同，对应于直接剪切试验的快剪、固结快剪和慢剪试验，三轴压缩试验也可分为不排水剪、固结不排水剪和排水剪三种试验方法：不排水剪是在试样施加 σ_3 和 q 时始终关闭 B 阀，不让试样排水；固结不排水剪是在施加固结压力 σ_3 时，打开 B 阀，让试样充分排水固结。然后关闭 B 阀，逐级增大 q，使试样剪破；排水剪则是在试验时，始终打开阀门 B，让试样自由排水。对于不排水剪和固结不排水剪试验，还可测出试样中产生的孔隙水压力 u，因而可以求出土的有效应力抗剪强度指标 c'、φ' 值，这种方法称为有效应力法。

三轴压缩试验较直接剪切试验完善，其优点是能比较严格地控制排水条件，并能测定试样的孔隙水压力变化，受力条件比较符合实际，没有人为地限定破裂面，破裂面是最弱面，试验结果较为准确。缺点是仪器的构造复杂，试样制备、试验操作比较麻烦，费用较高，故一般生产部门还用得不多。

测量土的抗剪强度指标的仪器，还有无侧向压缩仪和十字板剪力仪等，限于篇幅，请参阅有关书籍。

9.3 地 基 承 载 力

地基承载力是指地基受荷后塑性区（剪切破坏区，即 $\tau > \tau_f$ 的区域）限制在一定范围内，保证不产生剪切破坏而丧失稳定，且地基变形不超过容许值时的承载能力。建筑物荷载通过基础作用于地基上，地基就有两个方面的问题需要考虑：一种是因地基土的压缩变形而引起的建筑物基础沉降和沉降差，如果沉降或沉降差过大超过了建筑物的允许范围，则可能导致上部结构开裂、倾斜甚至毁坏；另一种是如果荷载过大，超过地基的承载能力，将使地基产生滑动破坏，即地基的承载能力不足以承受如此大的荷载将导致建筑物倒塌。因此，进行地基基础设计时，地基必须满足如下条件：

（1）建筑物基础的沉降或沉降差必须在该建筑物所允许的范围之内（变形要求）。

（2）建筑物的基底压力应该在地基所允许的承载能力之内（稳定要求）。

此外，对某些特殊的建筑物而言，如堤坝、水闸、码头等还应满足抗渗、防冲等特殊的要求。本章主要讨论地基承载力的确定。

9.3.1 地基的变形与破坏形式

1. 地基变形的三个阶段

为了了解地基土在受荷以后剪切破坏的过程，用载荷试验来模拟基础作用于地基上应力应变情况，在载荷板上逐级加荷，同时测得在各级荷载下地基的变形量，加荷至地基土破坏为止，可得到荷载 p 与地基变形量 s 的关系曲线，如图 9－8 所示。从图中可以看出，地基变形可分为三个阶段。

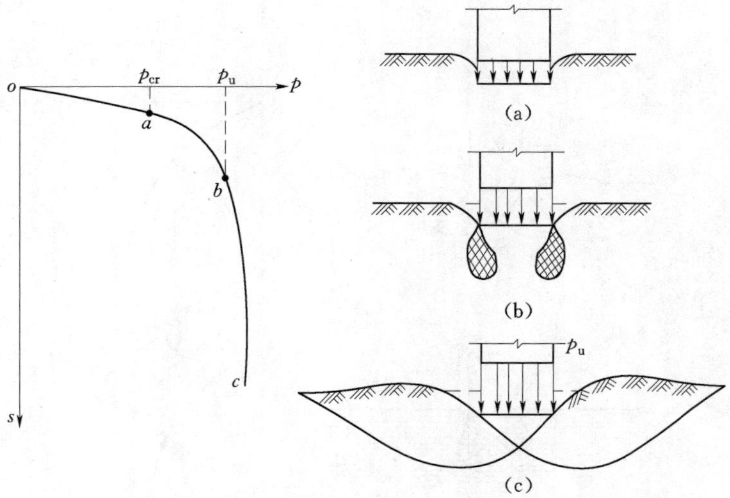

图 9－8 荷载 p 与地基变形 s 关系曲线

（1）线性变形阶段（压密阶段）。当荷载较小时，荷载 p 与地基变形量 s 的关系曲线接近直线，即 $p\sim s$ 曲线中的 oa 段，地基的变形主要是在荷载作用下，土的孔隙体积减小而产生的压密变形，所以，该阶段也称为压密阶段。

（2）塑性变形阶段（剪切阶段）。随着荷载的增加，当荷载 p 超过 $p\sim s$ 曲线 a 点后，地基将开始产生塑性变形。此时，$p\sim s$ 曲线呈曲线形状，即 $p\sim s$ 曲线中的 ab 段。地基随着荷载的增加，塑性区逐渐扩大，由基础边缘开始向纵深发展。地基的变形主要由于土粒间的剪切位移而产生，所以该阶段也称为剪切阶段。

（3）破坏阶段。当荷载 p 不断增大超过 $p\sim s$ 曲线 b 点后，地基变形速率突然增大，地基向一侧或两侧隆起，基础急剧下沉，使地基完全破坏。

从地基变形的三个阶段，可得出作用于地基上的荷载有两个特征值：

1）临塑荷载——第一、二阶段的分界荷载，即地基即将产生塑性区的荷载，以 p_{cr} 表示。

2）极限荷载——第二、三阶段的分界荷载，即地基处于完全破坏的极限状态时的荷载（即将形成连续的塑性变形区时的荷载），以 p_u 表示。

2. 地基破坏的形式

静载荷试验研究和工程实例表明，由于地基承载力不足而使地基遭致破坏的实质是基础下面持力层土的剪切破坏。剪切破坏的形式可分为三种：整体剪切破坏、局部剪切破坏和冲切破坏，如图 9-9 所示。

（1）整体剪切破坏。整体剪切破坏的特征是：基础两边地面出现明显的隆起，从地基到地面有连续的滑动面，如图 9-9（a）所示，当作用于基础上的荷载较小时，基础上形成一个三角形压密区Ⅰ，随着荷载增大，压密区向两侧挤压，土中产生塑性区，从基础边

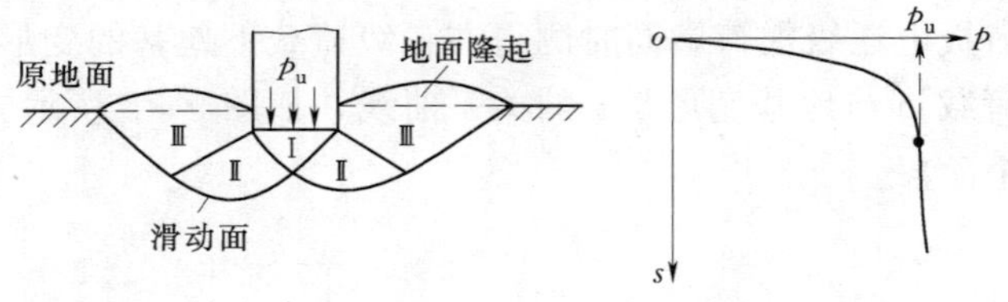

(a)

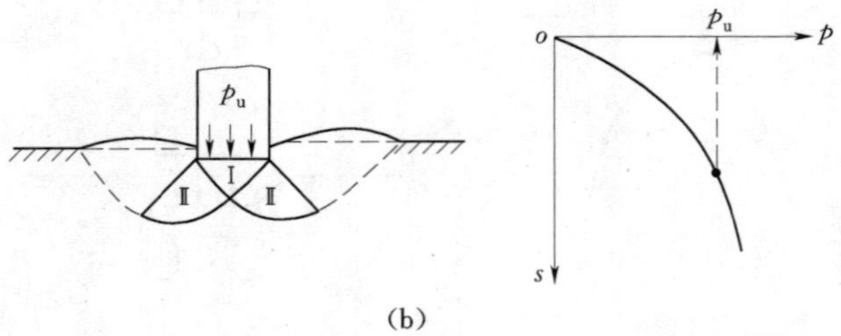

(b)

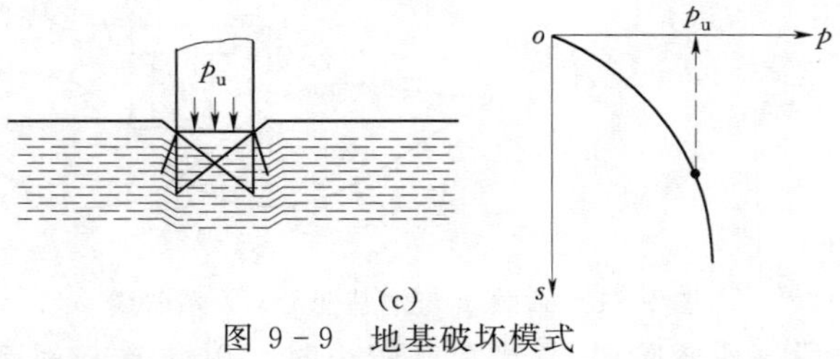

(c)

图 9-9 地基破坏模式

（a）整体剪切破坏；（b）局部剪切破坏；（c）冲切剪切破坏

缘逐步扩大到Ⅱ区、Ⅲ区，直到最后形成连续滑动面延伸至地面，土从基础两侧挤出隆起，基础沉降急剧增大，地基破坏。$p\sim s$ 曲线有明显的直线和拐点。此种类型通常发生在浅埋基础下的密实砂土和硬粘性土地基中。

(2) 局部剪切破坏。局部剪切破坏的过程与整体剪切破坏相似，如图 9-9 (b) 所示，在外荷载作用下剪切破坏也从基础边缘开始。随着荷载的增大，剪切破坏区也相应地扩展，地基中也产生压密区Ⅰ及塑性区Ⅱ，但塑性区只发展到地基内某一范围，其滑动面未延伸到地面，基础周围地面有微小隆起。$p\sim s$ 曲线上拐点不明显。中等密实的砂土常发生这种破坏形式。

(3) 冲切剪切破坏。冲切剪切破坏的特征是：地基不出现明显的连续滑动面，基础四周的地面不隆起，如图 9-9 (c) 所示，随着荷载的增加，基础下面土层压缩变形，基础下沉并在基础周围土中产生竖向剪切破坏，基础刺入土中，导致基础过大的沉降。$p\sim s$ 曲线没有明显的转折点。这种破坏形式常发生在松砂和软土地基中。

9.3.2 地基承载力的确定方法简介

地基承载力问题是土力学中的一个重要的研究课题，其目的是为了掌握地基的承载规律，发挥地基的承载能力，合理确定地基承载力。在设计建筑物基础时，为了保证建筑物的安全和正常使用，既保证地基稳定性不受破坏，而且又具有一定的安全度，同时还应满足建筑物的变形要求（即正常使用状态），常将基底压力限制在某一定的容（允）许的范围之内，该容许值即是地基的容许承载力，常以〔p〕表示。GBJ7—89《建筑地基基础设计规范》用承载力标准值 f_k 取代了习惯用的容许承载力〔p〕，而现行的 GB50007—2002《建筑地基基础设计规范》采用地基承载力特征值 f_a 表示正常使用极限状态计算时的地基承载力，其涵义是在发挥正常使用功能时所允许采用的抗力设计值。允许承载力、承载力标准值和承载力特征值三者在概念上有所不同，但在使用涵义上是相当的。

关于地基承载力的确定，目前常用的方法有理论公式计算法、原位试验法、规范表格法、当地经验法。现对这些方法作一简单介绍。

1. 理论公式计算法

在理论计算公式中，一类是根据土体极限平衡条件推导的临塑荷载 p_{cr} 和塑性荷载计算公式 p_n ($n=1/3$ 或 $n=1/4$)，n 指地基土塑性区的开展深度。另一类是根据土的刚塑性假定推导的极限承载力公式 p_u，然后除以一安全系数。GB 50007—2002《建筑地基基础设计规范》建议：当偏心距小于或等于 0.033 倍基础底面宽度时，根据土的抗剪强度指标按下式确定地基承载力特征值 f_a，但尚应满足变形要求。

$$f_a = M_b\gamma b + M_d\gamma_m d + M_c c_k \tag{9-8}$$

式中 f_a——由土的抗剪强度指标确定的地基承载力特征值，kPa；

M_b、M_d、M_c——承载力系数，它们是土体内摩擦角 φ_k 的函数，查表 9-1 确定；

γ——基础底面以下土的重度，地下水位以下取浮重度；

γ_m——基础底面以上土的加权平均值，地下水位以下取浮重度；

b——基础底面宽度，大于 6m 时按 6m 取值，对于砂土小于 3m 时按 3m 取值；

d——基础埋置深度 (m)，一般自室外地面标高算起。

c_k——基础底面以下一倍短边宽深度范围内土的粘聚力标准值；

φ_k——基础底面以下一倍短边宽深度范围内土的内摩擦角标准值。

表 9-1　　承载力系数 M_b、M_d、M_c

土的内摩擦角标准值 φ_k（°）	M_b	M_d	M_c
0	0	1.00	3.14
2	0.03	1.12	3.32
4	0.06	1.25	3.51
6	0.10	1.39	3.71
8	0.14	1.55	3.93
10	0.18	1.73	4.17
12	0.23	1.94	4.42
14	0.29	2.17	4.69
16	0.36	2.43	5.00
18	0.43	2.72	5.31
20	0.51	3.06	5.66
22	0.61	3.44	6.04
24	0.80	3.87	6.45
26	1.10	4.37	6.90
28	1.40	4.93	7.40
30	1.90	5.59	7.95
32	2.60	6.35	8.55
34	3.40	7.21	9.22
36	4.20	8.25	9.97
38	5.00	9.44	10.80
40	5.80	10.84	11.73

从理论公式确定地基承载力公式中可以看出，地基承载力的大小受土的抗剪强度指标、土的重度及地下水、基础宽度、埋深等影响。

2. 原位试验法

原位试验法是一种通过现场直接试验确定承载力的方法，现场直接试验包括〔静〕载荷试验、标准贯入试验、静力触探试验、旁压试验等，其中以载荷试验法为最直接、最可靠的方法，但成本较高，操作复杂。现介绍标准贯入试验（SPT），简称标贯试验，它是目前工程地质勘察中常用的试验方法，标贯试验设备是工程钻机的附属设备，应和钻机相配合，标贯试验的主要设备为标准贯入器（见图 9-10），它主要由外径为 51mm、内径为 35mm 的对口取土管组成的。试验时先行钻孔，再把上端装有钻杆的标准贯入器放至孔底，然后再用质量为 63.5kg 的穿心锤，以 76cm 的落距自由下落，将标准贯入器先击入土中 15cm，然后测记续打 30cm 的锤击数 N'，该击数 N' 称为标准贯入击数，它反映了土的剪阻力的大小。

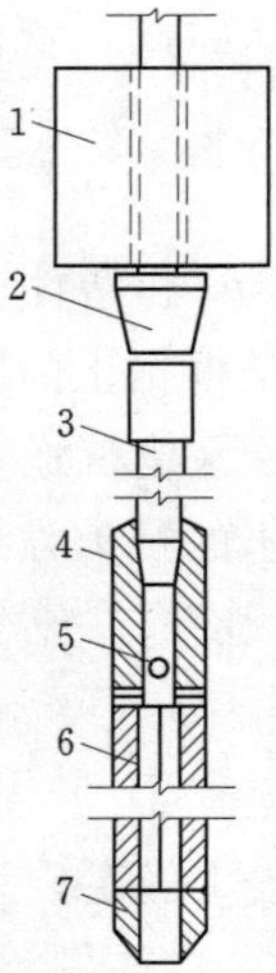

图 9-10　标准贯入器

1—穿心锤；2—锤垫；3—触探杆；4—贯入器；5—出水孔；6—由两个半圆形管并合成的贯入器身；7—贯入器靴

根据 GBJ 7—89《建筑地基基础设计规范》规定，当标准贯入器上端连接的钻杆长度大于 3m 时，应将实测锤击数 N' 按下式进行钻杆长度修正后，再作为采用的标准贯入击数 N，即

$$N = \alpha N' \tag{9-9}$$

式中 α——钻杆长度校正系数，可从表 9-2 中查取。

根据校正后的标准贯入击数，即可从表 9-3 和表 9-4 中查取砂土、粘性土的地基承力标准值 f_k。

表 9-2　钻杆长度修正系数 α

钻杆长度（m）	≤3	6	9	12	15	18	21
α	1	0.92	0.86	0.81	0.77	0.73	0.70

表 9-3　砂土承载力标准值 f_k（kPa）

土类 \ N	10	15	30	50
中、粗砂	180	250	340	500
粉、细砂	140	180	250	340

表 9-4　粘性土承载力标准值 f_k（kPa）

N	3	5	7	9	11	13	15	17	19	21	23
f_k（kPa）	105	145	190	235	280	325	370	430	515	600	680

利用标准贯入试验击数除以上可以查砂土、粘性土的地基承载力外，还可根据贯入击数，结合地区经验，应用以下几个方面：

（1）可以判断砂土的密度和内摩擦角。

（2）判断粉土、粘性土的状态（稠度）。

（3）确定砂土和粘性土的变形模量。

（4）确定桩的单位面积摩阻力、锚杆或土钉的抗拔阻力。

（5）评价饱和砂土地基地震液化势的主要参数。

（6）标准贯入试验也是检验地基处理效果的重要手段。

3. 规范表格法

GBJ 7—89《建筑地基基础设计规范》在收集各地大量现场载荷试验、动力触探试验以及土工试验资料的基础上，对这些资料进行统计分析，编制了各类土在一定条件下满足强度和变形条件的承载力表，使用时利用现场勘察资料或室内试验资料（土的类别、土的物理力学性质指标）直接查表得到承载力的标准值或承载力的基本值。GB 50007—2002《建筑地基基础设计规范》考虑我国幅员广阔，土质条件各异，取消了有关承载力表的条文和附录，建议勘察单位应根据试验和地区经验确定承载力，无地区经验数据时可参考

GBJ 7—89《建筑地基基础设计规范》中的承载力经验数据表。应该指出，随着技术的进步、资料和经验的积累，规范将随时修订，应用时应依照现行规范，作为教材，这里不再将 GBJ 7—89《建筑地基基础设计规范》的地基承载力表列出，学生主要学会规范的应用和有关设计思路。

4. 按当地经验法

借鉴于条件相近的已有建筑物的经验来确定地基的承载力。

复习思考题

9-1　试说明土的抗剪强度的物理意义，同一种土的抗剪强度是否为一定值，试说明砂土和粘性土的库伦定律。

9-2　为什么直接剪切试验要分慢剪、快剪、固结快剪？如何选用合理的抗剪强度指标以满足工程设计需要。

9-3　什么叫地基承载力？确定地基承载力常用方法有哪些？

9-4　进行地基基础设计时，地基必须满足哪些条件？为什么？

9-5　何谓地基的临塑荷载和极限荷载？它们是否可作为地基承载力？

9-6　地基剪切破坏的形式有几种？其主要特征是什么？

9-7　影响地基承载力的主要因素是什么？

9-8　标准贯入试验（SPT）适用于哪些土？它是如何确定地基承载力标准值？

习　　题

9-1　某工程原状土直接剪切试验（快剪）结果如附表 9-1 所示，试求该地基土的强度指标。

附表 9-1　　某工程原状土直接剪切试验结果

试样编号	1	2	3	4
法向应力 σ（kPa）	100	200	300	400
抗剪强度 τ（kPa）	98	108	116	123

（答案：$c=90$kPa，$\varphi=5°$）

9-2　已知土的抗剪强度指标 $c=20$kPa，$\varphi=22°$，若作用在土中某平面上的正应力和剪应力分别为 $\sigma=100$kPa、$\tau=60.4$kPa，问该平面是否会发生剪切破坏？（答案：该平面会发生剪切破坏）

9-3　某土样 $c=0$，$\varphi=30°$，如该土受到最小主应力 $\sigma_3=150$kPa，最大主应力 $\sigma_1=200$kPa，问该土样是否破坏？（答案：该土样不会被破坏）

9-4　某粘性土的抗剪强度指标分别为 $c=11.5$kPa，$\varphi=28°$，问当该土样所受小主应力 $\sigma_3=44.3$kPa 时，要保证土样不被剪坏，大主应力 σ_1 应满足何种条件。（答案：$\sigma\leqslant161.0$kPa）

9-5　一土样经三轴剪切试验，结果见附表 9-2，试绘应力圆，并求 φ、c 值。

附表 9-2 **一土样经三轴剪切试验的结果值**

试样编号	1	2	3	4
大主应力 σ_1（kPa）	166.6	264.6	352.8	411.6
小主应力 σ_3（kPa）	0	49.0	93.1	122.5

（答案：$c=60$kPa，$\varphi=19°$）

9-6　某砂土土样在小主应力 $\sigma_3=35$kPa，大主应力 $\sigma_1=79$kPa 作用下刚好被剪坏，试求：(1) 该砂土的抗剪强度指标；(2) 剪破面与大主应力作用面的夹角 α。（答案：$c=0$，$\varphi=22°42'$，$\alpha=56°21'$）

9-7　某条形基础，宽度 $b=4$m，$d=1.5$m。地基为均质粘土，强度指标 $c=5$kPa，$\varphi=20°$，$\gamma=19$kN/m^3，粘土地基处可塑至硬塑状态，标准贯入击数 $N=4$，试按 GBJ7—89《建筑地基基础设计规范》求：(1) 该地基承载力特征值 f_a；(2) 该地基承载力标准值 f_k。（答案：$f_a=154.3$kPa，$f_k=125$kPa）

第 10 章　土　　压　　力

土压力通常是指挡土墙后的填土因自重或外荷载作用对墙背产生的侧压力。由于土压力是挡土墙的主要外荷载，因此，设计挡土墙时首先要确定土压力的性质、大小、方向和作用点。土压力计算是一个比较复杂的问题，它随挡土墙可能位移的方向分为主动土压力、被动土压力和静止土压力。土压力的大小还与墙后土体的性质，墙背倾斜方向等因素有关。

挡土墙是防止土体坍塌的构筑物，在房屋建筑、水利、港口、交通等工程中得到广泛应用，如图 10－1 所示。

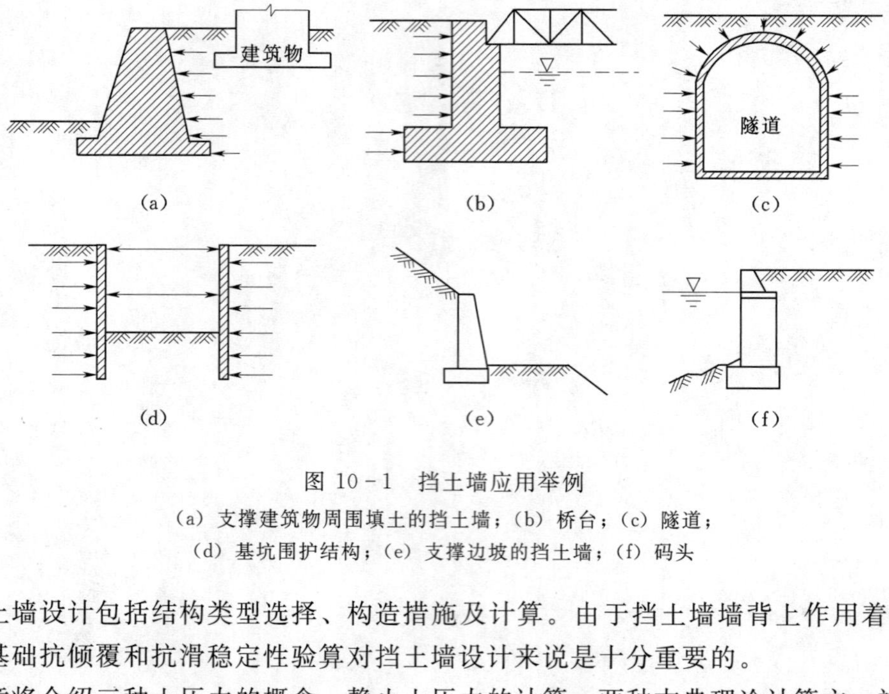

图 10－1　挡土墙应用举例

(a) 支撑建筑物周围填土的挡土墙；(b) 桥台；(c) 隧道；
(d) 基坑围护结构；(e) 支撑边坡的挡土墙；(f) 码头

挡土墙设计包括结构类型选择、构造措施及计算。由于挡土墙墙背上作用着土压力，挡土墙基础抗倾覆和抗滑稳定性验算对挡土墙设计来说是十分重要的。

本章将介绍三种土压力的概念，静止土压力的计算，两种古典理论计算主、被动土压力及挡土墙设计简介。

10.1　挡土墙上的土压力

10.1.1　土压力的类型

根据挡土墙的位移情况和墙后土体所处的应力状态，土压力可分为以下 3 类。

1. 主动土压力

当挡土墙向离开土体方向偏移至土体达到极限平衡状态时，作用在墙背上的土压力称为主动土压力，见图 10-2（a）。主动土压力强度用 σ_a 表示，作用在每米长度（沿挡土墙纵向）挡土墙上的主动土压力合力用 E_a 表示。

2. 被动土压力

当挡土墙向土体方向偏移至土体达到极限平衡状态时，作用在墙背上的土压力称为被动土压力，如图 10-2（b）。被动土压力强度用 σ_p 表示，被动土压力的合力用 E_p 表示。

3. 静止土压力

当挡土墙静止不动，墙后土体处于弹性平衡状态时，作用在墙背上的土压力称为静止土压力，见图 10-2（c）。静止土压力强度用 σ_0 表示，静止土压力的合力用 E_0 表示。

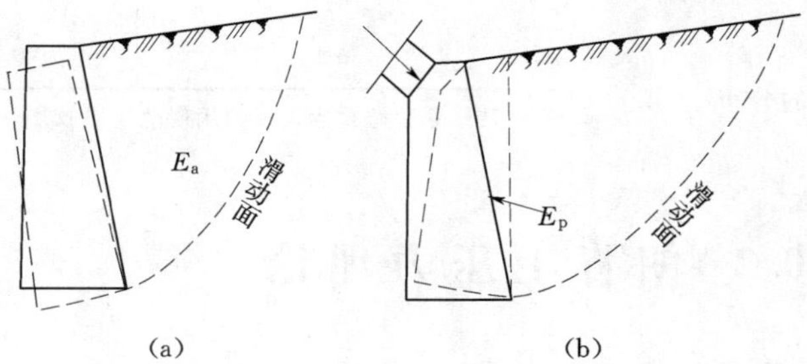

图 10-2 作用在挡土墙上的三种土压力

（a）主动土压力；（b）被动土压力；（c）静止土压力

由上述可知：在相同条件下，被动土压力 E_p 最大，主动土压力 E_a 最小，静止土压力 E_0 介于两者之间，即 $E_p > E_0 > E_a$，理论与实践指出，挡土墙后达到被动土压力时所需的位移量 Δp 远远大于产生主动土压力的位移量 Δa，如图 10-3 所示。

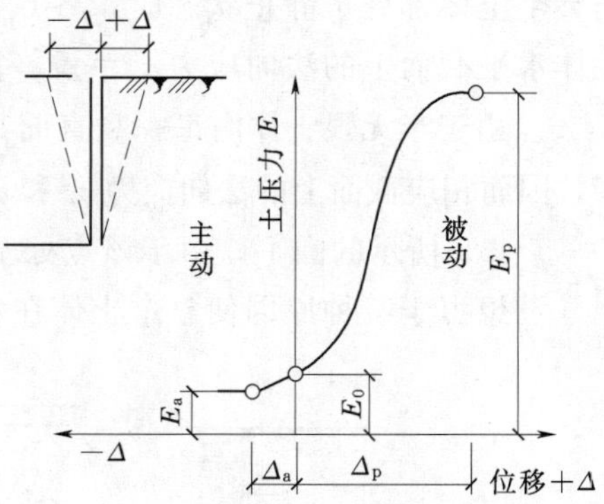

图 10-3 墙身位移与土压力的关系

10.1.2 静止土压力计算

由于挡土墙一般都是条形构筑物，计算土压力时可以取 1m（沿挡土墙纵向）的挡土墙进行分析。对于静止土压力可按以下方法计算。在填土表面下任意深度 z 处取一微单元体，如图 10-4 所示，其上作用着土的竖向自重应力 γz，则该处的静止土压力强度 σ_0 可用下式计算，即

$$\sigma_0 = K_0 \gamma z \tag{10-1}$$

式中 γ——墙背填土的重度，kN/m^3；

K_0——静止土压力系数（或称土的静止侧压力系数），压实填土的 K_0 值，查表 10-1 取用；也可近似按 $K_0 = 1 - \sin\varphi'$（φ' 为土的有效内摩擦角）计算。

由式（10-1）可知，静止土压力沿墙高 H 为三角形分布，静止土压力的合力 E_0 应为静止土压力分布图形的面积，即

$$E_0 = \frac{1}{2}\gamma H^2 K_0 \tag{10-2}$$

E_0 单位为 kN/m，作用点距墙底为 $H/3$，方向水平，如图 10-4 所示。

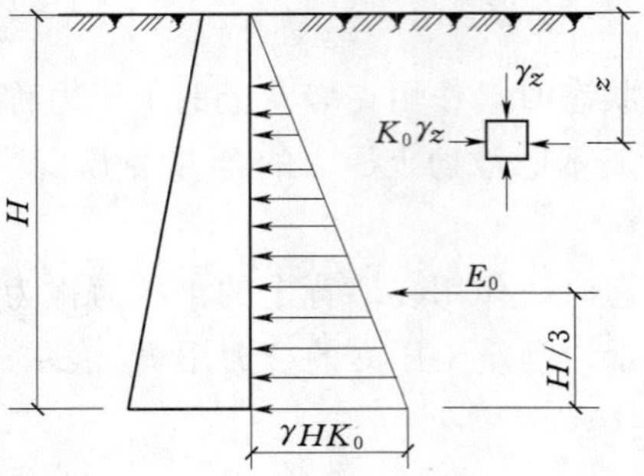

图 10-4　静止土压力的分布

表 10-1　压实填土的静止土压力系数

土的名称	K_0
砾石、卵石	0.20
砂土	0.25
亚砂土（粉土）	0.35
亚粘土（粉质粘土）	0.45
粘土	0.55

注　系公路桥涵设计通用规范（JTJ21—89）规定。

10.2 朗肯土压力理论

10.2.1　基本原理

朗肯土压力理论是根据半无限土体内的应力状态和土的极限平衡条件得出的土压力计算方法。图 10-5（a）表示半无限土体内的微单元体，在离地表 z 处取一微单元体 M，当整个土体都处于静止状态时，各点都处于弹性平衡状态。若土的重度为 γ，显然 M 单元体水平截面上的法向应力 $\sigma_z=\gamma z$；而竖直截面上的法向应力 σ_x 相当于静止土压力强度 $K_0\gamma z$。由于半无限土体内每一竖直面都是对称面，因此竖直截面和水平截面上的剪应力为零，因而相应截面上的法向应力 σ_z 和 σ_x 都是主应力，此时的应力状态用莫尔圆表示为如图 10-5（b）所示的圆Ⅰ，由于该点处于弹性平衡状态，故莫尔圆没有和抗剪强度线相切。

设想由于某种原因使整个土体在水平方向均匀地伸张或压缩，使土体由弹性平衡状态

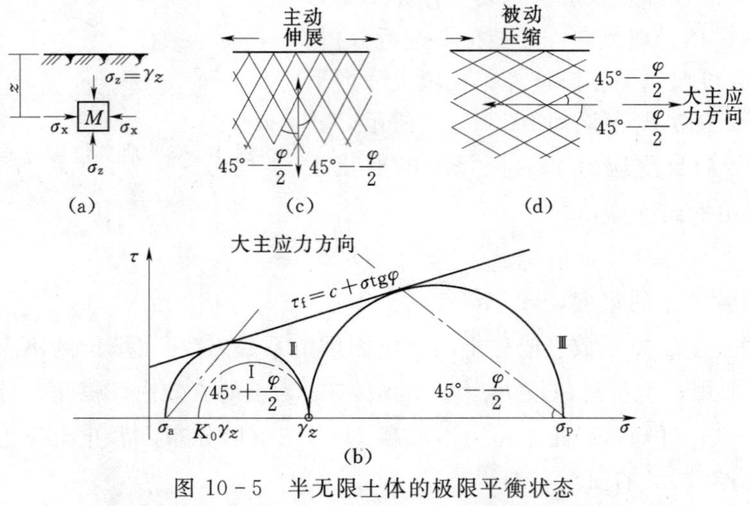

图 10-5　半无限土体的极限平衡状态

（a）半无限土体内的微单元体；（b）用莫尔圆表示主动和被动朗肯状态；
（c）半无限土体的主动朗肯状态；（d）半无限土体的被动朗肯状态

转为塑性平衡状态。如果土体在水平方向伸张，则 M 单元竖直截面上的法向应力 σ_x 将逐渐减小，而在水平截面上的法向应力 σ_z 是不变的，当满足极限平衡条件时，即莫尔圆与抗剪强度线相切，如图 10-5（b）中圆Ⅱ所示，称为主动朗肯状态，此时 σ_x 达到极限值是小主应力 σ_3，而 σ_z 是大主应力 σ_1。反之，如果土体在水平方向压缩，那么 σ_x 不断增大，而 σ_z 仍保持不变，直到满足极限平衡条件，称为被动朗肯状态，这时 σ_x 达到极限值，是大主应力 σ_1，而 σ_z 是小主应力 σ_3，莫尔圆为图 10-5（b）中圆Ⅲ所示。由于土体处于主动朗肯状态时 σ_1 所作用的面是水平面，故剪切破坏面与竖直面的夹角为（$45°-\varphi/2$）［见图 10-5（c）］；当土体处于被动朗肯状态时 σ_1 所作用的面是竖直面，因而，剪切破坏面与水平面的夹角为（$45°-\varphi/2$）［见图 10-5（d）］。

朗肯将上述原理应用于挡土墙的土压力计算中，设想用墙背竖直且光滑的挡土墙代替半无限土体左边的土（见图 10-6），则墙背与土的接触面上满足剪应力为零的边界应力条件以及产生主动或被动朗肯状态的边界变形条件。由此可推导出主动和被动土压力的计算公式。

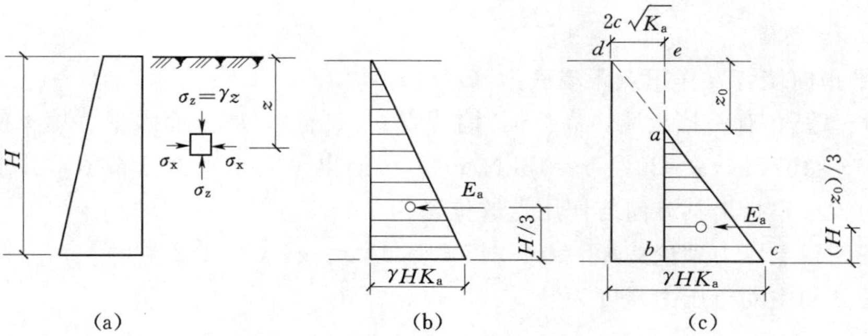

图 10-6 均质填土的主动土压力

（a）主动土压力的作用；（b）无粘性土；（c）粘性土

10.2.2 主动土压力

根据主动土压力的概念与朗肯土压力理论的基本原理，相当于已知墙背上任意深度 z 处的竖向应力 σ_z 是大主应力 σ_1，来求解达到极限平衡时的水平应力 $\sigma_x=\sigma_3$，就是主动土压力强度 σ_a。根据极限平衡方程 $\sigma_3=\sigma_1\mathrm{tg}^2(45°-\varphi/2)-2c\cdot\mathrm{tg}(45°-\varphi/2)$ 可得：

$$\sigma_a=\sigma_z K_a-2c\sqrt{K_a} \tag{10-3}$$

式中 K_a——朗肯主动土压力系数，$K_a=\mathrm{tg}^2(45°-\varphi/2)$；

c——填土的粘聚力，kPa；

φ——填土的内摩擦角，(°)。

1. 均质填土的主动土压力

对于墙后土体重度为 γ 的均质填土情况，如图 10-6 所示，此时墙背处任一点的竖向应力 $\sigma_z=\gamma z$，代入式（10-3）得：

$$\sigma_a=\gamma z K_a-2c\sqrt{K_a} \tag{10-4}$$

（1）当填土为无粘性土（$c=0$）时，主动土压力强度与深度 z 成正比，沿墙高呈三角

形分布，如图 10-6（b）所示。主动土压力合力大小为土压力（强度）分布图形的面积，即

$$E_a = \frac{1}{2}\gamma H^2 K_a \tag{10-5}$$

E_a 方向水平指向墙背，作用点距墙底为 $H/3$。

（2）若填土为粘性土和粉土（$c>0$），当 $z=0$（墙顶处）时，$\sigma_z = -2c\sqrt{K_a}<0$，即出现拉应力区；$z=H$ 时，$\sigma_a=\gamma HK_a-2c\sqrt{K_a}$。因此，对于粘性土和粉土在墙背上将出现压力为零的 a 点，a 点离填土面的深度 z_0 常称为临界深度，可令式（10-4）为零求得 z_0 值，即

$$z_0 = 2c/(\gamma\sqrt{K_a}) \tag{10-6}$$

由于墙与土体为接触关系，实际上墙与土在很小的拉力作用下就会分离，故在计算土压力时，这部分可忽略不计，因此粘性土和粉土的土压力分布仅为 abc 部分，如图 10-6（c）所示，其主动土压力合力大小为 abc 部分的面积，即

$$E_a = \frac{1}{2}(H-z_0)(\gamma HK_a - 2c\sqrt{K_a}) \tag{10-7}$$

E_a 方向水平指向墙背，作用点距墙底为（$H-z_0$）/3。

【例 10-1】 有一挡土墙，高 5m，墙背直立、光滑，填土面水平。填土的物理力学指标如下：$c=10\text{kPa}$，$\varphi=20°$，$\gamma=18\text{kN/m}^3$。试绘出主动土压力分布图，并求出主动土压力的合力大小，指出其方向与作用点的位置。

解 按朗肯土压力理论 $K_a=\text{tg}^2(45°-\varphi/2)=\text{tg}^2(45°-20°/2)=0.49$

在墙底处的主动土压力强度为

$$\sigma_a = \gamma HK_a - 2c\sqrt{K_a} = 18\times5\times0.49 - 2\times10\times\sqrt{0.49} = 30.1\ (\text{kPa})$$

临界深度为

$$z_0 = 2c/(\gamma\sqrt{K_a}) = 2\times10/(18\times\sqrt{0.49}) = 1.59\ (\text{m})$$

主动土压力强度的分布图如图 10-7 所示。

$$\begin{aligned}E_a &= \frac{1}{2}(H-z_0)(\gamma HK_a - 2c\sqrt{K_a})\\ &= \frac{1}{2}(5-1.59)\times(18\times5\times0.49-2\times10\times\sqrt{0.49})\\ &= 51.3\ (\text{kN/m})\end{aligned}$$

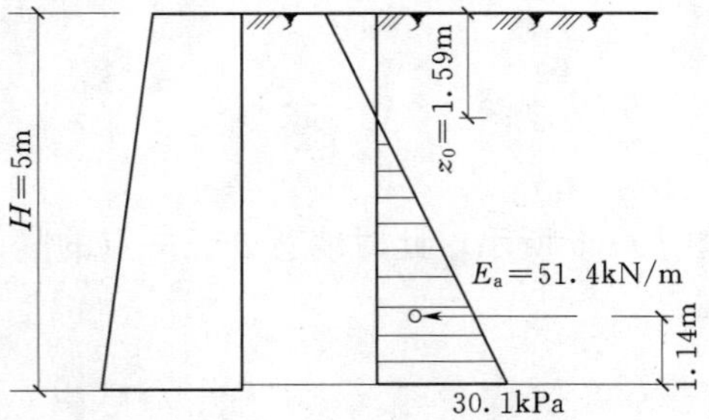

图 10-7 例 10-1 图

E_a 方向水平指向墙背，作用点距墙底为（$H-z_0$）/3 =（5−1.59）/3 = 1.14m。

2. 成层填土的主动土压力

当墙后填土为成层土时，式（10-3）中 $\sigma_z = \sum\gamma_i\cdot h_i$，即

$$\sigma_a = \sum\gamma_i\cdot h_i K_a - 2c\sqrt{K_a} \tag{10-8}$$

对于成层土由上式计算出各土层上、下层面处的主动土压力强度，绘出土压力分布图，

其主动土压力的合力 E_a 为土压力（强度）分布图的面积，E_a 方向水平指向墙背，作用点可通过求合力矩的方法求出，详见［例 10-2］。

3. 填土表面有垂直均布荷载作用时的主动土压力

当填土表面有垂直均布荷载 q 作用时，任一深度 z 处的竖向应力 $\sigma_z=\gamma z+q$，代入式(10-3）可得：

$$\sigma_a = (q+\gamma z)K_a - 2c\sqrt{K_a} \tag{10-9}$$

由上式计算出主动土压力强度，绘出土压力分布图，其主动土压力的合力 E_a 为土压力（强度）分布图的面积，E_a 方向水平指向墙背，作用点可通过求合力矩的方法求出，详见［例 10-2］。

【例 10-2】 某挡土墙后填土为两层砂土，填土表面作用有连续均布荷载 $q=20\text{kPa}$，如图 10-8 所示，试绘出主动土压力分布图，并求出主动土压力的合力大小，指出其方向与作用点的位置。

解 根据朗肯土压力理论

$$K_{a1} = \text{tg}^2(45° - \varphi_1/2) = \text{tg}^2(45° - 30°/2) = 0.333$$

$$K_{a2} = \text{tg}^2(45° - \varphi_2/2) = \text{tg}^2(45° - 35°/2) = 0.271$$

(1) 填土表面的主动土压力强度：

$$\sigma_a = qK_{a1} = 20\times 0.333 = 6.66\ (\text{kPa})$$

(2) 第一层底部的主动土压力强度：

$$\sigma_a = (q+\gamma_1 h_1)K_{a1} = (20+18\times 6)\times 0.333 = 42.62\ (\text{kPa})$$

(3) 第二层顶部的主动土压力强度：

$$\sigma_a = (q+\gamma_1 h_1)K_{a2} = (20+18\times 6)\times 0.271 = 34.69\ (\text{kPa})$$

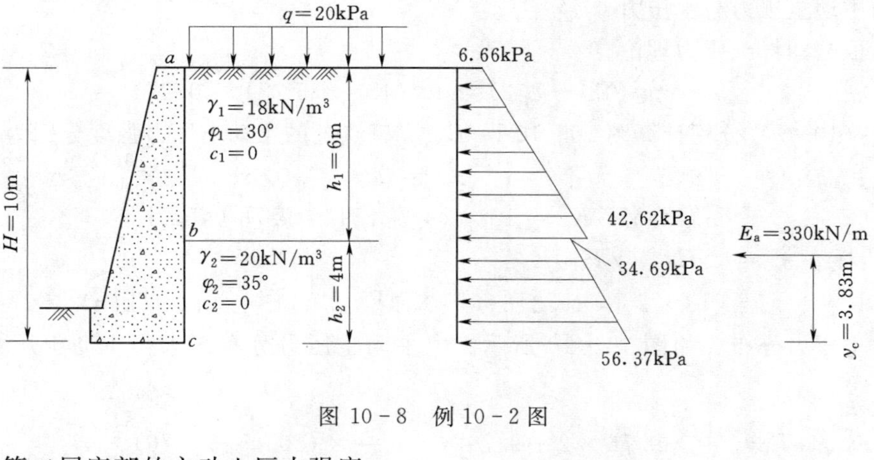

图 10-8 例 10-2 图

(4) 第二层底部的主动土压力强度：

$$\sigma_a = (q+\gamma_1 h_1+\gamma_2 h_2)K_{a2} = (20+18\times 6+20\times 4)\times 0.271 = 56.37\ (\text{kPa})$$

主动土压力分布，如图 10-8 所示。由主动土压力分布图求得主动土压力的合力 E_a 为：

$$E_a = 6.66\times 6 + (42.62-6.66)\times 6/2 + 34.69\times 4 + (56.37-34.69)\times 4/2$$

$$= 39.96 + 107.88 + 138.76 + 43.36 = 330.0\ (\text{kN/m})$$

E_a 方向水平指向墙背，设其作用点距墙底为，y_c 则

$$y_c = [39.96 \times (4+3) + 107.88 \times (4+2) + 138.76 \times 2 + 43.36 \times 4/3]/330.0 = 3.83\ (\mathrm{m})$$

4. 墙后填土中有地下水时的总压力

当墙后填土有地下水时，作用在墙背上的总压力 E 为主动土压力 E_a 与水压力 E_w 之和。计算主动土压力时，一般可忽略水对砂土内摩擦角的影响，但计算竖向应力 σ_z 时，水位以下应采用浮重度 γ'。在墙底处水压力强度为 $\gamma_w H_2$，如图 10-9 所示，水压力合力 E_w 为：

$$E_w = \frac{1}{2}\gamma_w H_2^2 \tag{10-10}$$

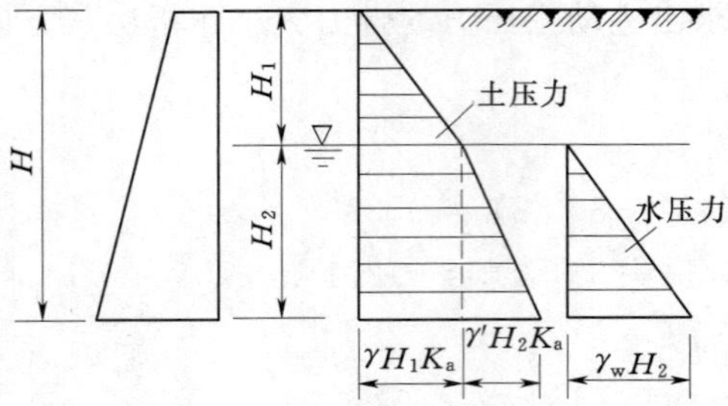

图 10-9 填土中有地下水时的主动土压力分布

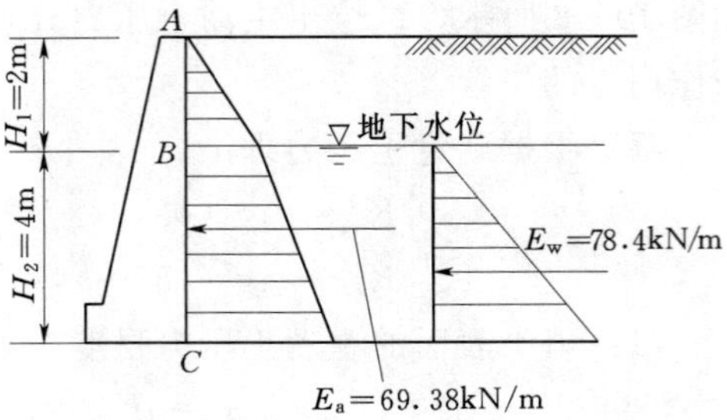

图 10-10 例 10-3 图

【例 10-3】 某挡土墙高 6m，墙背直立、光滑，墙后填土为无粘性，填土表面水平，如图 10-10 所示。地下水位距填土表面 2m，地下水位以上土的重度 $\gamma = 18\mathrm{kN/m^3}$，地下水位以下土的饱和重度 $\gamma_{sat} = 19.3\mathrm{kN/m^3}$，填土的内摩擦角 $\varphi = 35°$，试计算作用在挡土墙上的主动土压力与水压力。

解 根据朗肯土压力理论

$$K_a = \mathrm{tg}^2(45° - \varphi/2) = \mathrm{tg}^2(45° - 35°/2) = 0.271$$

由式（10-3）分别计算图 10-10A、B、C 三点处的主动土压力强度分别为：

A 点：$\sigma_{aA} = 0$

B 点：$\sigma_{aB} = \gamma H_1 K_a = 18 \times 2 \times 0.271 = 9.76\ (\mathrm{kPa})$

C 点：
$$\sigma_{aC} = (\gamma H_1 + \gamma' H_2) K_a = [18 \times 2 + (19.3 - 9.8) \times 4] \times 0.271 = 20.05\ (\mathrm{kPa})$$

主动土压力分布，如图 10-10 所示。由主动土压力分布图求得主动土压力的合力 E_a 为：

$$E_a = \frac{1}{2} \times 9.76 \times 2 + 9.76 \times 4 + \frac{1}{2} \times (20.05 - 9.76) \times 4 = 9.76 + 39.04 + 20.58 = 69.38\ (\mathrm{kN/m})$$

水压力从地下水位到墙底为三角形分布，其合力为：

$$E_w = \frac{1}{2}\gamma_w H_2^2 = \frac{1}{2} \times 9.8 \times 4^2 = 78.40\ (\mathrm{kN/m})$$

墙背上的总压力为：

$$E = E_a + E_w = 69.38 + 78.40 = 147.78\ (\text{kN/m})$$

E 方向水平指向墙背，设其作用点距墙底为 y_c，则

$$y_c = \frac{9.76 \times (4 + 2/3) + 39.04 \times 2 + 20.58 \times 4/3 + 78.40 \times 4/3}{69.38 + 78.40} = 1.73\ (\text{m})$$

10.2.3 被动土压力

根据被动土压力的概念与朗肯土压力理论的基本原理，相当于已知墙背上任意深度 z 处的竖向应力 σ_z 为小主应力 σ_3，来求解达到极限平衡时的水平应力 $\sigma_x = \sigma_1$，就是被动土压力强度 σ_p。根据极限平衡方程 $\sigma_1 = \sigma_3 \text{tg}^2 (45° + \varphi/2) + 2c \cdot \text{tg}(45° + \varphi/2)$ 可得：

$$\sigma_p = \sigma_z K_p + 2c\sqrt{K_p} \tag{10-11}$$

式中　K_p——朗肯被动土压力系数，$K_p = \text{tg}^2(45° + \varphi/2)$。

1. 均质无粘性土的被动土压力

当填土为均质无粘性土（$c = 0$）时，墙背处任一点的竖向应力 $\sigma_z = \gamma z$，被动土压力强度与深度 z 成正比，沿墙高呈三角形分布，如图 10-11（b）所示。被动土压力合力大小为土压力（强度）分布图形的面积，即

$$E_p = \frac{1}{2}\gamma H^2 K_p \tag{10-12}$$

E_p 方向水平指向墙背，作用点距墙底为 $H/3$。

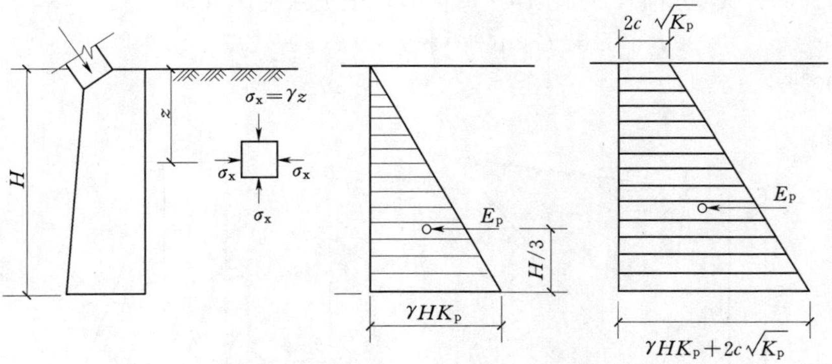

图 10-11　均质填土的被动土压力

(a) 被动土压力的作用；(b) 无粘性土；(c) 粘性土

2. 均质粘性土的被动土压力

当填土为均质粘性土时，由式（10-11）得：在墙顶处，竖向应力 $\sigma_z = 0$，则 $\sigma_p = 2c\sqrt{K_p}$；在墙底处，$\sigma_z = \gamma H$，则 $\sigma_p = \gamma H K_p + 2c\sqrt{K_p}$，被动土压力为梯形分布，如图 10-11（c）所示。被动土压力合力大小为土压力（强度）分布图形的面积，即

$$E_p = \frac{1}{2}\gamma H^2 K_p + 2cH\sqrt{K_p} \tag{10-13}$$

E_p 方向水平指向墙背，作用点通过梯形分布图的形心。

10.3 库伦土压力理论

10.3.1 基本原理

库伦土压力理论是根据墙后土体处于极限平衡状态并形成一滑动楔体时，从楔体的静力平衡条件得出的土压力计算理论。其基本假设：①墙后的填土是理想的散粒体（粘聚力 $c=0$）；②滑动破坏面为一平面。

10.3.2 主动土压力

一般挡土墙的计算属于平面应变问题，均沿墙的长度方向取 1m 进行分析，如图 10-12（a）所示。当墙向前移动或转动而使墙后土体沿某一破坏面 BC 破坏时，土楔 ABC 向下滑动而处于主动极限平衡状态。此时，作用于土楔 ABC 上的力有：

（1）滑动楔体 ABC 的自重 G，若 θ 角为已知，则 G 的大小、方向及作用点均为已知。

（2）滑动面 BC 上的反力 R，它与 BC 面法线间夹角为土的内摩擦角 φ，位于法线的下侧。滑动面 BC 上的反力 R 方向已知，大小未知。

（3）墙背 AB 对土楔体的反力 E，与该力大小相等、方向相反，作用在墙上的土压力即为主动土压力。E 的方向与墙背法线间夹角为土对挡土墙背的摩擦角 δ，位于法线的下侧，该力方向已知，但大小未知。

当土楔体 ABC 处于极限平衡状态（即将滑动）时，根据静力平衡条件，G、E、R 三力构成一闭合的力矢三角形，见图 10-12（b），按正弦定律可知：

$$E = G\sin(\theta-\varphi)/\sin(\theta-\varphi+\psi) \tag{10-14}$$

式中 $\psi=90°-\alpha-\delta$。

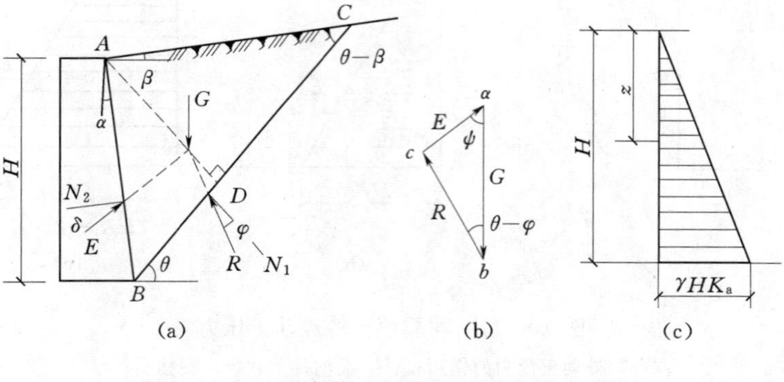

图 10-12 按库伦土压力理论求主动土压力

（a）土楔上的作用力；（b）力矢三角形；（c）主动土压力分布

由式（10-14）可知，当 α、β 及填土的性质均为已知时，E 的大小仅取决于滑动面的倾角 θ。即 θ 变化，E 也变化，相应于 E 最大时的倾斜面，才是最危险的滑动，此时与 E_{max} 大小相等，方向相反作用在墙背上的力 E_a，才是所求的总主动土压力。为此，令 $dE/d\theta=0$，求出 θ 值，代入式（10-14），整理得：

$$E_a = \frac{1}{2}\gamma H^2 K_a \tag{10-15}$$

其中

$$K_a = \frac{\cos^2(\varphi - \alpha)}{\cos^2\alpha\cos(\alpha+\delta)\left[1+\sqrt{\frac{\sin(\varphi+\delta)\sin(\varphi-\beta)}{\cos(\alpha+\delta)\cos(\alpha-\beta)}}\right]^2} \tag{10-16}$$

式中 K_a——库伦主动土压力系数，是 φ、α、β、δ 角的函数，可由上式计算，也可以参见其他参考书查表；

H——挡土墙高度，m；

γ、φ——分别为墙后填土的重度，kN/m^3，及内摩擦角，(°)；

α——墙背的倾斜角，(°)，俯斜时取正号，仰斜时为负号；

β——墙后填土面的倾角，(°)；

δ——土对挡土墙背的摩擦角，称外摩擦角，(°)，可按以下规定取值：俯斜的混凝土或砌体墙取 $1/2\sim2/3\varphi$；台阶形墙背取 $2/3\varphi$；垂直混凝土或砌体墙取 $\varphi/3\sim\varphi/2$。

当符合朗肯土压力条件（即 $\alpha=\beta=\delta=0$）时，由式（10-16）可得 $K_a=\mathrm{tg}^2(45°-\varphi/2)$。

由此可见，在特定条件下，朗肯土压力理论与库伦土压力理论所得的结果是相同的。

由式（10-15）可知主动土压力合力与墙高的平方成正比，为求得离墙顶为任意深度 z 处的主动土压力强度 σ_a，可将 E_a 对 z 取导数而得，即

$$\sigma_a = \frac{dE_a}{dz} = \gamma z K_a \tag{10-17}$$

由上式可见，主动土压力强度沿墙高成三角形分布，如图 10-12 所示。E_a 作用点在离墙底 $H/3$ 处，方向与墙背法线成 δ 角，位于法线的上方，与水平面的夹角为 $\delta+\alpha$。必须注意，在图 10-12（c）所示的土压力强度分布图中只表示其大小，而不代表其作用方向。

【例 10-4】 某挡土墙高 5m，墙背的倾斜角 $\alpha=10°$，回填砂土表面水平，其重度 $\gamma=18kN/m^3$，$\varphi=35°$，$\delta=20°$，试计算作用于挡土墙上的主动土压力。

解 由 $\varphi=35°$，$\delta=20°$，$\alpha=10°$，$\beta=0$，代入式（10-16），得 $K_a=0.322$。

总主动土压力：

$$E_a = \frac{1}{2}\gamma H^2 K_a = \frac{1}{2}\times18\times5^2\times0.322 = 72.45\ (kN/m)$$

土压力为三角形分布，墙底处土压力强度 $\sigma_a=\gamma HK_a=18\times5\times0.322=29.0kPa$，如图 10-13 所示。土压力合力作用在离墙底为 $H/3=1.67m$ 处，方向与水平面成 $\delta+\alpha=30°$角，位于水平面上方。

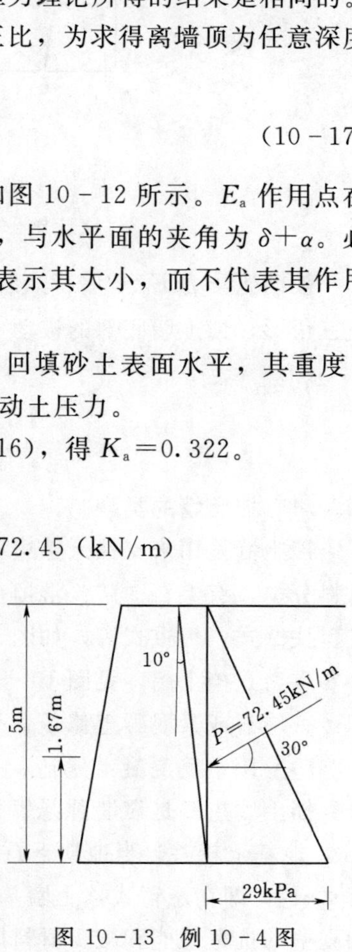

图 10-13 例 10-4 图

10.3.3 被动土压力

当挡土墙受外力作用推向填土，直到土体沿某一破坏面 BC 破坏时，土楔 ABC 向上滑动，并处于被动极限平衡状态，如图 10-14（a）所示。此时土楔体 ABC 在其自重 G 和反力 R 和 E 作用下平衡，如图 10-14（b）所示，

R 和 E 的方向分别在 BC 和 AB 面法线的上方。按上述求主动土压力同样的原理可求得被动土压力合力 E_p 为：

$$E_p = \frac{1}{2}\gamma H^2 K_p \tag{10-18}$$

其中

$$K_p = \frac{\cos^2(\varphi+\alpha)}{\cos^2\alpha\cos(\alpha-\delta)\left[1-\sqrt{\frac{\sin(\varphi+\delta)\sin(\varphi+\beta)}{\cos(\alpha-\delta)\cos(\alpha-\beta)}}\right]^2} \tag{10-19}$$

式中 K_p——库伦被动土压力系数，是 φ、α、β、δ 角的函数，可由上式计算而得。当 $\alpha=\beta=\delta=0$ 时，由公式（10-19）可得 $K_p=\text{tg}^2$（$45°+\varphi/2$）。

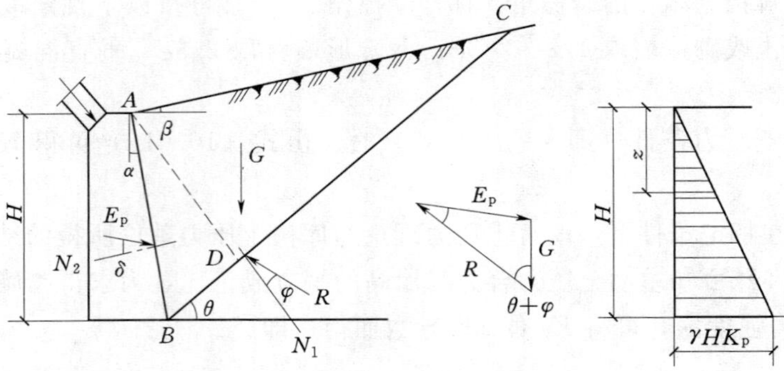

图 10-14 按库伦土压力理论求被动土压力

(a) 土楔上的作用力；(b) 力矢三角形；(c) 被动土压力分布

被动土压力 E_p 与墙背法线成 δ 角，位于法线下方，被动土压力强度沿墙背的分布仍呈三角形，挡土墙底部的被动土压力强度 $\sigma_p=\gamma HK_p$。

10.4 挡土墙设计简介

10.4.1 挡土墙的类型

挡土墙是用来支挡天然边坡或人工填土边坡的构筑物。挡土墙的种类繁多，按其所用材料分类，有毛石、砖、混凝土和钢筋混凝土等。按结构类型分类，则有重力式、悬臂式、扶壁式、板桩式等，如图 10-15 所示。

重力式挡土墙［见图 10-15（a)］是靠自身重量来维持稳定的。这种挡土墙通常是用砖、块石或素混凝土修筑，一般适用于墙高不大的情况。而悬臂式挡土墙［见图 10-15（b)］用钢筋混凝土建造，一般由三个悬臂板，即立壁、墙址悬臂和墙踵悬臂组成。这类挡土墙主要是靠墙踵悬臂以上的土重来维持其稳定性，适用于重要工程中墙高大于5m，地基土较差，当地缺乏石料等情况。当墙高更大时，常选用扶壁式挡土墙［图 10-15（c)］，即在悬臂式挡土墙基础上沿墙的长度方向每隔 1/3～1/2 墙高设一道扶壁，以增加立壁的抗弯性能和减少材料用量，通常适用于墙高大于 8m，且地基土质较软弱的情况。

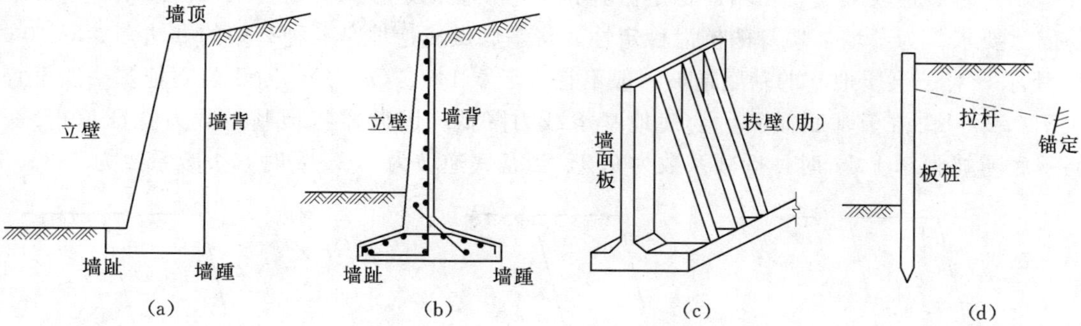

图 10-15 挡土墙类型

(a) 重力式；(b) 悬臂式；(c) 扶壁式；(d) 板桩式

板桩式挡土墙［图 10-15 (d)］按所用材料的不同，分为钢板桩、木板桩和钢筋混凝土板桩墙等。它可用作永久性也可用作临时性的挡土结构，是一种承受弯矩的结构。其中重力式挡土墙构造简单、施工方便、造价低，在工程中应用最为广泛。

10.4.2 重力式挡土墙设计

1. 重力式挡土墙的选型

选择合理的挡土墙墙型，对挡土墙的设计具有重要的意义，主要有以下几点。

(1) 使墙后土压力最小。重力式挡土墙按墙背的倾斜情况分为仰斜、垂直和俯斜三种如图 10-16 所示。仰斜墙主动土压力最小，俯斜墙主动土压力最大，垂直墙主动土压力介于仰斜与俯斜两者之间。因此，如果边坡为挖方，采用仰斜式较合理，因为仰斜式的墙背主动土压力最小，且墙背可以与开挖的边坡紧密贴合，墙身截面设计较为经济。如果边坡为填方，则采用垂直式或俯斜式较合理，因为仰斜式的墙背填土的夯实比较困难。在进行墙背的倾斜型式选择时，还应根据使用要求、地形条件和施工等情况综合考虑确定。

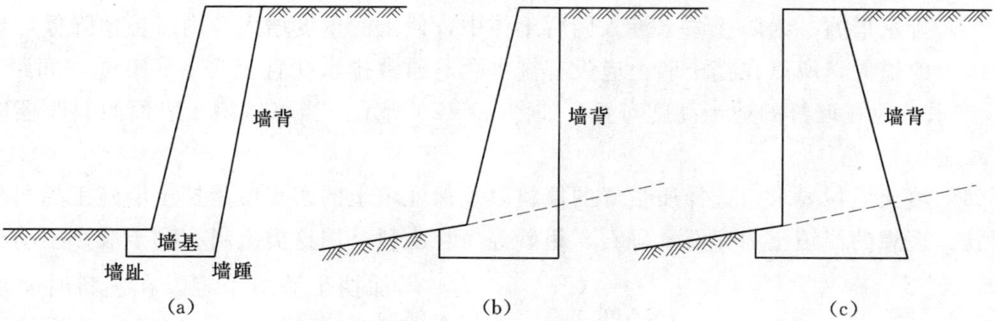

图 10-16 重力式挡土墙墙背倾斜型式

(a) 仰斜墙；(b) 垂直墙；(c) 俯斜墙

(2) 墙的背坡和面坡的选择。在墙前地面坡度较陡处，墙面坡可取 1∶0.05～1∶0.2，也可采用直立的截面。当墙前地形较平坦时，对于中、高挡土墙，墙面坡可用较缓坡度，但不宜缓于 1∶0.4，以免增高墙身或增加开挖深度。墙背仰斜时其倾斜度一般不宜缓于 1∶0.25。面坡应尽量与背坡平行，如图 10-17 所示。

(3) 基底逆坡坡度。在墙体稳定性验算中，倾覆稳定较易满足要求，而滑动稳定常不易满足要求。为了增加墙身的抗滑稳定性，将基底做成逆坡是一种有效的办法，如图10－18所示。对于土质地基的基底逆坡一般不宜大于0.1∶1（n∶1）。对于岩石地基一般不宜大于0.2∶1。由于基底倾斜，会使地基承载力降低，因此需将地基承载力特征值折减。当基底逆坡为0.1∶1时，折减系数为0.9；当基底逆坡为0.2∶1时，折减系数为0.8。

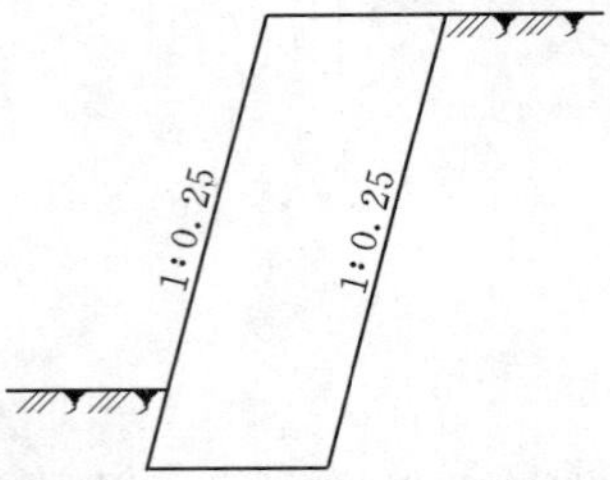

图10－17　挡土墙坡度示意图

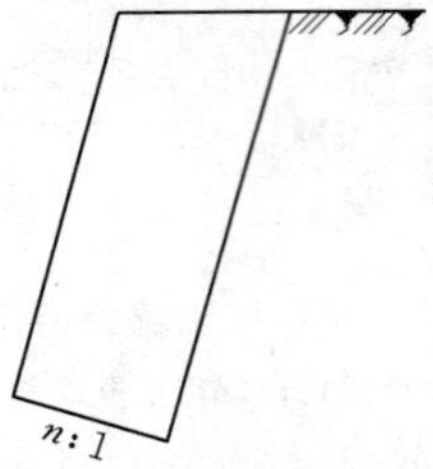

图10－18　挡土墙基底逆坡坡度示意图

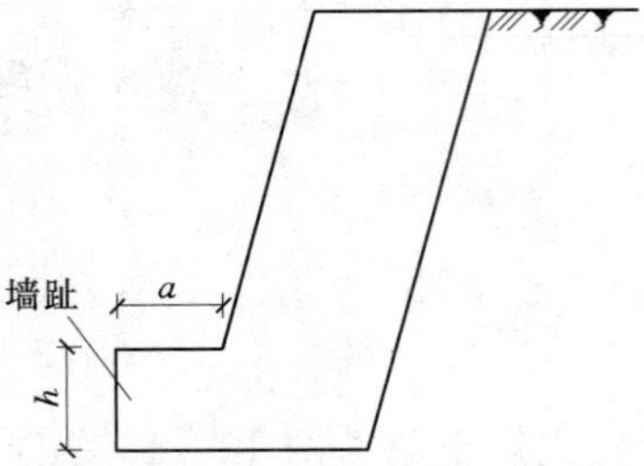

图10－19　挡土墙墙趾台阶示意图

(4) 墙趾台阶。当墙高超过一定的限度时，基底压力往往是控制截面尺寸的重要因素。为了使基底压力不超过地基承载力，可加墙趾台阶，如图10－19所示，以扩大基底宽度，增加挡土墙的稳定性。墙趾高h和墙趾宽a的比例可取h∶a＝2∶1，且a不得小于20cm。

2. 重力式挡土墙的构造

(1) 挡土墙的埋置深度。挡土墙的埋置深度（如基底倾斜，则按最浅的墙趾处计算），应根据地基承载力、冻结因素确定。土质地基一般不小于0.5m。若基底下为风化岩层时，除应将其全部清除外，一般应加挖0.15～0.25m；如基底下为基岩，则挡土墙应嵌入岩层一定的深度，一般不小于0.25m。

(2) 墙身构造。挡土墙各部分的构造必须符合强度和稳定的要求，并根据就地取材、经济合理和施工方便，按地质、地形等条件确定。一般块石挡土墙顶宽不应小于0.4m。

(3) 排水措施。为防止雨水渗入墙后土体中，使土的重度增大、内摩擦角降低，导致墙背压力的增大，所以在挡土墙上应设有排水孔。通常排水孔直径为5～10cm，间距2～3m，排水孔应在墙身的适当高度布置，如图10－20所示。当墙后填土表面倾斜时还应开挖截水沟。

(4) 填土质量要求。选择质量好的填料以及保证填土的密实度是挡土墙施工的两个关键问题。理想的回填土为卵石、砾石、粗砂等粗粒土料，用这类土料有利于减小主动土压力，增加挡土墙的稳定。在选料时要求土料洁净，含泥量少。在工程中实际的回填料往往含有粘性土，这时应适当混入碎石，以便易于夯实和提高其抗剪强度。

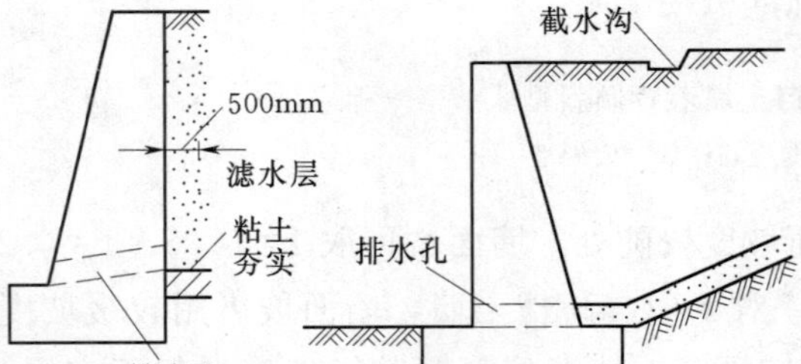

图10－20　挡土墙排水措施

对于常用的砖、石挡土墙，当砌筑的砂浆达到强度的70%时，方可回填，回填土应分层夯实。

(5) 沉降缝和伸缩缝。由于墙高、墙

后土压力及地基压缩性的差异，挡土墙宜设置沉降缝；为了避免因混凝土及砖石砌体的收缩硬化和温度变化等作用引起的破裂，挡土墙宜设置伸缩缝。沉降缝与伸缩缝实际上是同时设置的，可把沉降缝兼作伸缩缝，一般每隔 10～20m 设置一道，缝宽约 2cm，缝内嵌填柔性防水材料。

3. 重力式挡土墙的计算

挡土墙的计算通常包括下列内容：①抗倾覆验算；②抗滑验算；③地基承载力验算；④墙身强度验算；⑤抗震计算。下面仅介绍抗倾覆与抗滑验算，其他计算可参见其他教材。

（1）挡土墙抗倾覆验算。如图 10-21 所示，在土压力作用下墙将绕墙趾 O 点向外转动而失稳，故应进行抗倾覆验算。为计算方便，将土压力 E_a 分解为水平及垂直两个分力，水平分力为 E_{ax} 使墙发生倾覆，垂直分力 E_{ay} 及墙重力 W 抵抗倾覆。验算是可略去墙前填土的有利作用。按下式验算抗倾覆安全系数：

$$K_t = \frac{\text{抗倾覆力矩}}{\text{倾覆力矩}} = \frac{Wa + E_{ay}b}{E_{ax}h} \geqslant 1.6 \tag{10-20}$$

式中 K_t——抗倾覆稳定安全系数；

a、b、h——分别为 W、E_{ay}、E_{ax} 对 O 点的力臂，m。

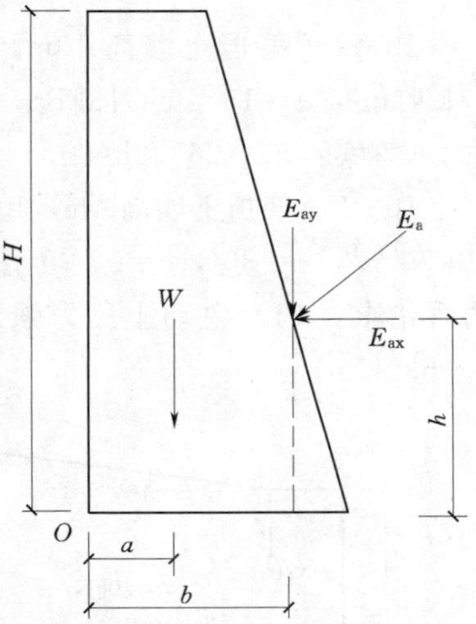

图 10-21 稳定性验算图

（2）挡土墙抗滑验算。挡土墙在满足抗倾覆稳定的同时，还应满足抗滑稳定性。土压力水平分力 E_{ax} 为使挡土墙滑动的力，竖向分力 E_{ay} 和墙自重产生的摩擦力为抗滑力，抗滑力与滑动力的比值称为抗滑安全系数 K_s，即

$$K_s = \frac{\text{抗滑力}}{\text{滑动力}} = \frac{(W + E_{ay})\mu}{E_{ax}} \geqslant 1.3 \tag{10-20}$$

式中 μ——基底摩擦系数，由试验测定或参考表 10-2 确定。

有关挡土墙的其他验算与计算可参阅有关设计手册。

表 10-2　　挡土墙基底对地基的擦系数 μ 值

土的类别		摩擦系数 μ
粘性土	可塑	0.25～0.30
	硬塑	0.30～0.35
	坚硬	0.35～0.45
粉土	稍湿	0.30～0.40
中砂、粗砂、砾砂		0.40～0.50
碎石土		0.40～0.60
岩石	软质岩	0.40～0.60
	表面粗糙的硬质岩	0.65～0.75

注 1. 对于易风化的软质岩石和塑性指数 I_p 大于 22 的粘性土，基底摩擦系数应通过试验确定。
2. 对于碎石土，密实的可取高值；稍密、中密及颗粒为中等风化或强风化的取低值。

复习思考题

10-1　什么是静止土压力、主动土压力及被动土压力？

10-2　比较朗肯土压力与库伦土压力理论的基本假定和适用条件。

10-3　挡土墙后填土中的地下水位变化时，对土压力有何影响？

10-4　重力式挡土墙设计中如何进行抗倾覆与抗滑稳定验算？

习　　题

10-1　某挡土墙高10m，墙背直立、光滑，填土表面水平，填土为粘性土，$\gamma=17kN/m^3$，$\varphi=15°$，$c=18kPa$，试绘出主动土压力强度分布图，确定总主动土压力的三要素。（答案：$E_a=263.2kN/m$）

10-2　某挡土墙高4m，墙背倾斜角$\alpha=20°$，填土表面倾角$\beta=10°$，填土的重度$\gamma=20kN/m^3$，$\varphi=30°$，$c=0$，填土与墙背的摩擦角$\delta=15°$，附图10-1所示。试按库伦土压力理论求：(1) 主动土压力强度分布图；(2) 总主动土压力的三要素。（答案：$E_a=89.6kN/m$）

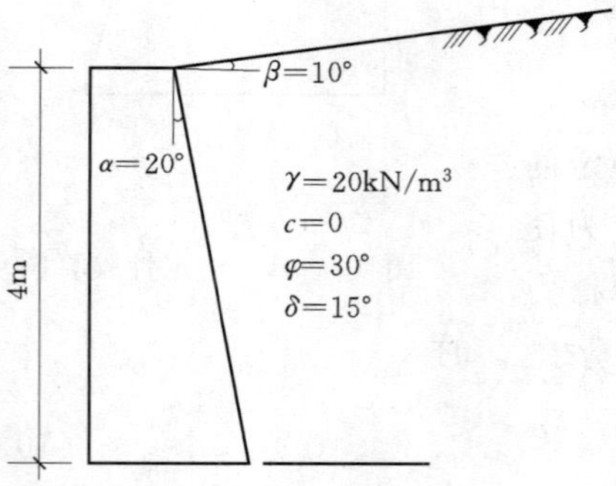

附图10-1　习题10-2图

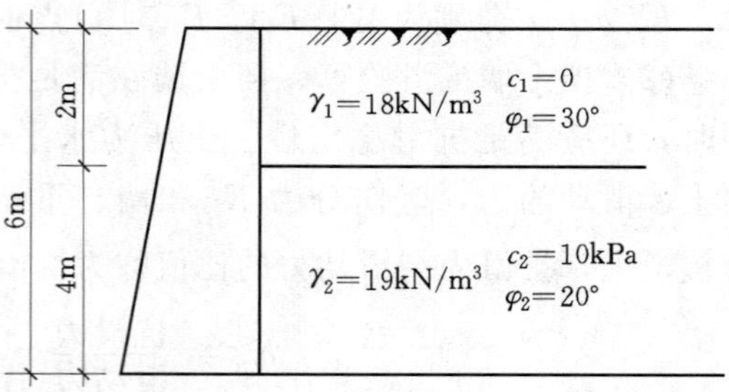

附图10-2　习题10-3图

10-3　某挡土墙高6m，墙背直立、光滑，填土表面水平，填土分两层，第一层为砂土，第二层为粘性土，各层土的有关指标如附图10-2所示，试求：主动土压力强度，并绘出土压力沿墙高的分布图。（答案：第一层底$\sigma_a=12kPa$，第二层顶$\sigma_a=3.6kPa$，第二层底$\sigma_a=40.9kPa$）

10-4　某挡土墙高6m，墙背直立、光滑，填土表面水平，填土的重度$\gamma=18kN/m^3$，$\varphi=30°$，$c=0$，试确定：(1) 墙后无地下水时的主动土压力；(2) 当地下水位离填土表面3m时，作用在挡土墙上的总压力（包括水压力和主动土压力），地下水位以下填土的饱和重度为$19.8kN/m^3$。（答案：$E_a=108kN/m$；$E=140.1kN/m$）

10-5　某挡土墙高5m，墙背直立、光滑，填土表面水平，作用有连续均布荷载$q=20kPa$，填土的重度$\gamma=18kN/m^3$，$\varphi=20°$，$c=12kPa$，试求主动土压力。（答案：$E_a=78.1kN/m$）

第11章 地 基 处 理

我国土地广大，幅员辽阔，自然地理环境不同，土质各异，地基条件区域性较强，在水利建设或其他工程建设中，经常会遇到各种各样的地质条件，有的工程可以选择地质条件良好的场地进行建设，有的工程则不得不在地质条件较差的地方修建。当地基的强度不足或土的压缩性较大，不能满足上部结构对地基的要求时，就需针对不同情况对地基进行加固或处理。

此外，我国许多地区还存在某些具有特殊物理力学性质的土类，它们在一定的外界条件影响下，将会给建筑物带来不利影响和危害。对这类土构成的地基，也需要进行处理，以改变或控制其对工程的不利影响，满足建筑物的设计要求。本章仅就软弱地基处理的一般方法和原理、特殊土地基的工程性质和处理方法作简要介绍。

11.1 软弱土地基处理

所谓软弱土地基指主要由淤泥、淤泥质土、冲填土、杂质土或其他高压缩性土层构成的地基，也称软弱地基。该地基土的特点是强度低、压缩性高、透水性小，通常无法满足建筑物对地基强度和变形条件的要求，因此工程中常需对此类地基进行加固处理。

对地基处理的目的是：提高地基土的抗剪强度，即提高地基承载力；改善地基土的压缩特性，增加其密实度，减小基础的沉降和不均匀沉降；改善其透水性，消除其他不利因素的影响，达到满足建筑物对地基强度与变形要求的目的。

软弱土地基的主要处理方法有垫层法、夯实法、挤密法、振冲法、预压法、化学加固法等，下面分别将这些方法和原理作一概要介绍。

11.1.1 垫层法

此法（也称换土垫层法）是将基础底面下一定深度范围内的软弱土层挖去，然后分层回填强度较大的砂、碎石、素土或灰土等材料，并加以夯实或振密的一种地基处理方法。此法适用于淤泥、淤泥质土、素填土、杂填土地基及暗沟、暗塘等的浅层地基处理。

垫层法的作用表现在以下三个方面，第一，提高浅基础下地基的承载力；第二，减少地基的沉降量；第三，加速软弱土层的排水固结。

垫层的设计要在满足强度、变形两个方面的要求下，确定合理的厚度 h 和垫层宽度 b 如图 11-1 所示。

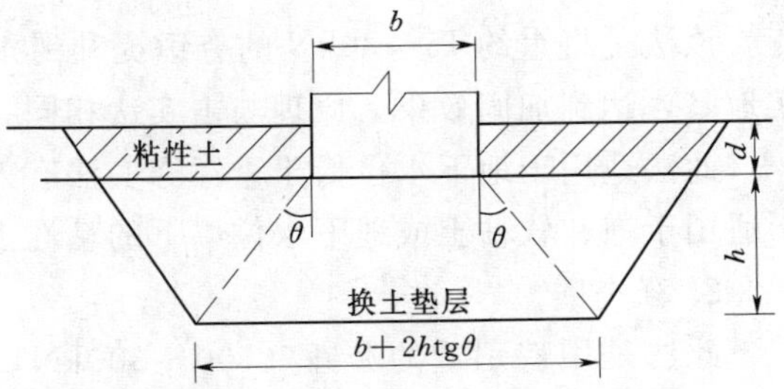

图 11-1 垫层剖面示意图

1. 垫层厚度

一般根据垫层底面处土的自重应力与附加应力之和不超过同一标高处软弱土层

（经深度修正后）的承载力特征值确定。

即
$$\sigma_z + \sigma_{cz} \leqslant f_{az} \tag{11-1}$$

式中 f_{az}——垫层底面软弱土层经深度修正后的地基承载力的特征值，kPa；

σ_{cz}——垫层底面处的自重应力，kPa；

σ_z——垫层底面处的附加应力，kPa；可按应力扩散角法计算，即

对条形基础：
$$\sigma_z = \frac{p_0 b}{b + 2h\mathrm{tg}\theta} \tag{11-2}$$

对矩形基础：
$$\sigma_z = \frac{p_0 L b}{(b + 2h\mathrm{tg}\theta)(L + 2h\mathrm{tg}\theta)} \tag{11-3}$$

上两式中 p_0——基底附加应力，kPa；

L、b——矩形基础长度和宽度，m；

h——基础底面至软弱土层顶面的距离，m；

θ——应力扩散角，常见的垫层应力扩散角按表 11-1 确定。

表 11-1　　应 力 扩 散 角 θ (°)

h/b	换填材料		
	中、粗、砾砂、碎石土、石屑	粉质粘土和粉土	灰土
0.25	20	6	30
⩾0.5	30	23	

注 1. 当 $h/b<0.25$ 时，除灰土外，均取 $\theta=0°$。
2. 当 $0.25<h/b<0.5$ 时，θ 可用内插法求得。

换土垫层厚度一般为 1～2m 左右，超过 3m，导致施工困难且不经济，小于 0.5m，则垫层作用不显著。垫层厚度宜控制在 0.5～3.0m。

2. 垫层宽度

垫层宽度的确定，应满足两条原则：一是满足应力扩散的要求；二是防止垫层向两边挤出。按应力扩散的要求，垫层底面宽度 b' 应满足：

$$b' \geqslant b + 2h\mathrm{tg}\theta \tag{11-4}$$

当垫层厚度与宽度确定以后，根据基坑开挖边坡延伸至地面，即可得到所需设计断面。但垫层顶面每边宜比基础底边 b 大 0.3 m。

11.1.2 夯实法

1. 重锤夯实法

该法是将重约 15～30kN 的夯锤提升到 4m 以上的高度，使其脱钩自由落下，反复击实地基，达到加固效果。原理与击实法相同。

此法适用于地下水位低于重锤夯实法有效加固深度的粘性土、砂土、杂填土等地基，不适用于饱和软粘土或地下水位以下的粘性土。施工时应特别注意土的含水率变化。

2. 强夯法

此法是用特别重的夯锤（100～300kN）从高处（6～40m）自由落下，对地基进行强有力夯击，达到深层加固的效果，其影响深度可达 10m 以上，巨大的冲击能量在地

基中产生很大的冲击波和动应力，引起地基土的压缩和振密，从而提高地基土的强度并降低其压缩性，还可改善地基土抵抗振动液化能力和消除湿陷性黄土的湿陷性等作用。

据统计，经强夯法处理的地基，承载力可提高100%～400%，压缩性降低50%～90%。一般用于处理松散的碎石土、杂填土、砂土，低饱和度的粉土、粘土、湿陷性黄土；在高饱和度的细粒土地基上应慎重使用。

由于强夯法效果好，速度快、节省材料且用途广泛，因此在工程中应用广泛。但其在施工时噪声和振动大，故在建筑物稠密地区不宜使用。

11.1.3 挤密法与振冲法

该法均是通过冲击和振动在地基中成孔，然后填筑砂、碎石等形成较大直径的砂、碎石桩，以对地基起到加固作用。

1. 挤密法

挤密法主要是先将套管打入或振入地基成孔，再将砂、碎石等土料灌入孔中而形成挤密桩，对软土产生横向挤密作用，从而使土的压缩性减小，抗剪强度提高。又因为桩体有较高的承载力和变形模量，截面又较大，一般可达松软土加固面积的20%左右，可与软弱土形成复合地基，共同承受建筑物的荷载。它适用于处理地下水位以上的湿陷性黄土、素填土和杂填土地基。目前，我国较成熟的挤密法有以下两种。

（1）土或灰土桩挤密法。在地基成孔后，向孔中分层填入粘性土或石灰与土的混合料，经分层捣实后，形成土桩或灰土桩。土或灰土桩挤密法的加固机理是：成孔过程中，桩位处土体被迫挤向桩周土中，土受挤压后，孔隙体积减少，桩间土因而受压变密实，地基承载力提高。同时桩体捣实后，自身强度很高，桩与桩间土组成复合地基，共同承担建筑物荷载。

当以消除地基湿陷性为主要目的时，宜选用土桩。当以提高地基的承载力为主要目的时，宜选用灰土桩。处理深度宜为5～15m。

（2）碎石桩法。该法是由桩间挤密土和锤击（振动）密实的碎石桩体组成的复合地基。对松砂地基可提高基承载力、减小沉降量和防止振动液化。而对软弱粘性土地基，由桩间土和密实碎石桩组成的复合地基可提高地基承载力及变形模量，见图11-2。

2. 振冲法

振冲法与挤密法的作用相同，只是成桩工艺存在差别。振冲法是利用振冲器边振动边水冲，使松砂地基密实，或在粘性土地基中成孔，填入碎石后形成复合地基。前者称振冲密实法，后者称振冲置换法，如图11-3所示。

振冲置换法适用于处理不排水剪强度≥20kPa粘性土、粉土、饱和黄土和人工填土等地基。振冲密实法适用于处理砂土和粉土地基。不加填料的振冲密实法仅适用于处理粘粒含量＜10%的粗砂、中砂地基。

11.1.4 预压加固法

预压加固法是在修建建筑物之前，在建筑场地堆放土石等预压荷载使地基固结。待地基固结达到要求的程度后，卸除预压荷载再修建建筑物，这样可以消除或大大减小建筑物建成后的沉降，同时也可提高地基承载力。

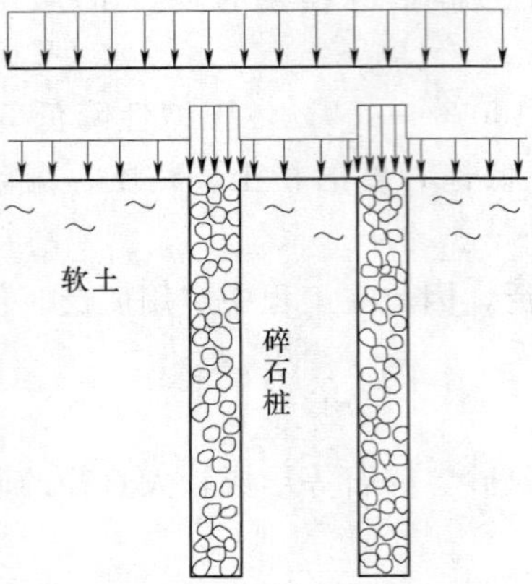

图 11-2　有碎石桩的复合地基

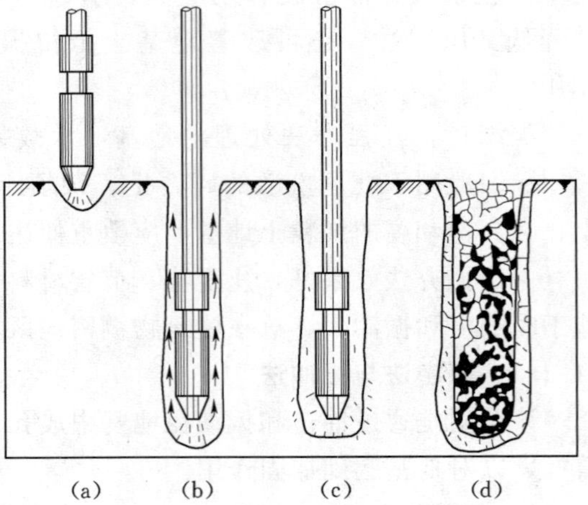

图 11-3　振冲法施工顺序图

该法适用于淤泥质土、淤泥和冲填土等饱和粘性土地基。

1. 堆载预压法

堆载预压法是在建筑物建造前，于弱软土地基表面铺设砂垫层，然后堆设土料进行加载预压，地基因此发生固结沉降，承载力得以提高的地基处理方法。其适用于透水性和自身排水条件相对较好，施工工期较长，且厚度较薄的饱和软弱地基。水利工程中的“开堤建闸”就是这一原理的利用。

预压荷载的数量、范围、速率和预压时间应根据相应的规范计算确定。

2. 砂井堆载预压法

砂井堆载预压法系在软弱地基中用钢管成孔，孔中灌砂并振实后，形成竖向排水的砂井，砂井顶部设置水平排水的砂垫层，再堆载预压的地基处理方法，如图 11-4 所示。

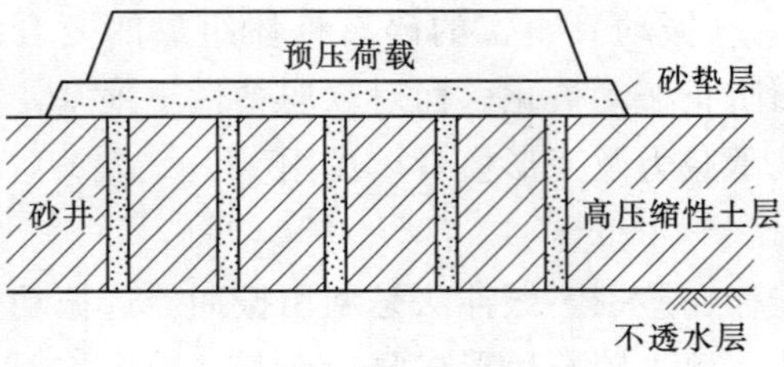

图 11-4　砂井堆载预压法

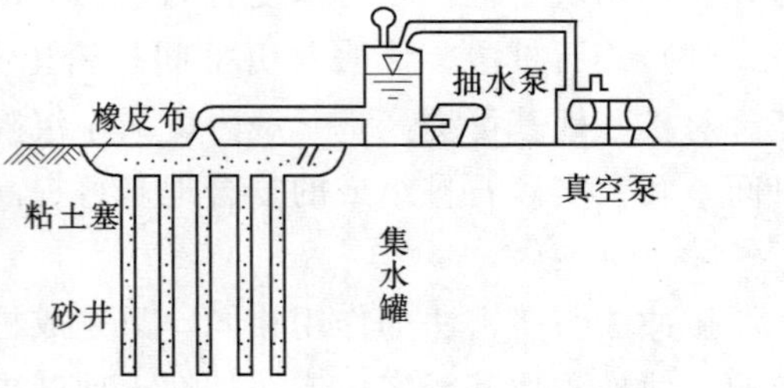

图 11-5　真空预压法示意图

3. 真空预压法

为了避免堆卸土、石等笨重预压荷载时费时费力，也可利用大气压力作为预压荷载的真空预压法。如图 11-5 所示，同时，若地质条件允许，可在场地埋设井点系统来降低地下水位，既加速排水，又使土的自重加大起到预压作用。

此法可与堆载法联合使用，两种加固效果可叠加，合理协调后可取得良好效果。

11.1.5　化学加固法

化学加固法系指通过高压喷射、机械搅拌等方法，将各种化学浆液注入土中，浆液与土粒胶结硬化后，形成含化学浆液的加固体，从而改善地基土的物理力学性质，达到加固地基的目的。化学浆液一般分化学类和水泥类两大系列。化学类浆液大部分有毒，成本较高，建筑工程中较少采用。因此常用水泥类浆液加固地基。水泥类浆液加固地基常见的方法有：深层搅拌法、高压喷射注浆法。

1. 深层搅拌法

深层搅拌法系利用水泥粉、石灰粉或水泥浆等材料作为固化剂，通过特制的深层搅拌机械，在地基深处就地将软土和固化剂强制拌和，固化剂和软土产生物理化学反应后，硬结成具有整体性、水稳定性和一定强度的水泥土加固体，加固体与原地基组成复合地基，共同承担上部建筑荷载。

此法适用于处理淤泥、淤泥质土、粉土和含水率较高且地基承载力≤120kPa的粘性土等地基。当用于处理泥炭土或具有侵蚀性地下水时，宜通过试验确定其适用性，冬季施工时应注意低温影响。

2. 高压喷射注浆法

高压喷射注浆法是通过高压喷射的水泥浆与土混合搅拌，来加固地基的。首先利用钻机钻至设计深度，插入带特殊喷嘴的注浆管，借助高压设备，使水泥浆或水以20～40MPa的压力，从喷嘴喷出，冲击破坏土体，然后注浆管边旋转、边上提，浆液与土粒充分搅拌混合并凝固后，土中即形成一固结体，从而使地基加固。施工中可定向喷射成墙或旋转喷射成桩。

高压喷射注浆法具有施工简便、操作安全、成本低、既加固地基又防水止渗等优点，广泛应用于已有建筑和新建建筑的地基处理。适用于处理淤泥、淤泥质土、粘性土、粉土、黄土、砂土、人工填土和碎石土等地基。地下水流速过大和已涌水的防水工程，应慎重使用。

11.2 特殊土地基及其处理

特殊土是指具有特殊工程性质的土类。特殊土种类较多，主要有软粘土、湿陷性黄土、膨胀土、红粘土及冻土，这些土由于形成的自然地理环境、气候条件、地质成因等因素不同，具有很强的区域性，故亦称作区域性特殊土。下面仅作简要介绍。

11.2.1 软粘土

1. 软粘土的分布及特征

软粘土主要指天然含水率很高，承载力很低、压缩性很大，由软塑到流塑饱和状态的软弱粘性土。

软粘土广泛分布在我国沿海地区、内陆平原及山区。沿海主要分布在河流的入海口，山区则在山间谷地、冲沟、河滩、洼地，平原在湖区较多。

该土颜色多为灰色或黑色，具有腐烂植物气味、含水率高、孔隙比大于1，天然含水率大于液限，压缩系数大于$0.5MPa^{-1}$，内摩擦角φ约为零，粘聚力c一般小于30kPa。土的结构具有触变性和流变性，承载力低。

2. 一般处理措施

(1) 采用换土法或桩基，提高地基强度。

(2) 采用砂井、旋喷等排水法固结，提高地基承载力。

(3) 减少作用在地基上的压力或设置地下室形成补偿性基础。

11.2.2 湿陷性黄土

1. 湿陷性黄土的分布及特征

黄土广泛分布于我国西北、华北和东北地区，属第四纪地质时期形成的黄色粉末状土，面积达60多万km^2，其中湿陷性黄土约占75%，主要分布地区为：①西部边缘地区；②冀鲁地区；③河南地区；④关中地区；⑤山西地区；⑥陇东地区；⑦陕北地区；⑧陇西地区。

湿陷性黄土中主要矿物成分为石英、长石、碳酸盐，硫酸盐、粘土矿物，具有肉眼可见的大孔隙，孔隙比$e>1.0$，孔隙率$n>45\%$，天然含水率小于或接近塑限。以粗粉粒构成骨架，石英与碳酸钙等细粉粒作为填充土料。由胶结物的凝聚和结晶作用被牢固粘结，天然状态下坚硬、密度高、强度高。但一旦受水浸湿，可溶性盐溶于水，土的结构被破坏，其强度便迅速降低，产生显著沉陷。这种性质称湿陷性。

2. 处理措施

对于湿陷性较小且地下水不会上浸的黄土地基，主要采取地面防渗与表面排水措施。

对于深度不大但有可能浸水的黄土层，可将基础下的湿陷性土层全部或部分挖出，再以粘性土料（或用灰土料）分层回填夯实。也可采用重锤夯实的方法，以消除或减小其湿陷性。对于较厚的湿陷性黄土层和较重要的建筑物，可在施工以前预先向建筑场地注水并保持一定水深，让水充分浸入土中，使土层产生自重湿陷，该方法称为预浸法。若土层很厚，可先在土层中钻孔，填以砂砾等作为透水料，然后向填砂砾料的孔中供水，直到湿陷变形稳定为止。预浸完毕后，应妥善封闭钻孔，并将场内软泥全部清除。

除上述处理措施外，必要时还需从上部结构采取适当的措施，以改善建筑物对地基不均匀沉降的适应能力。例如，筑坝土料的填筑含水率宜略高于最优含水率。

11.2.3 膨胀土

1. 膨胀土的分布及特征

膨胀土是由亲水性强的粘土矿物成分组成的，具有吸水膨胀、失水收缩的性能，主要分布在我国中南、西南地区。

膨胀土的矿物成分主要为蒙脱土、伊利石、高岭石等。液限大于40%，塑限均为17%～33%。I_p大于17，I_L小于0。呈硬塑或坚硬状态，颜色多呈黄、红、灰、白色及斑状。裂隙较为发育，有光滑面及擦痕。

2. 处理措施

在膨胀土地基上修建筑物，应从设计和地基处理两方面采取措施。水利工程上采用预湿法。工民建中采用设置沉降缝、换土垫层与排水、加大基础埋深、设钢筋混凝土圈梁等措施来消除或减少危害。

水利工程中一般避免用膨胀土作筑坝土料，若非使用不可，应将填筑标准（干容重

γ_d）定低些，含水率较最优含水率 ω_{op} 大一些。

11.2.4 红粘土

1. 红粘土的分布及特征

红粘土一般为褐红、棕红、黄褐等颜色，多分布在我国云南、贵州、广西等地，以山区或丘陵较多，为石灰岩、白云岩等碳酸盐类岩石的风化产物，也可由玄武岩、页岩风化而成。红粘土矿物成分以石英、伊利石（或高岭土）为主，颗粒细而均匀。粘粒含量很高，一般为50%～70%，天然含水率很大，$\omega=30\%\sim60\%$，$\omega_p=30\%\sim60\%$，$I_L=0.1\sim0.4$，$I_p=20\sim50$；饱和度 S_r 大于85%，天然孔隙比 $e=1.1\sim1.7$，渗透系数小于 10^{-5} cm/s；抗剪强度 $\varphi=8°\sim18°$，粘聚力 $c=40\sim90$kPa；压缩性低，$E_s=10\sim30$MPa；是较好的地基土。但存在以下问题：

（1）底层尤其是基岩面低洼处，常因地下水聚集成软塑或流塑状强度低，施工时应进行处理。

（2）红粘土浸水时膨胀、失水时干缩，并具有网状裂隙等特征，对建筑物有不利的影响。

红粘土由于粘粒含量较高，故渗透性较低。可作为较好的防渗材料。

2. 地基处理

施工时对局部软弱土，应进行清除，对孔洞予以充填，并作好相应的防渗排水措施。

11.2.5 冻土

1. 冻土的分布及特征

温度摄氏零度以下且含有冰的土叫冻土。冻土可分为多年冻土和季节性冻土（冬季冻结，夏季融化）。我国冻土分布极为广泛，若包括冻结深度大于0.5m的季节冻土在内，其面积约占国土面积的68.6%。多年冻土主要分布在东北大、小兴安岭，青藏高原以及西部高山区（天山、阿尔泰山、祁连山等），占国土面积的22.3%，冻深在2m以上，有的可达几十米。季节冻土主要分布于东北、华北和西北地区，其冻结深度随气候条件而不同，一般为0.5～2.0m。

2. 防止冻害的措施

冻土地基会因冻胀及融化引起基础变形，导致上部建筑开裂、倾斜，道路翻浆、桥桩拔出、桥面隆起等。鉴于以上现象，应将建筑物基础设在最大冻融深度以下，在桩基工程中采用渣油等涂料，减少桩与周围土的联结力，从而减少桩周土冻胀时对桩产生的冻拔力。在渠系建筑物中采用抗冻性较强的材料，并采用相应的水工建筑物型式，尽量缩小冻胀范围，在挡土墙渠道的渠底及坡脚以上1～2m范围内搞好排水和切断水源。

复习思考题

11-1 何谓软弱土地基？有何特点？

11-2 地基处理的目的是什么？软弱土地基处理的主要方法有哪些？其机理是什么？各适用什么范围？

11-3 垫层法中垫层的作用是什么？垫层的厚度与宽度如何确定？

习 题

11-1 某砖混结构办公楼，承重墙下采用条形基础，宽1.60m，埋深1m，承重墙传至基础顶面荷载标准值 $F_k=215kN/m$。土层情况：地表为1.20m厚的杂填土，$\gamma=16kN/m^3$，$\gamma_{sat}=17kN/m^3$；其下为淤泥层，$\gamma_{sat}=19kN/m^3$，淤泥层承载力特征值 $f_{akz}=70kPa$，地下水距地表0.8m。现拟采用砂垫层置换软弱土，要求砂垫层承载力特征值应达到 $f_a=157kPa$，试设计此砂垫层。($H=1.5m$，$b=3.4m$)［提示：淤泥土承载力修正系数 $\eta_b=0$，$\eta_d=1.0$，$f_{az}=f_{akz}+\eta_d\gamma_m(d+h-0.5)$］(参考答案：$h=1.5m$，$b=3.4m$)

参 考 文 献

1 GB50007—2002 中华人民共和国标准·建筑地基基础设计规范．北京：中国建筑工业出版社，2002

2 GB50021—2001 中华人民共和国标准·岩土工程勘察规范．北京：中国建筑工业出版社，2002

3 GB50287—1999 中华人民共和国标准·水利水电工程地质勘察规范．北京：中国建筑工业出版社，1999

4 GB/T50266—1999 中华人民共和国标准·工程岩体试验方法标准．北京：中国建筑工业出版社，1999

5 GB/T50123—1999 中华人民共和国标准·土工试验方法标准．北京：中国建筑工业出版社，1999

6 SL237—1999 中华人民共和国标准·土工试验规程．北京：中国水利水电出版社，1999

7 陈希哲编著．土力学地基基础（第三版）．北京：清华大学出版社，2000

8 卢廷浩主编．土力学．南京：河海大学出版社，2003

9 俞德法主编．工程地质与土力学基础．北京：中国水利水电出版社，2004

10 张克恭，刘松玉主编．土力学．北京：中国建筑工业出版社，2002

11 张克恭，刘松玉主编．土力学（东南大学、浙江大学、湖南大学、苏州城建环保学院 编）．北京：中国建筑工业出版社，2002

12 孙家齐主编．工程地质．武汉：武汉工业大学出版社，2003

13 臧秀平主编．工程地质．北京：高等教育出版社，2004

14 崔冠英主编．水利工程地质．北京：中国水利水电出版社，2002

15 吴绍宽主编．工程地质与水文地质．北京：中国水利水电出版社，1997

16 盛海洋主编．工程地质与地貌．郑州：黄河水利出版社，1999

17 戚筱俊主编．工程地质及水文地质．北京：中国水利水电出版社，1997

18 孔宪立，石振明主编．工程地质学．北京：中国建筑工业出版社，2001